WILLIAM URY

# DIE KUNST, NEIN ZU SAGEN

## Die unschlagbare Methode für schwierige Verhandlungen

*Aus dem Englischen*
*von Nicole Hölsken*

PENGUIN VERLAG

Die Originalausgabe erschien 2007
unter dem Titel *The Power of a Positive No*
bei Bantam, New York.
Das Buch ist 2009 unter dem Titel
*Nein sagen und trotzdem erfolgreich verhandeln*
erschienen.

Penguin Random House Verlagsgruppe FSC® N001967

1. Auflage 2023

Neumarkter Straße 28, 81673 München
Umschlaggestaltung: Büro Jorge Schmidt
Satz: Uhl + Massopust GmbH, Aalen
Druck und Bindung: CPI books GmbH, Leck
Printed in the EU
ISBN 978-3-328-10923-5

www.penguin-verlag.de

*Für Lizanne,*
*die Liebe meines Lebens,*
*in ewiger Dankbarkeit*

# INHALT

# VORWORT ZU DIESER AUSGABE

Im Januar 1977 klingelte um zehn Uhr abends mein Telefon. Ich hatte mir damals ein Zimmer auf dem Dachboden eines alten Hauses in Cambridge, Massachusetts, gemietet, das ich für die Dauer meines Promotionsstudiums in Sozialanthropologie an der Harvard University bewohnte. Die Stimme am anderen Ende der Leitung klang klar und deutlich.

»Professor Roger Fisher hier. Ich habe soeben Ihren Forschungsbericht über die Friedensverhandlungen im Nahen Osten gelesen. Danach habe ich mir die Freiheit genommen, das zentrale Diagramm Ihrer Arbeit an den U.S. Assistant Secretary of State für die besagte Region weiterzuleiten. Ich ging davon aus, dass Ihre Erkenntnisse ihn interessieren würden. Und ich möchte, dass Sie mit mir zusammen an den Friedensverhandlungen arbeiten.«

Heute, fünfundvierzig Jahre später, kann ich voller Dankbarkeit behaupten, dass dieses Telefonat mein gesamtes Berufsleben verändert hat.

Im Rahmen meiner Zusammenarbeit mit Roger Fisher interviewte ich Diplomaten aus unterschiedlichen Nationen zu ihren Erfahrungen und Einsichten, die sie durch ihre Vermittlertätigkeit bei internationalen Konflikten gewonnen hatten. Roger und ich verfassten gemeinsam einen Ratgeber für Verhandlungen auf internationalem Parkett. Aber schon damals machten wir Witze darüber, dass unser Buch nur wenig Leser finden würde, denn auf der ganzen

Welt gab es zu jener Zeit höchstens ein halbes Dutzend internationaler Unterhändler.

Kurz darauf lud ich Roger zum Lunch ein und unterbreitete ihm einen Vorschlag: »Was, wenn wir die Grundzüge unseres Ratgebers in ein Buch über Verhandlungen und Streitschlichtung im Allgemeinen einfließen lassen, das sich nicht nur an Diplomaten und Delegationen richtet, sondern an jedermann? Irgendwann müssen wir schließlich alle verhandeln, ob es uns nun klar ist oder nicht.«

Roger sah mich an und antwortete: »Na gut, worauf warten wir noch? Fangen wir gleich an!« Das war die Geburtsstunde unseres gemeinsamen Buchs *Das Harvard-Konzept.*

Die Kernaussage des im Jahre 1981 publizierten *Harvard-Konzepts* lautet, dass Sieg oder Niederlage im Sport oder beim Kartenspiel durchaus ihre Daseinsberechtigung haben, in dauerhaften Beziehungen zwischen Menschen, Unternehmen und Gesellschaften aber schädlich sind. Im wahren Leben resultiert ein Kampf um Triumph oder Scheitern, egal ob zwischen Eheleuten, Geschäftspartnern, Betriebsrat und Unternehmensführung, Gewerkschaften und Arbeitgeberseite oder zwischen Nationen, meist in schlimmen Verlusten auf beiden Seiten. Es musste also eine befriedigendere, wirkungsvollere und einvernehmlichere Methode zur Beilegung von Differenzen geben. Das Grundprinzip des *Harvard-Konzepts* bestand darin, die zugrunde liegenden Interessen beider gegnerischer Parteien herauszukristallisieren und diesen Interessen durch die Entwicklung von Entscheidungsmöglichkeiten (Optionen) zum beidseitigen Vorteil gerecht zu werden.

Nicht lange nach dem Erscheinen des *Harvard-Konzepts* frühstückte ich mit dem renommierten Großinvestor Warren Buffett. Er sagte Folgendes zu mir: »Ich weiß, dass Sie und Roger ein Buch über Verhandlungstechniken verfasst haben, in dem Sie schildern, wie zwei Parteien zu einem einvernehmlichen *Ja* gelangen können. Ich aber habe im Rahmen meiner Arbeit festgestellt, dass Erfolg erheblich stärker von der Fähigkeit, *Nein* zu sagen, abhängt. Ich sitze an meinem Schreibtisch in Omaha und sehe mir unzählige Investitionsvorschläge an. Und ich sage *Nein, Nein, Nein* und nochmals *Nein*, bis ich nach tausend *Nein* genau denjenigen entdecke, den ich gesucht habe. Erst dann sage ich *Ja. Nein* zu sagen, ist der Schlüssel zum Erfolg.«

Buffetts Bemerkung brachte mich zum Nachdenken.

Geglückte Verhandlungen erfordern tatsächlich sowohl ein *Ja* als auch ein *Nein. Nein* ist ein überaus wichtiges Wort, um das zu schützen, was uns am Herzen liegt, um uns auf das zu konzentrieren, was uns am wichtigsten ist, und das zu verändern, was nicht funktioniert. Um zu einem befriedigenden *Ja* zu gelangen, *müssen* wir sogar *Nein* sagen, wie Buffett erkannte, häufig sogar viele Male. Aber wie? Wie können wir *Nein* sagen, ohne unsere Beziehungen zu gefährden und eine Einigung zu unterminieren? Wie können wir *Nein* sagen, trotzdem aber letztlich ein *Ja* erzielen? Das *Positive Nein* bietet einen Ausweg aus diesem Dilemma und ist deshalb Thema dieses Buches.

Die Gegenwart konfrontiert uns mit zahlreichen Herausforderungen: Konflikte nehmen an Intensität und Komplexität zu, und zwar sowohl in unserem Privatleben als auch am Arbeitsplatz und innerhalb der Gesellschaft. Das gilt für Deutschland genauso wie für jedes andere Land auf unserem Globus. Verhandlungstechniken sind zur Kernkompetenz avanciert, die jeder von uns benötigt. Die Fähigkeit zum Positiven Nein ist heutzutage wichtiger denn je.

Während ich diese Worte schreibe, erinnere ich mich daran, dass ich vor Kurzem sehr zu meiner Freude mein erstes Enkelkind auf dieser Welt begrüßen durfte. Am Tag seiner Geburt konnte ich den kleinen Diego eine ganze Stunde lang im Arm halten und sein süßes, unschuldiges Gesicht betrachten. Ich fragte mich, in was für einer Welt er und seine Generation wohl aufwachsen werden. Und ich erkannte, dass die Antwort auf diese Frage von uns und unserer

Fähigkeit, konstruktiv mit unseren Differenzen umzugehen, abhängt. Nur wenn wir lernen, auf positive Weise *Nein* zu sagen und dennoch zu einer einvernehmlichen, beide Seiten zufriedenstellenden Einigung zu gelangen, zu Beziehungen, die uns eine harmonische Koexistenz ermöglichen, kann es uns gelingen, unser eigenes Wohlbefinden sowie das unserer Kinder und Enkel zu sichern.

Ich freue mich, mich mit diesem Vorwort an die deutschsprachigen Leser von *Die Kunst, Nein zu sagen* wenden zu können. Von den philosophischen und psychologischen Erkenntnissen aus Ihrem Sprachraum habe ich jahrelang profitiert, weshalb es mir ein besonderes Vergnügen ist, mich zumindest ein wenig erkenntlich zeigen zu können.

Ich wünsche Ihnen bei der Anwendung des Positiven Nein viel Erfolg. Möge es Ihnen gelingen, Ihr eigenes Leben und das Ihrer Mitmenschen damit besser zu machen.

William Ury
Boulder, Colorado, im Oktober 2022

# VORWORT

## BEIM NEIN ANKOMMEN

»Ihr Baby kann schon an der kleinsten Erkältung sterben«, verkündete der Arzt meiner Frau und mir unverblümt am Ende einer Untersuchung. Meine Frau hielt unsere kleine Tochter Gabriela in den Armen. Wir waren starr vor Angst. Gabriela litt unter einer angeborenen Erkrankung der Wirbelsäule, und dieser Arzttermin war nur der Anfang einer langen medizinische Odyssee: Es folgten Hunderte von Untersuchungen, Dutzende von Behandlungen und sieben große operative Eingriffe innerhalb von sieben Jahren. Unsere Reise ist auch heute noch nicht zu Ende, aber glücklicherweise ist Gabriela trotz ihrer körperlichen Probleme ein gesundes und glückliches Kind. Wenn ich die vergangenen acht Jahre Revue passieren lasse, in denen wir mit einer Unzahl von Ärzten, Krankenschwestern, Krankenhäusern und Versicherungsgesellschaften verhandeln mussten, wird mir klar, dass ich hier sämtliche Fähigkeiten benötigte, die ich mir im Rahmen meiner jahrelangen Tätigkeit als Mediator, bei der ich anderen geholfen hatte, in Verhandlungen beim Ja anzukommen, angeeignet hatte. Außerdem erkannte ich, dass Nein zu sagen eine Schlüsselqualifikation war, die ich zum Schutz meiner Tochter und meiner Familie erwerben musste.

Ich sagte Nein zu der Art und Weise, wie die Ärzte mit uns kommunizierten: Obwohl sie vielleicht die besten Absichten hatten, versetzten sie Eltern und Patientin unnötig in Angst. Es ging weiter damit, dass ich Nein sagte zum Verhalten der Ärzte im Praktikum sowie der Studenten, die in den frühen Morgenstunden lärmend in Gabrielas Krankenzimmer hineinplatzten und sie wie ein lebloses Objekt behandelten. In meinem Beruf sagte ich Nein zu Dutzenden von Einladungen und dringenden Anfragen, weil ich die kostbare Zeit für meine Familie oder für Nachforschungen zu medizinischen Themen benötigte.

Dabei war es wichtig, mein Nein freundlich zu formulieren. Immerhin waren die Ärzte und Krankenschwestern für das Leben meines Kindes verantwortlich. Sie standen unter ungeheurem Druck, denn sie waren Teil eines schlecht funktionierenden medizinischen Systems, das ihnen lediglich ein paar Minuten Zeit für jeden einzelnen Patienten gab. Meine Frau und ich mussten lernen, erst einmal innezuhalten, bevor wir reagierten. Nur so konnten wir unser Nein nicht nur energisch, sondern auch respektvoll vorbringen.

Wie jedes gute Nein, so stand auch das unsere im Dienste eines höheren Ja, dem Ja zur Gesundheit und zum Wohlbefinden unserer Tochter. Mit anderen Worten: Unserem Nein lag keine negative Intention zugrunde, sondern eine *positive*. Es sollte unsere Tochter schützen und ihr – und uns selbst – ein besseres Leben ermöglichen. Natürlich hatten wir dabei nicht immer Erfolg, aber mit der Zeit lernten wir die nötige Effizienz.

Dieses Buch handelt von der geradezu lebenswichtigen Kunst, in jedem Lebensbereich ein Positives Nein übermitteln zu können.

Ich bin qua Ausbildung Anthropologe – ich studiere die Natur und das Verhalten des Menschen. Von Berufs wegen bin ich Verhandlungsexperte – Lehrer, Berater und Mediator. Meine Leidenschaft aber gehört der Suche nach dem Frieden.

Wenn es früher am Abendbrottisch Streit gab, fragte ich mich schon als Kind, ob es nicht einen besseren Weg zur Beilegung von Differenzen gab als destruktive Wortgefechte und Auseinandersetzungen. Dann studierte ich in Europa. Der Zweite Weltkrieg war erst fünfzehn Jahre her, die Erinnerung immer noch frisch und die materiellen Narben noch sichtbar. Und so stellte ich mir diese Frage umso mehr.

Ich gehöre einer Generation an, die mit der ständigen Bedrohung eines scheinbar fernen, aber dennoch möglichen Dritten Weltkrieges aufwuchs, eines Krieges, der das Überleben der gesamten Menschheit in Frage stellen würde. In der Schule hatten wir sogar einen Atombunker, und wenn wir abends mit unseren Freunden darüber sprachen, was wir mit unserer Zukunft anfangen wollten, dann fragten wir uns mehr als einmal, ob wir überhaupt eine Zukunft *hatten*. Damals wie heute war ich der Ansicht, dass es eine bessere Möglichkeit als das Wettrüsten von Massenvernichtungwaffen geben musste, um unsere Gesellschaft und uns selbst zu beschützen.

Meine Suche nach Lösungen für dieses Dilemma machte mich zum professionellen Beobachter menschlicher Konfliktsituationen. Doch mit der Beobachterrolle allein wollte ich mich nicht zufriedengeben. Als Verhandlungsführer und Mediator wollte ich das Gelernte anwenden. So kam es, dass ich in den vergangenen drei Jahrzehnten stets als neutraler Dritter hinzugezogen wurde: Ich versuchte, zwischenmenschliche Konfliktsituationen zu entschärfen, egal, ob es nun um Familienstreitigkeiten, um den Streik von Bergleuten, um Firmenkonflikte oder ethnische Kriege im Nahen Osten, in Europa, Asien und Afrika ging. Im Rahmen dieser Tätigkeit hatte ich Gelegenheit, Tausende von Menschen und Hunderte von Organisationen und Regierungsbehörden dabei zu beraten, wie sie unter den schwierigsten Umständen eine Einigung herbeiführen konnten.

Im Verlauf meiner Arbeit wurde ich Zeuge der riesigen Verschwendung und des sinnlosen Leidens, das destruktive Auseinandersetzungen hervorrufen können – zerstörte Familien und Freundschaften, verheerende Streiks und Rechtsstreitigkeiten sowie gescheiterte Unternehmen. Ich suchte die Kriegsgebiete persönlich auf und sah mit eigenen Augen, wie Gewalt die Herzen unschuldiger Menschen in Angst und Schrecken versetzt. Ironischerweise erlebte ich aber auch Situationen, in denen ich mir *mehr* Konflikt und Widerstand gewünscht hätte – wenn Partner und Kinder schweigend Misshandlungen hinnahmen, wenn Vorgesetzte ihre Angestellten schikanierten oder wenn ganze Gesellschaften in Furcht lebten und unter dem Joch einer totalitären Diktatur litten.

Auf der Basis des »Harvard's Program on Negotiation«, des Programms für sachbezogenes Verhandeln, das wir an der Harvard Law School entwickelten, erarbeitete ich weitere bessere Möglichkeiten, um mit unseren Schwierigkeiten und Differenzen fertigzuwerden. Vor fünfundzwanzig Jahren schrieben Roger Fischer und ich das Buch *Das Harvard-Konzept*, das im Englischen den Titel *Getting to Yes* trägt und das sich auf die Frage konzentriert, wie man eine Einigung erzielt, die beide Seiten zugutekommt. Das Buch wurde meiner Ansicht nach deshalb ein Bestseller, weil es die Menschen an die Prinzipien des gesunden Menschenverstandes erinnert, die sie wahrscheinlich kennen, aber häufig nicht anwenden.

Zehn Jahre später schrieb ich ein Buch mit dem Titel *Schwierige Verhandlungen*, weil ich von den Lesern des ersten Werkes allzu häufig gefragt worden war, wie man kooperativ verhandeln kann, wenn die andere Seite gar kein Interesse hat. Wie kann man mit schwierigen Menschen und in schwierigen Situationen sachbezogen verhandeln und zu einer Einigung gelangen?

Im Laufe der Jahre wurde mir klar, dass der Versuch, zum Ja zu gelangen, nur die eine Hälfte der Wahrheit ist – und zwar die leichtere. Ein Kunde von mir, der Geschäftsführer einer Firma, sagte eines Tages zu mir: »Eine Einigung zu erzielen, ist für meine Leute kein Problem. Viel schwerer fällt es ihnen, Nein zu sagen.« Oder wie der ehemalige britische Premierminister Tony Blair es formulierte: »Gutes Führungsverhalten zeigt sich nicht durch die Fähigkeit, Ja zu sagen, sondern Nein.« Lange nach der Veröffentlichung von *Das Harvard-Konzept* erschien ein Cartoon in der Zeitung *Boston Globe*.

Ein Mann in Anzug und Krawatte bat einen Bibliothekar um ein gutes Buch zum Thema Verhandlungstechnik. »Dieses hier ist sehr beliebt«, antwortete der Bibliothekar und reichte ihm ein Exemplar des *Harvard-Konzepts*. »Hier geht es darum, wie Sie durch sachbezogenes Verhandeln zum Ja gelangen.« »Am *Ja* bin ich gar nicht interessiert!«, konterte der Mann.

Bis zu diesem Zeitpunkt war ich bei meiner Arbeit davon ausgegangen, dass Konflikte nichts anderes sind als die Unfähigkeit, zum Ja zu gelangen. Aber dabei hatte ich etwas Wichtiges übersehen. Denn selbst wenn es gelingt, eine Einigung zu erzielen, handelt es sich oft um eine unsichere oder unbefriedigende Lösung, weil die wahren Probleme vertuscht oder nicht offen angesprochen und lediglich vertagt werden.

Mir wurde klar, dass der Hauptstolperstein bei Verhandlungen nicht darin besteht, dass zwei Parteien kein gemeinsames Ja erzielen können, sondern in ihrer Unfähigkeit, sich im Vorfeld zu einem Nein durchzuringen. Allzu häufig geschieht es, dass wir nicht Nein sagen, obwohl wir es durchaus wollen oder zumindest genau wissen, dass es besser für uns und unsere Umwelt wäre. Und manchmal *sagen* wir sogar Nein, aber dann auf eine Art und Weise, die jede Verständigung im Keim erstickt und Beziehungen zerstört. Wir unterwerfen uns unangemessenen Forderungen, Ungerechtigkeiten, ja sogar Misshandlungen – oder wir lassen uns auf destruktive Auseinandersetzungen ein, bei denen alle Seiten nur verlieren können.

Als Roger Fisher und ich *Das Harvard-Konzept* schrieben, reagierten wir auf die steigende Tendenz zu feindseligen Auseinandersetzungen und die daraus resultierende immer größer werdende Notwendigkeit, in Familien, am Arbeitsplatz und in der Welt im Allgemeinen kooperativ und sachbezogen zu verhandeln. Es ist zwar immer noch genauso wichtig wie damals, bei einem gemeinsamen Ja anzukommen. Heutzutage sehen sich die Menschen jedoch mehr denn je mit der dringenden Notwendigkeit konfrontiert, auch Nein sagen zu können, und zwar auf positive Art und Weise, indem sie für das eintreten, was sie für wertvoll halten, ohne persönliche Beziehungen zu zerstören. Das Nein ist genauso wichtig wie das Ja. Es ist die Voraussetzung, um effektiv Ja sagen zu können. Wer an einer Stelle eine Zusage macht, muss an anderer Stelle Nein sagen. In diesem Sinne steht das Nein vor dem Ja.

Aus meiner Sicht vervollständigt das vorliegende Buch eine Trilogie, die mit dem Titel *Das Harvard-Konzept* begann und mit *Schwierige Verhandlungen* fortgeführt wurde. Während *Das Harvard-Konzept* sich darauf konzentriert, wie man eine beidseitige Einigung erzielt, und das Buch *Schwierige Verhandlungen* sich mit der Frage beschäftigt, wie man *die Gegenseite* zur Überwindung ihrer Widerstände und Vorbehalte sowie zur Zusammenarbeit bewegt, konzentriert sich *Die Kunst, Nein zu sagen* auf *Sie selbst* und darauf, wie Sie lernen können, Ihre eigenen Interessen selbstbewusst zu vertreten. Da man logischerweise immer bei der Betrachtung der eigenen Person beginnen sollte, gilt *Die Kunst, Nein zu sagen* nicht als Folgeband zu den beiden anderen Büchern, sondern als deren Vorläufer. Dieses Werk liefert die notwendige Basis für *Das Harvard-Konzept* und *Schwierige Verhandlungen.* Jedes Buch steht für sich allein, trotzdem ergänzen und erweitern sie sich gegenseitig.

*Die Kunst, Nein zu sagen* ist meiner Auffassung nach nicht nur ein Buch über Verhandlungstechniken, sondern ein allgemeiner Ratgeber, denn im Leben dreht sich schließlich alles um Ja und Nein. Wir alle sind täglich mit der Notwendigkeit konfrontiert, Nein zu sagen, ob zu Freunden oder Familienmitgliedern, zu unseren Vorgesetzten, Angestellten, Kollegen oder zu uns selbst. Ob und wie wir Nein sagen, hat maßgeblichen Einfluss auf unsere Lebensqualität. Es ist daher wichtig, dass wir dieses Wort ebenso freundlich wie effizient äußern können.

Ein Wort zum Thema Sprache: Ich nutze Begriffe wie »der andere« oder »die Gegenseite«, um mich auf die andere Person oder die andere Seite zu beziehen, gegenüber der man sich mit Nein abgrenzen muss. Ich unterscheide nicht zwischen weiblichem und männlichem Gegenüber. Außerdem werden »Ja« und »Nein« durchgängig groß geschrieben, um ihre Bedeutung und ihre Beziehung zueinander hervorzuheben.

Und noch eine Anmerkung zum Thema Kultur: Nein muss man überall sagen, doch in unterschiedlichen Kulturen geschieht dies auf verschiedene Weise. Angehörige bestimmter Volksgruppen in Ostasien beispielsweise legen besonderen Wert darauf, das Wort selbst nicht zu benutzen, besonders nicht bei Personen, die ihnen nahestehen. Natürlich sagen die Menschen in diesen Gesellschaften durchaus Nein, aber auf indirekte Art. Als studierter Anthropologe respektiere ich kulturelle Unterschiede selbstverständlich ganz besonders. Gleichzeitig glaube ich, dass die Grundprinzipien eines Positiven Nein kulturübergreifend anwendbar sind. Man muss nur verstehen, dass die speziellen Techniken, um diese Prinzipien durchzusetzen, von Kultur zu Kultur unterschiedlich sein können.

Gestatten Sie mir zum Abschluss noch eine Bemerkung zu meinem eigenen Lernprozess. Wie die meisten Menschen empfinde auch ich es als Herausforderung, in bestimmten Situationen Nein zu sagen. Sowohl in meinem Privat- als auch in meinem Berufsleben ist es mir schon oft passiert, dass ich vorschnell Ja gesagt und es anschließend sehr bereut habe. Manchmal ging ich zum Angriff über oder reagierte ausweichend, statt mein Gegenüber in eine gesunde Auseinandersetzung zu verwickeln. *Die Kunst, Nein zu sagen* spiegelt nicht nur meine eigenen Erfahrungen wider, sondern auch das, was ich durch die dreißigjährige Zusammenarbeit mit Führungskräften und Managern überall auf der Welt gelernt habe. Ich hoffe inständig, dass Sie, der Leser und die Leserin, durch die Lektüre dieses Buches ebenso viel über die Kunst des Nein-Sagens lernen werden wie ich, als ich es schrieb.

# EINLEITUNG

## DAS GROSSE GESCHENK DES NEIN

*Ein »Nein« aus tiefstem Herzen ist besser und größer als ein »Ja«, mit dem man gefallen oder – noch schlimmer – Ärger vermeiden will.*

MAHATMA GANDHI

*Nein.* Das mächtigste und notwendigste Wort in der heutigen Sprache ist möglicherweise auch das mit der größten Zerstörungskraft und – für manche Menschen – auch das schwierigste. Doch wenn wir wissen, wie wir es richtig anwenden, hat es die Macht, unser Leben zum Besseren zu verändern.

## EIN ALLGEMEINES PROBLEM

Täglich werden wir mit Situationen konfrontiert, in denen wir Menschen, von denen wir abhängig sind, mit Nein antworten müssen. Denken Sie doch einmal über die vielen Gelegenheiten nach, bei denen ein Nein im Laufe eines ganz normalen, durchschnittlichen Tages notwendig ist.

Beim Frühstück bittet Ihre kleine Tochter Sie, ihr ein bestimmtes Spielzeug zu kaufen. »Nein«, antworten sie, weil Sie konsequent bleiben wollen. »Du hast genug Spielzeug.« »Och bitte, bitte, alle meine Freunde haben es schon.« Wie können Sie weiter Nein sagen, ohne das Gefühl zu haben, eine Rabenmutter oder ein schlechter Vater zu sein?

In der Firma lässt Ihre Chefin Sie in ihr Büro rufen und bittet Sie, am Wochenende zu arbeiten, um ein wichtiges Projekt fertigzustellen. Genau an diesem Wochenende planen Sie und Ihr Partner jedoch einen kleinen Kurzurlaub, den Sie dringend nötig haben und auf den Sie sich ebenso sehr freuen. Aber immerhin kommt die Anfrage von Ihrer Vorgesetzten, und die nächste Beurteilungsrunde steht kurz bevor. Wie können Sie Nein sagen, ohne das Verhältnis zu Ihrer Chefin zu unterminieren und Ihre Beförderung zu gefährden?

Einer Ihrer Hauptkunden bittet Sie telefonisch, das Produkt drei Wochen vor dem geplanten Termin auszuliefern. Aus Erfahrung wissen Sie, wie viel Stress diese Forderung intern verursachen wird und dass der Kunde mit der Qualität des Endprodukts letztlich nicht glücklich sein wird. Aber es handelt sich um einen ihrer wichtigsten Geschäftspartner, der sich mit einer abschlägigen Antwort nicht zufriedengeben wird. Wie kann man trotzdem Nein sagen, ohne die Beziehung zu gefährden?

Bei einem internen Meeting geht der Vorgesetzte Ihrer Abteilungsleiterin wütend auf eine Ihrer Kolleginnen los: Für deren Arbeit hat er nur vernichtende Kritik übrig; er beleidigt und demütigt sie auf äußerst ausfallende Weise. Sämtliche Kollegen schweigen. Alle sind gelähmt vor Angst und insgeheim froh, nicht selbst Opfer seiner Attacke zu sein. Sie finden das Verhalten des Vorgesetzten vollkommen unangemessen, aber wie können Sie es schaffen, laut und deutlich »so nicht« und damit Nein zu sagen?

Als Sie nach Feierabend nach Hause kommen, klingelt das Telefon. Es ist eine befreundete Nachbarin, die Sie fragt, ob Sie nicht für einen guten Zweck bei einer Wohltätigkeitsveranstaltung mitwirken wollen. »Du bist genau die Richtige für diese Aufgabe«, schmeichelt sie Ihnen. Für ehrenamtliches Engagement dieser Art haben Sie eigentlich gar keine Zeit. Wie können Sie ohne schlechtes Gewissen Nein sagen?

Beim Abendessen schneidet Ihr Mann das Problem mit Ihrer Mutter an: In ihrem fortgeschrittenen Alter ist es nicht mehr sicher genug für sie, allein zu leben. Sie möchte bei Ihnen wohnen. Ihr Partner ist absolut dagegen und drängt Sie, Ihrer Mutter eine abschlägige Antwort zu geben. Aber wie können Sie zu Ihrer eigenen Mutter Nein sagen?

Dann schauen Sie sich die Abendnachrichten an. Sie berichten von Gewalt und Ungerechtigkeit: von Völkermord in einem entfernten Land, von Kindern, die an Hunger sterben, während in den Lagerhäusern die Lebensmittel verfaulen, von gefährlichen Diktatoren, die Massenvernichtungsmittel entwickeln lassen. Und Sie fragen sich, wie wir als Gesellschaft Nein zu derlei Bedrohungen und Missständen sagen können.

Bevor Sie zu Bett gehen, müssen Sie noch den Hund ausführen. Er fängt laut an zu bellen und weckt alle Nachbarn auf. Sie befehlen ihm, damit aufzuhören, aber er gehorcht Ihnen nicht. Anscheinend ist es sogar bei dem Hund nicht so einfach, Nein zu sagen.

Klingt das vertraut?

Sämtlichen hier geschilderten Situationen ist eines gemeinsam: Um für das einzutreten, was wirklich zählt, um Ihre eigenen Bedürfnisse oder die anderer Menschen zu befriedigen, müssen Sie Nein sagen: zu einer Forderung oder Bitte, die Ihnen nicht passt, einem Verhalten, das unangemessen oder beleidigend ist, einer Situation oder einem System, das nicht funktioniert oder nicht fair ist.

## Warum Nein, warum jetzt?

Die Fähigkeit, Nein zu sagen, war immer schon wichtig, aber wahrscheinlich niemals von größerer Bedeutung als heutzutage.

Im Verlauf meiner Arbeit hatte ich das Privileg, die Welt intensiv zu bereisen. Ich besuchte Hunderte von Arbeitsplätzen, erlebte Familien in Dutzenden von unterschiedlichen Gesellschaften und sprach mit vielen Tausend Menschen. Wo man auch hinsieht: Stress und Druck nehmen stetig zu. Ich treffe vollkommen ausgebrannte Manager und Angestellte. Ich erlebe, wie insbesondere berufstätige Frauen versuchen, Job und Familie unter einen Hut zu bekommen. Ich sehe Eltern, die wenig intensive Zeit mit ihren Kindern verbringen können, und Kinder, die durch die Schule und ein Übermaß an Hausaufgaben so sehr in Anspruch genommen sind, dass sie immer weniger Zeit für sorgloses Spiel haben. Überall sind die Menschen überlastet und überfordert. Ich selbst gehöre auch dazu.

Dank der Wissensrevolution haben wir mehr Informationen und mehr Möglichkeiten als je zuvor. Aber wir müssen auch mehr Entscheidungen treffen, wofür uns wiederum weniger Zeit zur Verfügung steht, denn mit jeder technologischen Errungenschaft, die uns die Arbeit erleichtern soll, wird das Leben schneller und hektischer. Die Grenzen zwischen Heim und Arbeitsplatz verwischen, denn die Menschen sind durch Handy und E-Mail jederzeit an jedem Ort erreichbar. Auch die Regeln werden unklarer, und die Versuchung, eine Abkürzung zu nehmen, um zum Ziel zu gelangen, und sich über ethische Grundregeln hinwegzusetzen, ist groß. Egal in welchem Bereich unseres Lebens: Grenzen zu setzen und aufrechtzuerhalten, wird immer schwerer.

*Deshalb ist das Nein die größte Herausforderung unserer Zeit.*

## DIE DREI-A-FALLE

Vielleicht ist Nein tatsächlich der wichtigste Bestandteil unseres Wortschatzes, aber er ist auch der schwierigste, denn es ist nicht leicht, es auf angemessene Weise zu artikulieren.

Wenn ich die Teilnehmer meiner Seminare in Harvard und

anderswo frage, warum es für sie so schwierig ist, Nein zu sagen, erhalte ich meist Antworten wie diese:

»Ich will nicht, dass mir dieses Geschäft durch die Lappen geht.«

»Ich will die Beziehung nicht gefährden.«

»Ich fürchte mich vor Vergeltungsmaßnahmen.«

»Ich habe Angst, meinen Job zu verlieren.«

»Ich fühle mich schuldig – ich will niemanden verletzen.«

Die Schwierigkeiten Nein zu sagen sind im Kern auf das Spannungsverhältnis zwischen *Machtausübung* und *Beziehungspflege* zurückzuführen. Macht auszuüben, ist ein zentraler Bestandteil des Nein-Sagens, belastet in der Regel aber die Beziehung. Die Beziehung zu pflegen, kann aber die eigene Macht schwächen.

Diesem Macht-versus-Beziehung-Dilemma begegnen die meisten Menschen mit folgenden drei Verhaltensstrategien:

### Anpassung: Wir sagen Ja, wenn wir Nein sagen wollen

Bei der Anpassungsstrategie legen wir größten Wert auf den Erhalt der Beziehung – sogar auf die Gefahr hin, damit unsere eigenen Interessen zu opfern. Wir sagen Ja, obwohl wir eigentlich Nein sagen wollen.

Anpassung geht in der Regel mit einem ungesunden Ja einher, mit dem wir uns einen falschen, vorübergehenden Frieden erkaufen. Wenn Sie Ihrer kleinen Tochter das neue Spielzeug *doch* kaufen, so haben Sie ihr gegenüber vielleicht keine Schuldgefühle mehr, werden aber schon bald feststellen, dass Ihr Verhalten noch mehr Forderungen nach sich zieht – ein Teufelskreis für Sie beide. Wenn Ihre Vorgesetzte Sie bittet, an genau jenem Wochenende zu arbeiten, das Sie und Ihr Partner sich für einen Kurztrip reserviert hatten, sind Sie vielleicht versucht, die Zähne zusammenzubeißen und ihr nicht zu widersprechen, weil Sie Ihre Beförderung nicht riskieren wollen. Damit nehmen Sie aber in Kauf, dass Ihr Familienleben leidet. Allzu häufig geschieht es, dass wir uns fügen, um das gute Einvernehmen nicht zu gefährden, auch wenn wir wissen, dass diese Entscheidung nicht die richtige für uns ist. Unser Ja ist also in Wirklichkeit ein destruktives Ja, denn es unterminiert unsere eigentlichen Interessen.

Anpassung kann auch dem Unternehmen schaden, in dem Sie tätig sind. Chris, einer meiner Seminarteilnehmer, schildert folgende Situation: »Zusammen mit meinen Kollegen arbeitete ich an einem 150-Millionen-Dollar-Geschäft. Wir hatten schwer geschuftet und viel geleistet. Kurz bevor der Handel perfekt wurde, beschloss ich, die Zahlen noch einmal zu überprüfen. Im Zuge meiner Berechnungen wurde deutlich, dass die Sache langfristig gesehen keinen Profit abwerfen würde. Aber alle waren voller Vorfreude, man konnte den Vertragsabschluss kaum abwarten, deshalb brachte ich es einfach nicht über mich, Sand ins Getriebe zu streuen. Also machte ich weiter, obwohl ich wusste, dass das Projekt der Firma schaden würde und dass ich mich hätte melden sollen. Na ja, das Geschäft kam tatsächlich zustande, und ein Jahr später standen wir – wie befürchtet – vor einem ziemlichen Scherbenhaufen. Wenn ich noch einmal in eine solche Lage geriete, würde ich meine Bedenken zweifellos offen ansprechen. Es war eine kostspielige, aber wertvolle Lektion für mich.«

Denken Sie einmal über Chris' Angst nach, »Sand ins Getriebe zu streuen«, besonders weil alle »voller Vorfreude« waren. Wir alle wollen geliebt und akzeptiert werden. Niemand will hinterher als Bösewicht oder Miesmacher gelten. Und genau das, so befürchtete Chris, würde geschehen, wenn er die unangenehmen Tatsachen offenlegte. Die allgemeine Vorfreude würde sich in Wut verwandeln und gegen ihn richten – zumindest hielt er das für möglich. Deshalb befürwortete er weiterhin ein Geschäft, das er und seine Kollegen später bereuen sollten.

Es ist allgemein bekannt, dass die Hälfte unserer Probleme daher kommt, dass wir Ja sagen, wenn wir Nein sagen sollten, denn oft zahlen wir für unsere Anpassung einen hohen Preis.

### Angriff: Wir sagen auf unangemessene Weise Nein

Das Gegenteil von Anpassung ist *Angriff*. Wir setzen unsere Macht ein, ohne einen Gedanken an die Beziehung zu verschwenden. Während Anpassung eher durch Angst motiviert wird, ist die Triebfeder der Angriffsstrategie der Zorn. So sind wir möglicherweise wütend, weil jemand anders uns verletzt hat oder überzogene Forderungen an uns hat. Vielleicht sind wir auch einfach nur frustriert über die Gesamtsituation. Und dann schlagen wir zurück: Wir sagen auf eine Weise Nein, die den anderen verletzt und unsere Beziehung zerstört. Oder um es mit einem meiner Lieblingszitate von Ambrose Bierce zu formulieren: »Sprich, wenn du wütend bist, und du wirst die beste Rede halten, die du jemals bereut hast.«

Folgendes Beispiel soll der Illustration dienen: Eine Regierung hatte eine große Computerfirma damit beauftragt, ein Programm zu entwickeln und zu implementieren, mit dem staatliche Sozialleistungen verwaltet werden sollten. Nach einem Vierteljahr war bereits die Hälfte des Budgets verbraucht. Die Funktionäre befürchteten, dass schon bald keine Gelder mehr zur Verfügung stehen würden, weshalb sie den Vertrag mit der Computerfirma kündigten und das Projekt in Eigenregie abzuwickeln versuchten. Die Regierungsvertreter waren wütend auf die Firma, und die Unternehmensmanager waren ihrerseits wütend auf die Regierung: Jeder machte die andere Seite für das Problem verantwortlich.

Trotzdem waren die Regierungsmitglieder daran interessiert, die Datenbank von der Firma zu erwerben, denn sie enthielt wertvolle Informationen. Der geschätzte Wert des Computerprogramms lag bei 50 Millionen Dollar. Für die Firma, die eigentlich keine Verwendung für das Programm hatte, war der Wert gleich null, solange sie es nicht an die Regierung verkauften. Für den Staat waren 50 Millionen Dollar durchaus angemessen, denn eine Neuerhebung der Daten hätte ihn mehr gekostet – und abgesehen davon hatte man dafür auch gar nicht die Zeit. Eigentlich hätte eine Einigung also in beidseitigem Interesse gelegen. Doch der Zorn beider Parteien aufeinander führte zu einem destruktiven Nein, und die Verhandlungen endeten in gegenseitigen Schuldzuweisungen. Natürlich konnte man so keine Einigung erzielen, und der millionenfache Wert der Datenbank löste sich in Luft auf. Zehn Jahre später waren beide Parteien immer noch in Rechtsstreitigkeiten verwickelt und gaben jährlich mehrere Hunderttausend Dollar für Anwalts- und Gerichtskosten aus. Beide Seiten machten herbe Verluste.

Wenn viele unserer Probleme ihren Ursprung darin haben, dass wir Ja sagen, wo wir Nein sagen sollten, so rühren mindestens genauso viele daher, dass wir auf unangemessene Weise Nein sagen, wie es die Regierungsbeamten und die Vertreter der Computerfirma taten. Wir leben in einer Welt, in der Konflikte allgegenwärtig sind – zu Hause, am Arbeitsplatz, in der Gesellschaft im Allgemeinen. Denken Sie an Familienstreitigkeiten, an erbitterte Streiks, an Auseinandersetzungen in der Vorstandsetage oder an blutige Kriege. Welche Botschaft steckt dahinter, wenn Menschen in eine Auseinandersetzung verwickelt sind? Der Kern eines jeden destruktiven Konflikts auf der Welt – sei er nun groß oder klein – ist ein Nein. Was zum Beispiel ist der Terrorismus, wenn nicht ein schrecklicher Weg, Nein zu sagen?

### Ausweichen: Wir sagen gar nichts

Eine dritte Strategie besteht im Ausweichen oder Vermeidungsverhalten. Wir sagen weder Ja noch Nein; wir legen uns nicht fest, wir sagen gar nichts. Dies gehört heutzutage zu einem immer häufiger auftretenden Verhaltensmuster bei Konflikten, besonders in Familien und Unternehmen. Wir befürchten, den anderen zu beleidigen und uns seinen Zorn oder seine Missbilligung zuzuziehen, weshalb wir lieber den Mund halten. Wir hoffen, dass das Problem sich in Luft auflöst, obwohl uns doch eigentlich klar ist, dass dies nie geschehen wird. In kaltem Schweigen sitzen wir mit unserem Ehepartner am Abendbrottisch. Am Arbeitsplatz tun wir, als ob alles in Ordnung sei, obwohl wir vor Wut über das Verhalten unseres Kollegen beinahe platzen. Wir ignorieren die Ungerechtigkeit und die Beschimpfungen, denen die Menschen in unserer Umgebung ausgesetzt sind.

Derlei ausweichendes Verhalten kann uns nicht nur unsere Gesundheit kosten und zu hohem Blutdruck und Magengeschwüren führen, es kann auch unserer Firma schaden, denn die meisten Probleme schwären so lange vor sich hin, bis es zur unvermeidlichen Krise kommt.

Vermeidungsverhalten ist in jedem Lebensbereich tödlich. Wie Martin Luther King Jr. es einst formulierte: »Unser Tod beginnt an dem Tag, an dem wir über die wirklich wichtigen Dinge schweigen.«

## Die Kombination

Die drei As – Anpassung, Angriff und Ausweichen – sind nicht immer klar voneinander zu trennen, sondern sie sind in der Regel miteinander verwoben, woraus sich das ergibt, was ich die Drei-A-Falle nenne.

Allzu häufig fängt es damit an, dass wir uns an den anderen anpassen. Irgendwann nehmen wir unserem Gegenüber das natürlich übel. Und nachdem wir unsere Gefühle eine Weile unterdrückt haben, kommt ein Punkt, an dem wir plötzlich explodieren, nur um hinterher Schuldgefühle wegen unseres zerstörerischen Angriffes zu haben. Also passen wir uns erneut an oder weichen dem Problem aus: Wir hoffen, dass es von selbst verschwindet, wenn wir es ignorieren. Wir sind wie eine Maus, die in einem Labyrinth gefangen ist: Sie eilt von einem Gang zum nächsten, aber niemals gelangt sie zum Käse.

Alle drei Ansätze trugen zu der Unternehmenskrise von Royal Dutch Shell bei, die im April 2004 durch die falsche Bewertung der Ölreserven um kolossale 20 Prozent ausgelöst wurde. Dies schadete nicht nur dem Ruf der Firma und reduzierte ihre Kreditwürdigkeit, sondern führte auch dazu, dass der Geschäftsführer, der Leiter der Forschungsabteilung und der Finanzchef ihren Job verloren.

Der Grund für diese Entwicklung lag darin, dass der Geschäftsführer pro gefördertem Barrel Öl ein Barrel Ölreserve prognostizieren ließ – und niemand den Mut hatte, zu dieser Bewertung Nein zu sagen, obwohl es eindeutige Hinweise darauf gab, dass sie nicht den Tatsachen entsprach. Shells Leiter der Forschungsabteilung versuchte, Alarm zu schlagen, wurde vom Geschäftsführer aber unter Druck gesetzt, sodass er seine offizielle Stellungnahme anpasste, obwohl er sich insgeheim empörte. Ein Jahr später kam das Fass zum Überlaufen, als der Geschäftsführer ihm eine negative Bewertung ausstellte. Durch eine hitzige E-Mail, die an die Öffentlichkeit geriet, ging er zum Gegenangriff über: »Mich machen diese Lügen über das Ausmaß unserer Ölreserven und die daraus resultierende ständige Herabstufung unserer Angaben ganz krank, denn die Deklarierung ist viel zu aggressiv und optimistisch.«

Während der Geschäftsführer sich auf Angriff spezialisierte und der Leiter der Forschungsabteilung zwischen Anpassung und Angriff schwankte, verlegte sich der Finanzchef auf ausweichendes Verhalten. Er hoffte, dass das Problem schon irgendwie verschwinden würde. Aber das geschah nicht, und so eskalierte die Geschichte mit schlimmen Konsequenzen für alle Beteiligten.

## DER AUSWEG: EIN POSITIVES NEIN

Glücklicherweise gibt es einen Ausweg aus dieser Falle. Dazu müssen Sie sich von der allgemeinen Annahme lösen, dass Sie nur zwei Möglichkeiten haben: *entweder* Macht einzusetzen, um zu bekommen, was Sie wollen (auf Kosten der persönlichen Beziehung), *oder* die Beziehung zu pflegen (auf Kosten der Macht). Es liegt an Ihnen, *beides* gleichzeitig zu tun: Verwickeln Sie Ihr Gegenüber in eine konstruktive und respektvolle Konfrontation.

Genau das tat ein Mann, den ich John nenne. Er sah sich gezwungen, sich seinem dominanten Vater entgegenzustellen, der gleichzeitig sein Arbeitgeber war. John arbeitete im Familienunternehmen. Er machte viele Überstunden, die ihn von Frau und Kindern fernhielten – sogar im Urlaub. Obwohl John erheblich mehr arbeitete und mehr Verantwortung hatte als seine Kollegen – hierbei handelte es sich um seine drei Schwager – bezahlte sein Vater jedem das gleiche Gehalt. Sein Vater erklärte, dass er niemanden bevorzugen wolle. John hatte Angst vor einer Auseinandersetzung und beklagte sich nie, obwohl er wegen seiner Überlastung und der ungerechten Behandlung innerlich vor Wut schäumte. Schließlich wurde ihm klar, dass sich etwas verändern musste. So nahm er all seinen Mut zusammen und beschloss, für sich selbst einzutreten.

»Bei einer Familienzusammenkunft bat ich Vater um ein Gespräch unter vier Augen. Ich teilte ihm mit, dass ich den kommenden Urlaub mit meiner Familie zusammen verbringen wollte und dass ich keine Überstunden mehr machen würde. Außerdem wies ich ihn darauf hin, dass ich eine angemessene Entlohnung für meine Arbeit erhalten wollte.«

John sprach energisch, aber in respektvollem Ton. Die Antwort des Vaters fiel nicht so aus, wie der Sohn es befürchtet hatte: »Vater nahm es besser auf, als ich erwartet hatte. Ich hatte ja auch nicht versucht, ihm eins auszuwischen, sondern ich wollte einfach nur auf eigenen Beinen stehen, ohne ihm auf die Zehen zu treten – zumindest solange ich es vermeiden konnte. Vielleicht spürte er das: Er erklärte sich damit einverstanden, dass ich keine Überstunden mehr machen würde, und kündigte an, zu einem anderen Zeitpunkt mit mir über die finanzielle Vergütung zu sprechen. Ich spürte, dass er einerseits zwar wütend, gleichzeitig aber auch stolz war.«

Vorher war John davon ausgegangen, dass er nur zwischen zwei Alternativen wählen konnte: *Entweder* er übte seine Macht aus, *oder* er konzentrierte sich auf die Beziehung. Er fürchtete die Missbilligung seines Vaters, und so hielt er seine Macht zurück – jahrelang. Er passte sich an und reagierte ausweichend. Als er Nein zu seinem Vater sagte, lernte er, dass es möglich war, seine Macht zu nutzen *und* gleichzeitig die Beziehung zu erhalten. Das ist das Kernstück eines Positiven Nein.

### Ein Positives Nein ist ein »Ja! Nein. Ja?«

Im Gegensatz zu einem normalen Nein, das mit Nein anfängt und mit Nein aufhört, beginnt und endet ein Positives Nein mit Ja.

Nein zu sagen, bedeutet zuallererst einmal, zu sich selbst Ja zu sagen und das zu schützen oder zu bewahren, was einem wichtig ist. John beschrieb seine Hauptmotivation folgendermaßen: »Ich wollte keine bestimmte Antwort erzielen, obwohl mir natürlich immer noch wichtig war, was mein Vater von mir hielt. Ich sagte Nein, weil *ich* dachte: *Wenn du dich jetzt nicht zur Wehr setzt, verlierst du jede Selbstachtung!* Sein Eröffnungs-Ja brachte John seinem Vater gegenüber so zum Ausdruck: »Meine Familie braucht mich, Vater, und ich möchte den nächsten Urlaub mit ihr zusammen verbringen!«

Dann manifestierte John seinen Standpunkt mit einem sachlichen *Nein* und setzte eine klare Grenze: »Ich arbeite nicht mehr an den Wochenenden und auch nicht im Urlaub.«

Und er endete mit einem *Ja?* – einer Einladung an seinen Gesprächspartner, eine Einigung zu erzielen, die seine Bedürfnisse respektierte. »Ich schlage vor, dass wir eine neue Vereinbarung treffen, damit sämtliche anfallenden Aufgaben im Büro rechtzeitig erledigt werden, ich aber trotzdem die für mich notwendige Zeit mit meiner Familie verbringen kann.«

Ein Positives Nein ist also ein *Ja! Nein. Ja?*. Das erste Ja bezieht sich auf Ihre persönlichen *Interessen*, das Nein bringt Ihre *Macht* zum Ausdruck und das zweite Ja fördert Ihre *Beziehung*. Ein Positives Nein sorgt mithin für den Ausgleich zwischen Macht und Beziehung im Dienste Ihrer Interessen.

Achten Sie auf den Unterschied zwischen dem ersten und dem zweiten Ja. Das erste Ja konzentriert sich auf Ihr *Inneres*, auf Ihr persönliches Empfinden – es ist eine Bestätigung Ihrer Interessen. Das zweite Ja konzentriert sich auf das *Äußere*: Es ist eine Einladung an Ihren Gesprächspartner, gemeinsam eine Einigung zu erzielen, die diese Interessen befriedigt.

Der Schlüssel zu einem Positiven Nein liegt im Respekt. Es unterscheidet sich von der Anpassungsstrategie durch den Respekt, den man sich selbst und den eigenen Prioritäten entgegenbringt. Von der Angriffsstrategie unterscheidet es sich dadurch, dass man auch sein Gegenüber respektiert, obwohl man zu dessen Forderungen oder dessen Verhalten Nein sagt. Das Positive Nein ist deshalb so wirkungsvoll, weil man – wie John es formuliert – *auf eigenen Beinen steht, ohne dem anderen auf die Zehen zu treten.*

Ein Positives Nein lässt sich am besten mit dem Bild des Baumes vergleichen. Der Stamm ist wie Ihr Nein – aufrecht und stark. Aber genau wie der Stamm nur der mittlere Teil eines Baumes ist, so ist Ihr Nein nur die Mitte eines Positiven Nein. Die Wurzeln, aus denen der Stamm entspringt, sind Ihr erstes Ja – ein Ja zu Ihren eigentlichen, tieferen Interessen, die Ihre Person ausmachen und Sie tragen. Die Zweige und Blätter, die aus dem Stamm wachsen, entsprechen Ihrem zweiten Ja – einem Ja, das sich einer möglichen Einigung oder Beziehung entgegenstreckt. Die Frucht ist das positive Ergebnis, das Sie anstreben. Wenn wir für uns selbst eintreten, können wir von Bäumen eine Menge lernen. Aufrecht stehen sie da, die Wurzeln tief ins Erdreich versenkt, während ihre Zweige zum Himmel emporwachsen. Der Dichter William Butler Yeats bezeichnete den Kastanienbaum einst als »Great rooted blossomer«, was so viel heißt wie »großer, verwurzelter Blüher«. Und genau das ist ein Positives Nein – ein *starkes*, baumstammähnliches Nein, das in einem *tieferen* Ja verwurzelt ist und zu einem *weiten* Ja erblüht.

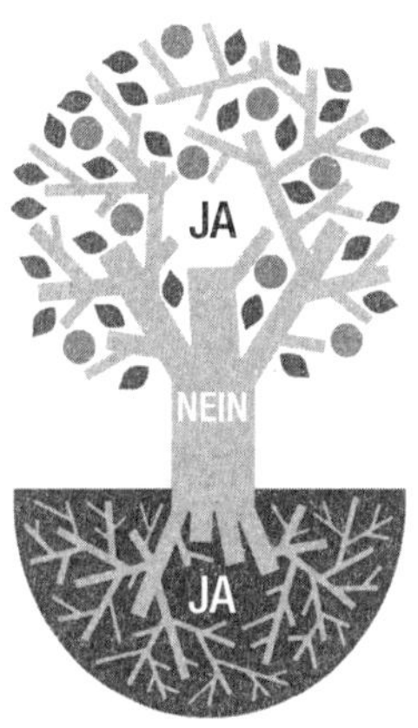


## DIE DREI GROSSEN GESCHENKE EINES POSITIVEN NEIN

Die Hindus glauben, dass im Universum drei fundamentale Prinzipien zusammenwirken: Schöpfung, Erhaltung und Zerstörung. Das Nein ist eng mit allen dreien verwoben. Wer lernt, auf geschickte und kluge Weise Nein zu sagen, kann das *erschaffen*, was er sich wünscht, das *bewahren*, woran ihm liegt, und das *verändern*, was nicht funktioniert. Dies sind die drei großen Geschenke eines Positiven Nein.

### Erschaffen, was Sie sich wünschen

Jeden Tag werden wir mit großen und kleinen Entscheidungen konfrontiert: Ein Ja zu der einen Alternative zieht automatisch ein Nein zur nächsten nach sich. Nur indem Sie Nein zu verschiedenen

Aktivitäten sagen, die Ihnen im Alltag sowohl Zeit als auch Energie rauben, können Sie Platz für das Ja in Ihrem Leben schaffen, also für die Menschen und Tätigkeiten, die Ihnen am meisten am Herzen liegen. Das paradoxe Geheimnis lautet: *Sie können erst dann wirklich Ja sagen, wenn Sie wirklich Nein sagen können.*

Diese Lektion habe ich noch als junger Mann von dem bekannten und außerordentlich erfolgreichen Investor Warren Buffett gelernt. Eines Tages vertraute er mir bei einem Frühstück an, dass das Geheimnis seines Vermögens in seiner Fähigkeit, Nein zu sagen, lag. »Ich sitze hier den ganzen Tag und schaue mir die Investitionsvorschläge an. Ich sage Nein, Nein, Nein, Nein, Nein und nochmals Nein – bis ich *genau* den sehe, den ich gesucht habe. Und dann sage ich Ja. Um ein Vermögen zu machen, musste ich also nur ein paarmal in meinem Leben Ja sagen.« *Jedes wichtige Ja erfordert Tausende von Nein.*

Nein ist das Schlüsselwort, wenn wir unseren strategischen Fokus definieren. Betrachten wir zum Beispiel Southwest Airlines, die erfolgreichste Fluggesellschaft in den Vereinigten Staaten, die weltweit sämtlichen Billig-Fluglinien als Vorbild diente. Bei genauerem Hinsehen werden Sie feststellen, dass das Geheimnis ihres wirtschaftlichen Erfolges in einem Positiven Nein an die Kunden liegt. Die Unternehmensstrategie sieht folgendermaßen aus: Um Ja zu Erfolg und Rentabilität sagen zu können (das erste Ja), sagt die Fluglinie Nein zu Sitzreservierungen, zu warmen Mahlzeiten und zum Gepäcktransfer beim Umsteigen. Durch ihr Nein zu diesen traditionell als besonders wichtig geltenden Serviceleistungen für die Passagiere ist die Fluggesellschaft in der Lage, Maschinen nach einem Flug unglaublich schnell wieder einzusetzen. Dadurch kann Southwest Airlines wiederum Ja (das zweite Ja) zu niedrigen Ticketpreisen und einem kundenfreundlichen Flugplan mit zuverlässigen, häufigen Flügen sagen – also zu denjenigen Dienstleistungen, die ihren Fluggäste am wichtigsten sind.

## Bewahren, woran Ihnen liegt

Denken Sie einen Augenblick über all das nach, was Ihnen besonders am Herzen liegt: Ihr persönliches Glück, die Sicherheit Ihrer Angehörigen, der Erfolg Ihrer Firma, die Sicherheit Ihres Landes und eine gesunde, wirtschaftliche Basis. All das kann durch das Verhalten anderer Menschen beeinflusst oder bedroht werden. Ein Positives Nein ermöglicht es uns, auf persönlicher, beruflicher und gesellschaftlicher Ebene Grenzen zu setzen, aufrechtzuerhalten und zu verteidigen, um das zu schützen, was uns etwas bedeutet.

Ein gutes Beispiel hierfür ist das einer Gruppe von Müttern, die Nein zu der sich scheinbar unaufhaltsam ausbreitenden Gewalt unter Jugendbanden in den Straßen von Los Angeles sagte. Zuerst fühlten sich die Frauen vollkommen hilflos, doch dann fanden sie Stärke im Gebet und machten sich eines Abends direkt von der Kirche aus auf den Weg. Sie gingen auf die Straße, wo sie das Gespräch mit den Jugendlichen suchten, die dort herumlungerten und nur auf die nächste Prügelei warteten. Die Frauen unterhielten sich mit ihren Söhnen und Neffen, sie boten ihnen Limonade und Kekse an und hörten zu, als sie von ihren Sorgen und Problemen erzählten. Die jungen Männer waren überrascht, und tatsächlich kam es an diesem Abend zu keinerlei Handgreiflichkeiten. Also wiederholten die Mütter das Experiment auch am nächsten und an den darauf folgenden Abenden. Sie sorgten für eine praktische Lösung der Probleme und gründeten ein paar kleine Unternehmen, wo die jungen Männer einen Job fanden. Zudem sorgten sie für professionelle Kursangebote zum Thema Konfliktlösungsstrategien. Die Gewaltbereitschaft in der Gegend nahm drastisch ab. Das Geheimnis der Mütter war ein Positives Nein. Ihr erstes Ja galt dem Frieden und der Sicherheit. Dann sagten sie Nein zur Gewalt. Ihr zweites Ja bestand darin, den jungen Männern bei der Jobsuche zu helfen und ihre Selbstachtung zu steigern.

## Verändern, was nicht funktioniert

Ob Sie nun über organisatorische Veränderungen am Arbeitsplatz, über Veränderungen im Privatbereich oder über politische oder wirtschaftliche Veränderungen auf gesellschaftlicher Ebene nachdenken – jeder kreative Wandel beginnt mit einem vorsätzlichen Nein zum Status quo. Ihr Nein kann der Gleichgültigkeit und Stagnation am Arbeitsplatz gelten ebenso wie der Unehrlichkeit oder der Gewalt in der Familie oder der Ungerechtigkeit und Ungleichheit in der Gesellschaft.

Ein junger Mann drohte durch seine Spielsucht nicht nur sein eigenes Leben, sondern auch das seiner Familie zu zerstören. Also setzten sich die Eltern und Geschwister eines Tages zusammen, um zu intervenieren, und suchten die konstruktive Konfrontation mit ihm. Zuerst versicherten sie ihm, wie viel er jedem Einzelnen von ihnen bedeutete (ihr erstes Ja), dann teilten sie ihm mit, dass er mit dem Spielen aufhören musste (ihr Nein), wenn er ihre Unterstützung nicht verlieren wollte. Sie schlugen ihm vor, ein ortsansässiges Therapiezentrum für Spielsüchtige aufzusuchen (ihr zweites Ja). Angesichts dieses Positiven Nein stimmte er zu, erhielt therapeutische Hilfe und wurde von seiner Sucht geheilt.

Die Methode des Positiven Nein hilft Ihnen nicht nur, Nein zu anderen zu sagen, sondern auch zu sich selbst. Wir alle wissen doch, wie schwierig es ist, schädliche Verhaltensweisen wie übermäßiges Essen, Alkoholgenuss oder unser Konsumverhalten aufzugeben. Häufig geben wir der Versuchung nach (Anpassung), machen uns Selbstvorwürfe (Angriff) oder verleugnen die schädlichen Verhaltensweisen sowie die dafür verantwortlichen Gefühle (Ausweichen). Damit wir uns zum Guten verändern, müssen wir lernen, uns selbst ein Positives Nein entgegenzusetzen, denn nur so sind wir uns selbst gegenüber respektvoll und einfühlsam und schützen unsere eigentlichen, höheren Interessen.

## WIE SIE DIESES BUCH BENUTZEN SOLLTEN

Die Methode des Positiven Nein nenne ich auch gern die der ungewöhnlichen Vernunft: Sie ist zwar intuitiv einleuchtend, aber wir wenden sie selten an, weil sie unseren normalen Impulsen und Reaktionen beim Nein-Sagen widerspricht. Das vorliegende Werk setzt besagte ungewöhnliche Vernunft in einen praktischen Bezugsrahmen, den jeder nutzen kann, um für sich selbst einzutreten, ohne wertvolle Beziehungen zu gefährden.

Das Buch gliedert sich in drei Teile oder Phasen. In der ersten Phase wird beschrieben, wie man ein Positives Nein *vorbereitet.* Der zweite Teil schildert, wie man das Positive Nein *übermittelt.* Im dritten wird dargelegt, wie man es *manifestiert* und den Widerstand seines Gegenübers in Akzeptanz verwandelt. Alle drei Phasen sind für den Erfolg von unmittelbarer Bedeutung.

Jede Phase wiederum gliedert sich in drei Kapitel – das erste konzentriert sich auf Ihr zugrunde liegendes Ja, das zweite auf Ihr Nein zu den Forderungen oder dem Verhalten Ihres Gegenübers und das dritte auf Ihr Ja zu einem positiven Endergebnis.

Zuerst *bereiten* Sie Ihr Positives Nein *vor* – Sie legen Ihr Ja offen, ermächtigen Ihr Nein und bereiten einen Weg der Achtung für das Ja. Dann *übermitteln* Sie Ihr Positives Nein – Sie artikulieren Ihr Ja, bekräftigen Ihr Nein und schlagen ein Ja vor. Und schließlich ein sehr wichtiger Schritt: Sie *manifestieren* Ihr Positives Nein – Sie bleiben Ihrem Ja treu, unterstreichen Ihr Nein und verhandeln bis zum Ja.

Wahrscheinlich werden Sie aus der Lektüre dieses Buches noch mehr Nutzen ziehen, wenn Sie sich dabei mindestens eine problematische Situation in Ihrem Leben vor Augen führen, in der Sie gern Nein sagen würden. Die Kapitel führen Sie Schritt für Schritt durch den Prozess des Positiven Nein. Deshalb möchte ich Sie ermutigen, diese Methode auf Ihre persönliche Situation anzuwenden und mit ihrer Hilfe eine effektive Handlungsstrategie zu entwickeln.

Nein zu sagen, ist ein allgemein menschliches Dilemma, mit dem wir zu Hause, am Arbeitsplatz und in der Welt tagtäglich konfrontiert werden. Alles, was Ihnen am Herzen liegt – Ihr Glück, das Wohlergehen Ihrer Familie, beruflicher Erfolg und die Gesellschaft im Allgemeinen –, ist von Ihrer Fähigkeit abhängig, dort Nein zu sagen, wo es wichtig ist. Das ist manchmal nicht einfach, aber die Methode des Positiven Nein wird es Ihnen erleichtern, denn sie zeigt Ihnen einen Weg, für sich selbst einzutreten, ohne Ihre Beziehungen zu gefährden. Mit ein bisschen Übung, Geduld und Anstrengung werden Sie Ihre Schwierigkeiten überwinden und lernen, die drei Stufen dieses Prozesses zu durchlaufen. Je mehr Sie sich mit der Methode vertraut machen, umso mehr wird sie Ihnen zur zweiten Natur werden.

Wenn Sie die Kunst des Positiven Nein einmal erlernt haben, wird Ihnen möglicherweise das größte Geschenk zuteil, das es gibt: die Freiheit, Sie selbst zu sein und Ihrer eigentlichen Bestimmung zu folgen.

PHASE 1

# VORBEREITUNG

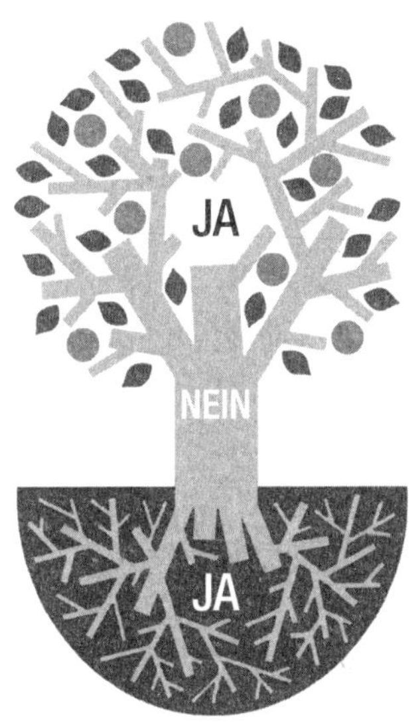


3. Öffnen Sie dem Ja einen Weg des Respekts

2. Ermächtigen Sie Ihr Nein

1. Legen Sie Ihr Ja offen

# 1 LEGEN SIE IHR JA OFFEN

*Im Schöpfungsprozess ist der Anfang das Schwierigste; ein Grashalm ist nicht einfacher zu erschaffen als eine Eiche.*

JAMES RUSSELL LOWELL

Wenn wir Nein sagen, besteht unser größter Fehler vielleicht darin, dass wir beim Nein *anfangen.* Wir denken ausschließlich daran, dass wir *gegen* etwas sind – gegen die Forderungen oder das Verhalten des anderen –, und daraus leiten wir unser Nein ab. Ein Positives Nein fordert uns auf, das genaue Gegenteil zu tun: Wir sollten uns überlegen, *wofür* wir sind, und unser Nein darauf begründen. Beginnen Sie nicht beim Nein, sondern beim Ja. Verwurzeln Sie Ihr Nein in einem tieferen Ja – einem Ja zu Ihren eigentlichen Interessen und zu dem, was wirklich von Belang für Sie ist.

Diese Lehre bekam ich besonders deutlich durch einen Verwandten von mir vor Augen geführt, der ernsthaft alkoholkrank war, was ihn und andere bei einem Autounfall fast das Leben gekostet hätte. Er versuchte viele Male, seine Sucht zu überwinden, aber immer erfolglos. Im Alter von sechzig Jahren, als seine Umwelt die Hoffnung bereits aufgegeben hatte, fand er in sich selbst den festen Willen, Nein zu sagen und mit dem Trinken aufzuhören. Sein Geheimnis? »Als mein erster Enkel zur Welt kam«, berichtet er, »wünschte ich mir nichts sehnlicher, als lange genug zu leben, um ihn aufwachsen zu sehen. Seine Geburt gab mir einen Grund, mich in Behandlung zu begeben und mit dem Trinken aufzuhören. Seit diesem Tag, der nun über fünfzehn Jahre her ist, habe ich keinen Tropfen mehr angerührt.« Sein Ja zu einem Leben mit seinen Enkeln – dazu, mit ihnen spielen zu können und sie heranwachsen zu sehen – motivierte sein mächtiges Nein zum Alkohol.

Seine Geschichte illustriert deutlich eine alltägliche, paradoxe Wahrheit: Die Macht Ihres Nein entspringt der Macht Ihres Ja.

Ihr Ja ist der eigentliche Grund für Ihr Nein. Deshalb besteht der erste Schritt unserer Methode auch darin, das Ja offenzulegen, das Ihrem Nein zugrunde liegt. Je tiefer Sie Ihr Innerstes erforschen, um Ihre eigentliche Motivation herauszufinden, umso mächtiger ist Ihr Ja und damit auch Ihr Nein.

### Von Reaktion zu Aktion

Auch wenn sie uns noch so große Steine in den Weg legen: Das größte Hindernis bei einem erfolgreichen Nein sind nicht die anderen, sondern wir selbst! Es ist unsere nur allzu menschliche Neigung, lediglich zu reagieren – wir zeigen Gefühle, haben aber kein Ziel. Wir Menschen sind Reaktionsautomaten. Und unser Nein ist ebenfalls reaktiv. Aus Angst oder Schuldgefühlen reagieren wir mit Anpassung. Aus Wut reagieren wir mit Angriff. Aus Furcht weichen wir aus. Um uns aus dieser Drei-A-Falle zu befreien, müssen wir Eigeninitiative zeigen, müssen aktiv werden: Wir müssen vorausschauend denken und zielgerichtet handeln.

Eine alte japanische Geschichte von einem Samurai und einem Fischer vermag dies besonders anschaulich zu demonstrieren. Eines

Tages ging der Samurai zu dem Fischer, um dessen Schulden einzutreiben. »Es tut mir leid«, erwiderte der Fischer, »aber das vergangene Jahr verlief nicht gut, sodass ich dir dein Geld leider nicht zurückzahlen kann.« Der Samurai war von aufbrausendem Temperament. Er zog sein Schwert, um den Fischer auf der Stelle zu töten. Der Fischer aber dachte angestrengt nach und sagte dann kühn: »Einst studierte auch ich die Kriegskunst, und mein Meister lehrte mich, niemanden aus Zorn zu schlagen.«

Der Samurai betrachtete ihn einen Augenblick lang, dann senkte er langsam sein Schwert. »Dein Meister ist weise«, sagte er leise. »Mein Meister hat mich das Gleiche gelehrt. Manchmal werde ich vom Zorn einfach überwältigt. Ich gebe dir ein weiteres Jahr, um deine Schulden zurückzuzahlen, aber wenn du mir nur eine Münze schuldig bleibst, werde ich dich mit Gewissheit töten.«

Erst spät am Abend kehrte der Samurai heim. Er schlich sich leise ins Haus, weil er seine Frau nicht wecken wollte, aber zu seinem großen Schrecken fand er zwei Menschen im Bett vor: seine Frau und einen Fremden, der wie ein Samurai gekleidet war. Wutentbrannt und voller Eifersucht zog er sein Schwert, um beide zu erschlagen, aber plötzlich kamen ihm die Worte des Fischers wieder in den Sinn. »Schlage niemanden aus Zorn.« Der Samurai hielt einen Augenblick lang inne, holte tief Luft und machte dann absichtlich ein lautes Geräusch. Seine Frau wachte sofort auf, genau wie der »Fremde«, der sich als seine Mutter entpuppte.

»Was hat das zu bedeuten?«, schrie der Samurai. »Ich hätte euch beinahe beide getötet!«

»Wir hatten Angst vor Räubern«, erklärte seine Frau. »Also habe ich deiner Mutter Samurai-Kleidung gegeben, um sie abzuschrecken.«

Ein Jahr zog ins Land, und diesmal suchte der Fischer den Samurai auf. »Das vergangene Jahr war hervorragend, deshalb gebe ich dir dein Geld mit Zinsen zurück«, sagte der Fischer glücklich zu ihm.

»Behalte dein Geld«, erwiderte der Samurai. »Du hast deine Schulden schon vor langer Zeit beglichen.«

Wenn Sie Nein sagen wollen, denken Sie an die Lektion des Samurai: Lassen Sie sich nicht vom Zorn hinreißen – und reagieren Sie auch nicht unreflektiert auf negative Gefühle wie Furcht oder Schuld. Holen Sie erst einmal tief Atem und konzentrieren Sie sich auf Ihre eigentliche Absicht – auf Ihr Ja. Fragen Sie sich, was Sie wirklich wollen und was in der vorliegenden Situation wichtig für Sie ist. Mit anderen Worten: Seien Sie nicht länger nur reaktiv und konzentrieren Sie sich nicht ausschließlich auf Ihr Nein, sondern seien Sie aktiv und konzentrieren Sie sich auf Ihr Ja.

In diesem Kapitel erläutern wir einen Prozess, der Ihnen dabei helfen kann. Wie der Samurai sollten Sie zuallererst einmal innehalten und sich sammeln. Dann fragen Sie sich, *warum*? Warum wollen Sie Nein sagen? Wo liegen Ihre eigentlichen Interessen, Bedürfnisse und Werte? Wenn Sie diese Frage einmal beantwortet haben, können Sie Ihr *Ja!* herauskristallisieren – nämlich Ihre eigentliche Intention, das zu schützen, was Ihnen am meisten am Herzen liegt.

## HALT: GEHEN SIE »AUF DEN BALKON«, UND VERSCHAFFEN SIE SICH EINEN KLAREN KOPF

Wir haben nicht die geringste Chance, andere zu beeinflussen, wenn wir nicht in der Lage sind, zuallererst einmal uns selbst und unsere eigenen natürlichen Reaktionen und Gefühle zu kontrollieren.

Es ist nur natürlich, auf beleidigendes Verhalten oder unangemessene Forderungen mit Wut zu reagieren. Aber Wut macht uns blind. Wer in einer solchen Situation seinem ersten Impuls folgt und einfach nur Nein sagt – wütend, manchmal sogar rachsüchtig –, der verliert allzu leicht sein eigentliches Ziel aus den Augen, das darin besteht, die eigenen Interessen zu vertreten und durchzusetzen. Auch Angst kann uns daran hindern, unsere Ziele zu verfolgen. Wir stellen uns im Voraus vor, wie unser Gegenüber auf unser Nein reagiert. Was wird der Betreffende von uns denken oder uns antun? Was geschieht mit unserer Beziehung, mit dem Geschäft, und inwieweit sind unsere Belange dadurch gefährdet? Wir sind gelähmt vor Angst und reagieren mit Anpassung: Wir geben unsere Bedürfnisse auf.

Schuldgefühle haben eine ähnliche Wirkung. »Ich habe kein Recht, Nein zu sagen.« – »So viel Zeit für mich habe ich nicht verdient.« – »Die Bedürfnisse des anderen sind wichtiger als meine eigenen.«

*Wut macht blind, Angst lähmt, und Schuldgefühle können schwächen.*

Die erste Herausforderung besteht also darin, uns zunächst einmal mit uns selbst auseinanderzusetzen. Rufen Sie sich das Beispiel des Mannes ins Gedächtnis, der zu seinem dominanten Vater und Vorgesetzten Nein sagte. Um es mit Johns eigenen Worten zu formulieren: »Ich stellte mich nicht meinem *Vater*, sondern ich stellte mich *meinen eigenen Ängsten*!« John erkannte ganz richtig, dass das eigentliche Hindernis, das ihm bei der Erfüllung seiner Wünsche im Weg stand, nicht sein Vater war, sondern seine Furcht. »Als ich mit ihm sprach, hatte ich den Hauptteil der aktiven Auseinandersetzung schon hinter mir. Und genau das ist der springende Punkt. *Die eigentliche Aktivität besteht darin, im Innern für sich selbst einzutreten. Erst dann sagt man nach außen hin Nein.*

Diese innere Aktivität beginnt damit, dass Sie innehalten. Das ist überaus wichtig, denn es unterbricht Ihre natürliche Reaktion, verschafft Ihnen Zeit zum Nachdenken und erlaubt Ihnen auf diese Weise, Ihr Ja offenzulegen. Sie können eine Sekunde, eine Stunde, einen Tag oder so lange innehalten, wie es Ihnen notwendig erscheint. Was zählt, ist, dass Sie die Situation erst einmal aus einem anderen Blickwinkel betrachten, bevor Sie mit Ihrem Nein fortfahren.

Ich benutze in diesem Zusammenhang gern die Metapher des Balkons. Auf dem Balkon verschaffen Sie sich einen klaren Kopf. Er verhilft Ihnen zu einer abgeklärten, losgelösten Geisteshaltung, wann immer Sie es wollen. Stellen Sie sich einen Augenblick lang vor, Sie wären ein Schauspieler auf der Bühne und sollten Ihren Text sprechen – Ihr Nein. Und nun stellen Sie sich vor, Sie stünden auf dem Balkon, von dem aus Sie die ganze Szene aus der Distanz beobachten könnten. Der Balkon ist ein Ort, um sich die richtige Perspektive zu verschaffen, ein Ort der Ruhe und Klarheit. Von der Balkonperspektive aus ist es viel leichter, das Ja hinter Ihrem Nein offenzulegen.

Diese Lektion lernte ich erst wirklich schätzen, als ich Mitte der Neunzigerjahre gebeten wurde, als Vermittler bei den schwierigen Gesprächen zwischen Russland und Tschetschenien zu fungieren, um Möglichkeiten auszuloten, wie der tragische Tschetschenienkonflikt beendet werden konnte. Die Verhandlungen fanden im Friedenspalast in Den Haag statt, im gleichen Konferenzsaal, in dem das Internationale Strafgericht für das ehemalige Jugoslawien (das UN-Kriegsverbrechertribunal) tagte. Der tschetschenische Vizepräsident begann seine lange Rede mit einer Reihe von lautstarken Anschuldigungen gegen die Russen. Er betonte, dass die Russen wunderbar in diesen Konferenzsaal passten, denn sie stünden sicher bald selbst wegen Kriegsverbrechen vor Gericht. Dann wandte er sich an mich, sah mir in die Augen und begann, mich anzugreifen: »Und Ihr Amerikaner habt den Russen bei ihren Kriegsverbrechen geholfen! Außerdem verletzt ihr das Recht auf Selbstbestimmung der Puerto Ricaner!« Während er mit seinen Anklagen fortfuhr, blickten die übrigen Konferenzteilnehmer mich erwartungsvoll an. Wie würde ich reagieren? Würde ich zu seinem Rundumschlag Nein sagen?

Ich fühlte mich in die Defensive gedrängt und fand, dass er vom eigentlichen Thema ablenkte. Ich dachte: »Die Wendung, die dieses

Gespräch nimmt, gefällt mir gar nicht. Warum greift er ausgerechnet *mich* an? Ich versuche doch nur zu helfen. Puerto Rico? Was weiß denn ich von Puerto Rico? Ich hatte das Gefühl, reagieren zu müssen. Sollte ich mir diese Behandlung gefallen lassen? Sollte ich es ihm mit gleicher Münze zurückzahlen? Oder sollte ich gar nichts sagen?

Glücklicherweise gab mir die Zeit, die die Übersetzer benötigten, Gelegenheit, innerlich auf den Balkon zu gehen. Ich holte tief Luft und versuchte, mich zu beruhigen. Ich rief mir ins Gedächtnis, dass unser eigentliches Ziel darin bestand, den Menschen in Tschetschenien und Russland Frieden zu bringen. Das war mein Ja. Auf dieser Basis konnte ich dem Schwall von Anklagen, der uns nirgends hinführte, mit Nein entgegentreten.

Als ich mit der Antwort an der Reihe war, wandte ich mich also mit folgenden einfachen Worten an den tschetschenischen Vizepräsidenten: »Ich habe Ihre Kritik an meinem Land vernommen und nehme sie als Zeichen, dass wir uns hier unter Freunden befinden und offen miteinander sprechen können. Ich weiß, dass Ihre Leute schrecklich gelitten haben. Wir haben uns heute hier versammelt, um einen Weg zu finden, wie wir dem Leiden und Blutvergießen in Tschetschenien ein Ende bereiten können. Lassen Sie uns deshalb überlegen, welche praktischen Schritte wir heute unternehmen können, um unserem Ziel näher zu kommen.« Damit brachte ich das Gespräch wieder in sein ursprüngliches Geleis. Indem ich auf den metaphorischen Balkon trat, konnte ich mein Ja offenlegen.

## Gönnen Sie sich eine Auszeit

Heutzutage ist der knappste Rohstoff Zeit zum Nachdenken. Suchen Sie nach Gelegenheiten, um, wann immer es möglich ist, auf den Balkon zu gehen und über Ihr Ja zu reflektieren. Um sich eine solche Auszeit gönnen zu können, gibt es einige recht praktische Floskeln. So könnten Sie auf eine unangemessene Forderung mit folgenden Worten antworten:

- »Tut mir leid, aber das ist jetzt nicht der geeignete Zeitpunkt, um darüber zu reden. Lassen Sie uns das Thema heute Nachmittag erörtern.«
- »Ich werde darüber nachdenken. Ich komme morgen noch einmal auf Sie zu.«
- »Ich muss mich mit meinem Partner beraten.«
- »Lassen Sie mich zunächst noch ein Telefonat führen, um noch etwas zu überprüfen.«

Auf Beleidigungen empfehlen sich Antworten wie:
- »Warum machen wir nicht eine kleine Pause?«
- »Fünf Minuten Pause.«
- »Würden Sie mich bitte entschuldigen? Ich brauche dringend noch einen Kaffee.«

Achok, einer meiner tibetanischen Freunde, sagte einmal zu mir: »›Ja‹ und ›Nein‹ sind ausgesprochen wichtige Worte, aber genauso wichtig ist der Satz ›Warten Sie einen Augenblick‹. Manchmal weiß man einfach nicht, ob man mit Ja oder Nein antworten soll. Dann ist es das Beste, sich Zeit zu verschaffen, um eine Entscheidung treffen zu können.« Achok hatte recht. Bevor man Nein sagt, ist es häufig klüger, erst einmal um eine Pause zu bitten.

Während dieser Auszeit sollten Sie das Zimmer verlassen. Nutzen Sie den Moment der Ruhe, um nachzudenken oder sich mit einem Kollegen zu beratschlagen. Stellen sie sich vor, Sie müssten mit einem Kunden verhandeln, der auf einem Ihrer Ansicht nach unrealistischen Abgabetermin besteht. In seiner Anwesenheit würden Sie vielleicht automatisch zustimmen, aber nach einem Telefonat mit einem Kollegen könnte Ihnen klar werden, dass dies ein Fehler wäre. Sich selbst die Gelegenheit zum Nachdenken zu geben, bevor man antwortet, kann den Unterschied zwischen einem reaktiven Ja und einem aktiven Nein ausmachen.

Bei Wut oder Angst sollten Sie einen Spaziergang machen oder Zuflucht zu Ihrer Lieblingssportart nehmen. Durch Muskeltraining und das Ankurbeln des Kreislaufs wird Ärger abgebaut und Angst reduziert. Danach sind Sie ruhig und ausgeglichen genug, um Nein sagen zu können.

## Hören Sie auf Ihre Gefühle

Unsere negativen Gefühle sind dafür verantwortlich, dass wir lediglich reagieren und nicht agieren. Angst und Schuld haben Anpassung oder ausweichendes Verhalten zur Folge, während unsere Wut zum Angriff führt. Wer seine Gefühle auslebt, kann seine eigentlichen Ziele nicht mehr verfolgen. Das Unterdrücken von Emotionen ist jedoch genauso wenig eine Lösung. Sie verschwinden nämlich nicht so einfach, sondern schwären unter der Oberfläche weiter und kommen bei ungünstigen Gelegenheiten wieder an die Oberfläche.

Glücklicherweise gibt es einen dritten Weg, wie wir mit unseren Gefühlen fertigwerden können, der viel weniger dramatisch ist, als sie auszuleben, und viel weniger anstrengend, als sie zu unterdrücken. *Machen Sie sich Ihre Gefühle bewusst.* Dann beherrschen Sie sie, statt sich von ihnen beherrschen zu lassen. Die effektivste Methode im Umgang mit negativen Emotionen besteht darin, ihnen aufmerksam zuzuhören.

An dieser Stelle möchte ich Ihnen das Beispiel einer Freundin schildern, die ihre dreijährige Tochter partout nicht überreden konnte, in den Kindergarten zu gehen. Jeden Morgen, wenn sie mit ihr das Haus verließ, warf sich die Kleine trotzig auf den Boden und machte eine Szene, weil sie zu Hause bleiben wollte. Die Mutter hatte keine Vorstellung, wie sie effektiv Nein sagen konnte. Sie empfand die Situation als äußerst belastend, hatte Angst und Schuldgefühle und war gleichzeitig wütend und frustriert, weshalb sie angesichts der Wutanfälle ihres Kindes zwischen harter Strenge (Angriff) und Nachgiebigkeit (Anpassung) schwankte.

Eines Tages probierte die Mutter eine neue Methode aus. Sie nahm sich Zeit, um ihr Nein vorzubereiten, und sprach mit einer guten Freundin über ihre Empfindungen. Mit Hilfe ihrer Freundin wurde ihr klar, dass ihre Furcht auf ihr eigenes Bedürfnis nach Liebe und Zugehörigkeit zurückzuführen war. Sie erkannte, dass sie nur deshalb zögerte, ihr Kind in den Kindergarten zu schicken, weil sie als kleines Mädchen *selbst* das Gefühl gehabt hatte, von ihrer Mutter verlassen zu werden. Selbstverständlich war ihr klar, dass sie ihre Tochter liebte und dass der Kindergarten keine Form des Verlassens darstellte. So konnte sie sich entspannen und ihre Angst überwinden. Am darauffolgenden Tag sagte sie einfach nur Nein zu ihrer widerstrebenden Tochter: »Heute gehst du in den Kindergarten.« Kein Zögern, keine Strenge, nur eine sachliche Ankündigung. Zu ihrer Überraschung gab es weder Widerstand noch eine Szene. Ruhig und bereitwillig ließ das kleine Mädchen sich in den Kindergarten bringen.

Wenn Sie Ihre Emotionen bis zu Ihren eigenen Bedürfnissen zurückverfolgen, stellt sich oft eine subtile Veränderung ein – wie es bei meiner Freundin der Fall war. Sobald Sie die geheime Botschaft Ihrer Empfindungen verstanden haben, ist deren Mission erfüllt, und sie verlieren an Intensität: Automatisch werden Sie gelassener, ruhen stärker in sich selbst und können effektiver handeln. Wer seinen Gefühlen aufmerksam zuhört, muss sie nicht ausleben.

Der erste Schritt sollte darin bestehen, Ihre Furcht, Ihre Wut oder Ihre Schuldgefühle zu verbalisieren. Erkennen Sie sie als natürliche Reaktionen auf die Forderungen und das Verhalten Ihres Gegenübers. Lauschen Sie ihnen, wie Sie einem guten Freund zuhören würden. Versuchen Sie, sie in sämtlichen Nuancen zu verstehen.

Beobachten Sie Ihre Emotionen fast schon wie ein neutraler Augenzeuge: Machen Sie Aussagen wie: »Ich *bemerke* ein Gefühl des Zorns in mir.« Damit sind Sie weder kalt noch distanziert, Sie untersuchen Ihre Gefühlslage mit eingehendem, einfühlsamem Interesse wie ein guter Freund. Dabei kann es hilfreich sein, sie tatsächlich einem Freund zu schildern oder in einem Tagebuch zu notieren.

Achten Sie dabei auf Ihre Sprache. Sie »sind« die Emotionen nicht, sondern Sie »haben« oder »erleben« sie. Es besteht ein großer Unterschied zwischen »Ich *bin* wütend« oder »Ich habe eine Wut«. Mit der ersten Aussage identifizieren Sie sich mit Ihrer Empfindung, Sie *sind* das Gefühl, weshalb es schon fast unvermeidlich ist, dass Sie es auch ausleben. Im Gegensatz dazu erlaubt es Ihnen die Formulierung, ein Gefühl zu »haben«, es zwar zu erleben, aber nicht davon beherrscht zu werden. *Sie* besitzen die Gefühle und *nicht umgekehrt.*

## FRAGEN SIE SICH STETS, WARUM

Wenn Sie auf dem Balkon stehen und es geschafft haben, Ihre Gefühle unter Kontrolle zu bekommen, können Sie Ihre eigentlichen Motive für Ihr Nein erforschen. Eine einfache, aber wirkungsvolle Technik besteht darin, sich ständig die magische Frage nach dem »Warum?« zu stellen.

### Legen Sie Ihre Interessen offen

Nein ist eine Position, eine konkrete Haltung, eine Aussage, dass Sie etwas nicht wollen. Ihre Interessen hingegen setzen sich aus den Wünschen, Bedürfnissen, Hoffnungen und Sorgen zusammen, die Ihrem Nein zugrunde liegen. Wenn Sie Zigaretten am Arbeitsplatz ablehnen, so ist dies Ihre Haltung. Ihr Interesse ist das Bedürfnis nach frischer, sauberer Luft und einer gesunden Lunge. Interessen sind unausgesprochene Beweggründe und Antriebskräfte hinter den Positionen. Mit anderen Worten: Ihre Interessen sind das, wozu Sie Ja sagen möchten.

Überlegen Sie sich, welche Forderung oder Frage Sie momentan am liebsten mit Nein beantworten würden. Welche Verhaltensweisen finden Sie inakzeptabel oder beleidigend? Malen Sie es sich im Geiste aus – seien Sie dabei sehr konkret und genau.

Anschließend stellen Sie sich die Frage, welches Ja Ihrem Nein zugrunde liegt. Die Antwort ist nicht immer offensichtlich. Meist kennen wir zwar unsere Position, aber häufig haben wir unsere eigentlichen Interessen noch nicht erforscht.

Ich erinnere mich an Schlichtungsverhandlungen, in deren Rahmen ich ein paar Tage mit den Oberbefehlshabern einer Separatistenbewegung verbrachte, die seit fünfundzwanzig Jahren für die Unabhängigkeit ihres Volkes kämpften. Mit anderen Worten: Ihr Nein war bislang ebenso laut wie gewaltsam gewesen. Meine erste Frage an sie lautete: »Ich verstehe Ihre *Position*: Unabhängigkeit. Aber erzählen Sie mir doch bitte mehr über Ihre *Interessen*. *Warum* streben Sie nach Unabhängigkeit? Was erhoffen Sie sich davon?« Es folgte langes Schweigen und dann der unbeholfene Versuch, die Frage zu beantworten.

Die Anführer kannten ihre Position. Sie war eindeutig. Aber sie waren nicht in der Lage, ihre Interessen eindeutig zu artikulieren. Waren sie vornehmlich ökonomischer Natur – wollten sie einen fairen Anteil an den reichen Rohstoffreserven der Region? Oder lagen sie eher auf politischer Ebene – wollten sie ihre Angelegenheiten eigenständig regeln und ihr eigenes Parlament wählen? Wünschten sie sich mehr Sicherheit – wollten sie ihr Volk gegen die physische Bedrohung von Leib und Leben schützen und für ihr Wohlbefinden sorgen? Was wollten sie wirklich, und in welche Reihenfolge ließen sich ihre Prioritäten ordnen? Jahrelange Auseinandersetzungen hatten bereits viele Tausend Menschenleben gekostet, trotzdem hatten sie immer noch nicht systematisch durchdacht, *warum* sie eigentlich kämpften.

Das Hinterfragen der eigenen Position und das Durchschauen der eigenen Interessen, die wiederholte Frage nach dem »Warum?«, das alles ist also mehr als nur eine akademische Übung. Man kann seine eigentlichen Interessen nur schwer befriedigen, wenn man sie nicht kennt. Es war, wie besagte Oberbefehlshaber bereitwillig zugaben, unwahrscheinlich, dass die Separatisten ihre Unabhängigkeit mit militärischen Mitteln in absehbarer Zeit würden durchsetzen können. Mittelfristig jedoch konnten sie in Bezug auf die Anerkennung ihrer Autonomie, die Selbstregierung und die Kontrolle ihrer ökonomischen Ressourcen Fortschritte machen, und zwar durch demokratische Wahlen, bei denen sie nach eigener Einschätzung gute Chancen hatten, sie zu gewinnen. Durch wachsenden politischen Einfluss wiederum würden sie ihrem langfristigen Ziel, der Unabhängigkeit, immer näher kommen. Die Offenlegung ihrer Interessen, die ihrer Position zugrunde lagen, verhalf ihnen im Laufe der Jahre dazu, eine unerwartete Friedensvereinbarung mit ihren Gegnern zu treffen.

Es ist ungeheuer wichtig, ständig nach dem Warum zu fragen, denn der Treibstoff, den Sie benötigen, um effizient Nein zu sagen, stammt nicht aus Ihrer Position, sondern aus dem, was ihr zugrunde liegt: aus Ihren eigentlichen Interessen, Ihrem Ja.

Um Ihre Interessen besser erkennen zu können, rufen Sie sich die drei großen Geschenke des Positiven Nein in Erinnerung. Stellen Sie sich folgende Fragen:

- Was versuche ich mit meinem Nein zu *erschaffen*? Zu welcher Handlungsweise oder Person will ich Ja sagen?
- Was versuche ich mit meinem Nein zu *schützen* oder zu *bewahren*? Welche meiner Hauptinteressen stehen auf dem Spiel, wenn ich Ja sage oder das Verhalten meines Gegenübers weiterhin akzeptiere?
- Was versuche ich mit meinem Nein zu *verändern*? Was ist an dem momentanen Verhalten meines Gegenübers (oder der Situation) falsch, und was würde sich verbessern, wenn dieses Verhalten (oder diese Situation) sich veränderte?

## Legen Sie Ihre Bedürfnisse offen

In der Regel erweist es sich als nützlich, unsere eigentlichen Motive sogar noch intensiver zu erforschen. Wenn wir unsere Interessen aufzählen, listen wir in Wirklichkeit nur unsere *Wünsche* auf – unsere alltäglichen Hoffnungen und Sorgen, eben das, was wir unbedingt haben wollen. Wir wünschen uns ein gemütliches Büro, ein gewinnbringendes Geschäft, entspannende Ferien und einen bezahlbaren Preis. Bei genauerem Hinsehen entdecken wir hinter diesen Wünschen unsere Kernmotivation – unsere *Bedürfnisse.*

- Sicherheit oder Überleben
- Lebensnotwendige Dinge wie Nahrung, Trinken etc.
- Das Gefühl der Zugehörigkeit und Liebe
- Innige Beziehungen, die von gegenseitigem Respekt geprägt sind
- Freiheit und Selbstkontrolle im Hinblick auf das eigene Schicksal

Diese grundlegenden menschlichen Bedürfnisse sind es, die unser Verhalten im Alltag bestimmen. Stellen Sie sich vor, Ihr Boss hätte Sie gebeten, zum dritten Mal hintereinander am Wochenende zu arbeiten. Eigentlich würden Sie lieber Nein sagen, weil Sie und Ihr Partner schon seit längerer Zeit eine Kurzreise planen. Oberflächlich betrachtet möchten Sie einfach nur nicht auf Ihren Urlaub verzichten, zumal Sie überarbeitet sind. Um sich nach dieser ersten Erkenntnis aber über Ihre eigentlichen Grundbedürfnisse klar werden zu können, müssen Sie sich fragen, was *in Wirklichkeit* hinter Ihrer ablehnenden Haltung steckt. Ihr Wunsch zu verreisen fußt auf Ihrem Interesse, Ihre Beziehung zu Ihrem Partner zu stärken. Wenn Sie noch weiter forschen, stoßen Sie irgendwann auf das grundlegende Bedürfnis nach Zugehörigkeit und Liebe. Hinter dem Interesse, Ihre ursprünglichen Pläne beizubehalten, liegt das grundlegende Bedürfnis, sich Ihre Autonomie zu bewahren und Ihr Schicksal selbst zu bestimmen. Hinter dem Unmut über ihre

Arbeitsüberlastung steckt das Bedürfnis, von Ihrem Vorgesetzten respektiert zu werden.

Ein Vertriebsmanager, der an einem meiner Seminare teilnahm, tat sich schwer damit, die wiederholte Rabattforderung eines wichtigen Kunden abschlägig zu beantworten. »Wie sieht das Ja aus, das Ihrer Entscheidung zugrunde liegt?«, fragte ich ihn.

»Regelmäßige Einkünfte zu erzielen«, antwortete er.

«Aber warum?«, drängte ich weiter.

»Um Profit zu machen«, sagte er.

»Aber warum wollen Sie Profit machen?«, fragte ich wieder.

»Damit wir alle Arbeit haben«, sagte er und deutete auf seine Kollegen, »und damit meine Familie immer genug zu essen auf dem Tisch hat.« Es lief also auf dieses grundlegende Bedürfnis hinaus. Das Nein des Vertriebsmanagers zu den Forderungen seines Kunden wurde deutlich mächtiger, denn es war in einem Bedürfnis verwurzelt, das ihm sehr am Herzen lag.

Es zahlt sich also aus, die eigenen Bedürfnisse intensiv zu erforschen. Je tiefer man gräbt, umso größer sind die Chancen, dass Sie auf das Fundament stoßen, jenen Ort der Stärke und Stabilität, in dem Sie Ihr Nein verankern können.

Um Ihre Bedürfnisse offenlegen zu können, müssen Sie Ihren Gefühlen Gehör schenken. Gefühle besitzen Intelligenz – sie sind die Sprache, durch die unsere Kernbedürfnisse uns signalisieren, dass wir sie nicht befriedigen. Furcht macht uns auf eine mögliche Bedrohung aufmerksam. Zorn sagt uns, dass an dieser Situation etwas falsch ist und korrigiert werden sollte. Schuldgefühle zeigen uns, dass wir mit wichtigen Beziehungen sensibel umgehen sollten. Bauchgefühle können uns warnen. Sie können uns zum Beispiel sagen, dass wir die geschäftliche Vereinbarung, deren Abschluss kurz bevorsteht, besser noch einmal überdenken sollten. Wenn wir in der Lage sind, diesen Emotionen erst einmal nur zu lauschen, statt gleich auf sie zu reagieren, können wir sehr davon profitieren.

Diese Erfahrung habe ich am eigenen Leib gemacht. Ich habe gelernt, auf meine Instinkte zu hören, wenn ich vor einer wichtigen Entscheidung stehe wie zum Beispiel, ob ich einen größeren Auftrag oder einen neuen Job annehmen soll. Ich habe festgestellt, dass sie mich nur selten trügen. Sie zeigen mir, um welche Bedürfnisse ich mich bislang nicht richtig gekümmert habe. Wenn ich beispielsweise bei einem neuen Projekt ein mulmiges Gefühl habe, so kann das bedeuten, dass ich mein Bedürfnis nach mehr Zeit für die Familie oder für mich selbst ignoriert habe.

Betrachten Sie Ihre Empfindungen als Wegweiser zu Ihren grundlegenden Bedürfnissen. Sie sind nicht Ihr Feind, sondern Verbündete, die dazu beitragen können, Ihr Ja zu offenzulegen.

### Legen Sie Ihre Werte offen

Den Bedürfnissen, die Sie antreiben, stehen die Werte zur Seite, die Sie motivieren. Werte sind die Prinzipien und Überzeugungen, die Ihrem Leben eine Richtung geben. Sie werden durch Aussagen wie »Verhalte dich stets anständig« oder »Behandle deine Mitmenschen fair« zum Ausdruck gebracht. Manche Werte variieren von Kultur zu Kultur, von Mensch zu Mensch, andere wiederum gehören überall auf der Welt zum Allgemeingut, zum Beispiel Ehrlichkeit, Integrität, Respekt, Toleranz, Freundlichkeit, Solidarität, Fairness, Mut und Frieden.

Werte können Ihre Fähigkeit, Nein zu sagen, stark motivieren. Den meisten Menschen fällt es leichter, für ein übergeordnetes Ziel statt für Ihre persönlichen Belange einzutreten.

Ein gutes Beispiel ist die Geschichte von Sherron Watkins, einer Angestellten der Firma Enron, die den Mut hatte, ihrem Vorgesetzten, dem Geschäftsführer Kenneth Lay, ein Memo zu schicken, durch das sie ihre große Sorge über die betrügerischen und illegalen Machenschaften im Rechnungswesen zum Ausdruck brachte und davor warnte, dass die Firma »von einer Welle von Abrechnungsskandalen zerstört« zu werden drohte. Tragischerweise fand ihr Memo keinerlei Beachtung. Der Energieriese machte Bankrott und wurde Gegenstand strafrechtlicher Ermittlungen, und Tausende ahnungsloser Angestellter verloren nicht nur ihren Job, sondern auch ihre Ersparnisse. Watkins' Memo konnte Enron zwar nicht retten, aber ihr couragiertes Eintreten war bald öffentlich bekannt. Das *Time Magazine* kürte sie zu einem der Menschen des Jahres. Schon bald galt sie als Vorbild, das andere ermutigte, alles in ihrer Macht Stehende zu tun, um weitere Katastrophen à la Enron zu verhindern.

Indem Sherron Watkins Nein zur illegalen und unmoralischen Abrechnungspraxis bei Enron sagte, sagte sie Ja zu ihren Werten der Ehrlichkeit und Integrität. Obwohl sie befürchten musste, wegen ihres Memos entlassen zu werden, stellte sie sich nie die Frage, »ob sie es nun losschicken sollte oder nicht. Sie wusste, dass sie etwas Wichtiges zu sagen hatte«, berichtete ihre Mutter später der Washington Post. Es war eine Frage der Werte. Sherron Watkins' Geschichte zeigt uns eines: Die Offenlegung unserer Werte kann uns die notwendige Motivation liefern, um ein machtvolles und Positives Nein zu übermitteln.

## Dringen Sie bis zum inneren Kern vor

Bei der Offenlegung Ihrer Bedürfnisse und Werte ist es nützlich, sich selbst die Frage zu stellen: »Was ist wirklich wichtig?« Wo liegen Ihre tatsächlichen Prioritäten?

Bei der Aussicht, Nein zu sagen, plagen uns häufig Selbstzweifel und Angst. Möglicherweise fragen Sie sich: »Schaffe ich es, Nein zu sagen? Und werde ich danach auch dabei bleiben?« Um Ihrem mentalen Kritiker gegenüberzutreten, ist es wichtig, zu Ihrem innersten Kern vorzudringen, zu Ihrem wahren Selbst, jenem Ort, der von tief empfundener Sicherheit und Überzeugung geprägt ist. Wie John, dessen Beispiel in der Einleitung zur Sprache kam, tief in seine Seele vordrang, um dort jene Selbstachtung zu finden, die es ihm letztlich ermöglichte, sich seinem Vater zu stellen, so können auch Sie bis zu Ihrem innersten Kern der Selbstachtung vordringen, der es Ihnen ermöglicht, sich zu erheben und Nein zu sagen.

Hören Sie nicht auf, sich selbst zu erforschen. Wie sieht Ihr wahres Lebensziel aus? Was ist in Ihren Augen echt und richtig und was falsch? Wie lautet die Botschaft Ihres Herzens und Ihrer Seele?

Einem Senior Manager aus meinem Bekanntenkreis wurde ein attraktives berufliches Angebot gemacht. Aber die Beförderung hätte ausgedehnte Reisetätigkeit zur Folge gehabt. »Meine Kinder sind noch klein«, sagte er. »Deshalb sagte ich Nein, auch wenn es mir nicht leichtfiel, die Gelegenheit ungenutzt vorüberziehen zu lassen.« Er sagte Nein, um Ja zu seiner Familie zu sagen. Seine Kinder waren das, was ihm am meisten bedeutete. Glücklicherweise wurde ihm kurz darauf ein anderer interessanter Job angeboten, der es ihm gestattete, in der Nähe seiner Familie zu arbeiten.

Diese Übung ist nicht nur für Privatpersonen von Nutzen, sondern auch für Manager oder Regierungschefs, die ihre wahren Prioritäten erkennen müssen. Mit einer solchen Herausforderung sah sich James Burke konfrontiert, Geschäftsführer des pharmazeutischen Konzerns Johnson & Johnson, als er erfuhr, dass ein Kind und sechs Erwachsene im Umkreis von Chicago nach Einnahme des Schmerzmittels Tylenol zu Tode gekommen waren. Jemand hatte in den Drogeriemärkten, die Tylenol verkauften, mutmaßlich die Kapseln mit Blausäure versetzt und sie anschließend wieder in die Regale gestellt. Mit Tylenol machte das Unternehmen den größten Umsatz, denn unter den frei verkäuflichen Schmerzmitteln deckte es einen Marktanteil von 35 Prozent ab. Man stellte sich die Frage, ob eine landesweite Rückrufaktion angebracht sei. Viele Experten innerhalb und außerhalb der Firma warnten davor und argumentierten, dass die Vorfälle sich lediglich im Umkreis von Chicago ereignet hätten und dass die Vergiftungsaktion kein Fehler der Firma Johnson & Johnson gewesen sei. Aber Burke und seine Kollegen wussten genau, was zu tun war. Sie gaben die Weisung, den gesamten Produktbestand aus Apotheken und Drogeriemärkten zu entfernen, und boten an, sämtliche Tylenol-Kapseln, die die Konsumenten noch zu Hause hatten, durch Tabletten zu ersetzen. Diese einzelne Entscheidung, die fast sofort nach Auftreten der Todesfälle getroffen wurde, kostete die Firma einen zweistelligen Millionenbetrag. Das Unternehmen verzichtete auf den weiteren Verkauf von Tylenol, bis man wieder hundertprozentig sicher sein konnte, dass keine Gefahr mehr für die Kunden bestand.

Wo kam dieses mutige und erleuchtete Nein her? Wie Burke und seine Kollegen später erklärten, hatte es seine direkten Wurzeln im Credo der Firma, das etwa vierzig Jahre zuvor von dem Visionär und Firmengründer Robert Wood Johnson formuliert worden war: »Wir sind davon überzeugt, dass unsere Verantwortung in erster Linie den Ärzten, Krankenschwestern und Patienten gilt, den Müttern und Vätern und all denen, die unsere Produkte und Dienstleistungen in Anspruch nehmen.« Profit, so wichtig er sein mochte, stand hinter der Gesundheit und Sicherheit der Kunden erst an zweiter Stelle. Alle Mitarbeiter kannten diese Kernwerte des Unternehmens und glaubten daran. Deshalb war sofort klar, was zu tun war, und die Belegschaft stand geschlossen hinter der Rückrufaktion.

Das Ergebnis? Im Gegensatz zu der herkömmlichen Überzeugung, dass die Marke Tylenol sich niemals von dieser Katastrophe würde erholen können, erlebte sie innerhalb weniger Monate einen Relaunch, und zwar unter dem gleichen Namen, in einer neuen, manipulationssicheren Verpackung. In den darauffolgenden Monaten erholten sich die Verkaufszahlen, und das Produkt konnte einen erstaunlichen Prozentsatz seines Marktanteiles zurückerobern. Was auf das allgemeine Vertrauen in Johnson & Johnson normalerweise katastrophale Auswirkungen hätte haben können, verwandelte sich in den Augen der Öffentlichkeit in eine Bestätigung der Integrität und Glaubwürdigkeit des Unternehmens.

Es zahlt sich also aus, dem Beispiel James Burkes zu folgen: Berufen Sie sich bei Ihrem Nein auf Ihre Mission und auf Ihre Kernwerte. Fragen Sie sich, wofür Sie und Ihr Unternehmen wirklich stehen. Denken Sie nicht nur an kurzfristige Interessen und unmittelbare Wünsche, sondern auch an Ihre langfristigen Ziele. Vermeiden Sie kurzsichtigen Eigennutz und handeln Sie im Sinne eines übergeordneten, erleuchteten Eigeninteresses. Es kann uns nur nützen, wenn wir – um es mit den berühmten Worten Abraham Lincolns zu formulieren – wie Burke und seine Kollegen den »besseren Engeln unserer Natur« folgen.

Das Ziel sollte darin bestehen, die tiefste Quelle unseres Nein aufzuspüren und eine Verbindung mit ihr herzustellen. Je tiefer Sie zu Ihrem Ja vordringen, umso stärker wird Ihr Nein sein.

## KRISTALLISIEREN SIE IHR *JA* HERAUS

Nun, da Sie Ihre innersten Interessen, Bedürfnisse und Werte offengelegt haben, können Sie ein machtvolles *Ja!* herausdestillieren. Ihr *Ja!* ist gleichzusetzen mit der *Intention*, Ihre Kerninteressen zu schützen und wahrzunehmen. Ihre Bedürfnisse und Werte sind Ihre Wurzeln, Ihre Intention ist das Ziel, dem Sie entgegenstreben. Sie sorgt für Engagement. Sie haben nicht einfach ein bestimmtes Interesse; sie verpflichten sich auch, es zu verfolgen und zu erfüllen. »Wahre Stärke liegt nicht in körperlicher Fähigkeit«, sagt Mahatma Gandhi. »Sie liegt in einem unbeugsamen Willen.« Nur wenige Dinge im Leben sind so stark wie eine klare Intention.

Intentionen sind dann am mächtigsten, wenn sie positiv sind. Sie sind *für* etwas, nicht *dagegen*. Denken Sie an Nelson Mandela, der über vierzig Jahre gegen die Apartheid in Südafrika kämpfte. Der

Titel seiner Autobiografie verdeutlicht die positive Absicht, die ihn den jahrzehntelangen, harten Kampf und sogar die Inhaftierung überstehen ließ. Sein Buch trägt nicht den Titel *Der lange Weg fort von der Apartheid*, sondern *Der lange Weg zur Freiheit*. Sein wichtigstes Engagement richtete sich nicht in erster Linie *gegen* die Apartheid, sondern war *für* die Freiheit – Freiheit für sich selbst, für seine Leute und sogar für seine Feinde.

## Eine einzelne Intention destillieren

Ihre Intention ist nichts frei Erfundenes, sondern etwas, das Sie aus Ihren Interessen, Bedürfnissen und Werten herauskristallisieren. Sie können Ihrem Nein wirkliche Macht verleihen, indem Sie Ihre unterschiedlichen Motivationen zu einer einzigen, konzentrierten Intention destillieren – zu Ihrem *Ja!*

Ihre Interessen, Bedürfnisse und Werte offenzulegen, ist eine divergente Handlung: Ausgehend von der einzelnen Position des Nein, gehen Sie zu den vielen verschiedenen Motiven und Gründen, die dahinter liegen. Eine einzelne Absicht herauszufiltern, ist im Gegensatz dazu eine konvergente Handlung, bei der Sie von vielen verschiedenen Motivationen ausgehen und zu einer einzelnen Intention gelangen, unter der sie sich zusammenfassen lassen. Wenn Ihre Interessen den Wurzeln des Baumes vergleichbar sind, so entspricht der Fuß des Baumstammes, wo alle Wurzeln zusammenlaufen – eben konvergieren – Ihren Absichten.

Erstellen Sie zunächst eine Liste derjenigen Interessen, die Sie zu dem Nein, das Sie sagen wollen, motivieren. Versuchen Sie anschließend, die Essenz in einem einzigen Satz oder Ausdruck zusammenzufassen. Für John, den Mann, der Nein zu seinem tyrannischen Vater sagte, lautete der Schlüsselbegriff »Selbstachtung«. Für meinen Verwandten, der Nein zu seiner Alkoholsucht sagte, lautete die Essenz: »mit meinen Enkeln zusammen zu sein«. Stellen Sie sich folgende Fragen: »Wofür trete ich wirklich ein? Welche Werte oder

Bedürfnisse haben für mich Vorrang und versuche ich zu schützen? Was liegt mir wirklich am Herzen: mein Glück, das Wohlergehen meiner Familie, der Firmenname und die dazugehörige Philosophie bzw. die Marke, meine persönliche Integrität oder etwas anderes?«

Der Geschäftsführer einer bekannten internationalen Hotelkette sagte Ja zum guten Ruf seines Hotels, als er sich weigerte, den Forderungen des einflussreichen Hotelbesitzers eines Ferienhotels in der Karibik nachzukommen. Der bewusste Geschäftspartner hatte in seiner Eigenschaft als Lizenznehmer Ausnahmen in den Markenstandards gefordert, als der Bau eines neuen Hotelkomplexes beinahe abgeschlossen war. Der Geschäftsführer sagte Nein, nicht nur aufgrund der Firmenpolitik, sondern weil er wusste, dass die Marke der Hauptaktivposten der Hotelkette war. »Unser guter Name hat keine Bedeutung mehr, wenn wir nicht an unseren Standards festhalten«, erklärte er mir später. Er hatte sein Ja offengelegt und herauskristallisiert, weshalb es ihm nicht schwerfiel, seinem Lizenznehmer mit Nein zu antworten, indem er argumentierte: »Sie und andere wollen unseren guten Namen doch nur deshalb für Ihr Hotel haben, weil wir bei unseren Qualitätsstandards keine Abstriche dulden.«

Da Ihre Intention meist eher allgemeiner Natur ist, ist es oft nützlich, ihr mehr Kontur zu verleihen, indem Sie sich ein positives Ergebnis vorstellen. Fragen Sie sich: »Durch welche konkrete Lösung würden meine Interessen befriedigt?« Stellen Sie sich vor Ihrem geistigen Auge plastisch vor, welches Ergebnis Sie anstreben, genau wie Athleten es vor einem Wettkampf häufig tun. Wie könnte es aussehen, wenn Ihr Gegenüber sich entschließen würde, Ihre Bedürfnisse zu respektieren? Diese Art der konkreten Visualisierung kann dazu beitragen, Ihnen das Selbstvertrauen und die Überzeugung zu geben, die Sie zum Erfolg benötigen.

Ebenso hilfreich ist es, Ihre Intention schriftlich festzuhalten oder mit einem Freund oder Kollegen darüber zu sprechen. Dadurch rufen Sie sich die Verpflichtung ins Gedächtnis, die Sie sich selbst gegenüber eingegangen sind.

### Unterscheiden Sie zwischen *Ob* und *Wie*

Manchmal ertappen wir uns bei dem Gedanken: »Ich würde gern Nein sagen, aber ich kann mir einfach nicht vorstellen, wie ich das meiner Mutter, meinem Vorgesetzten oder Freund beibringen soll.« Wir sabotieren unsere Absicht, Nein zu sagen, noch bevor wir mit dem anderen gesprochen haben.

»Hier kann ich unmöglich Nein sagen!«, denken Sie möglicherweise, wenn gute Freunde Sie bitten, ihnen beim Umzug behilflich zu sein. Sie wissen, dass Sie momentan absolut keine Zeit haben, aber Ihre Schuldgefühle und Ihre Angst machen ein Nein geradezu unvorstellbar. Also geben Sie nach und sagen ihre Hilfe zu. Hinterher empfinden Sie Bedauern, Groll und Wut – denn eigentlich passt es Ihnen nach wie vor nicht in den Kram.

Vielen von uns passiert so etwas täglich. Dieses Fehlverhalten entspringt der üblichen Praxis, nicht zwischen der Frage, *ob* man etwas tun sollte, und der, *wie* man es tun sollte, zu unterscheiden. Wir verwechseln die Frage, ob wir Nein sagen werden oder nicht, mit der Frage, wie wir Nein sagen werden. Da das *Wie* unmöglich erscheint, scheint das *Ob* vorherbestimmt zu sein. Um uns hinterher besser zu fühlen, neigen wir anschließend zu Schönfärberei: »Eigentlich macht mir das gar nichts aus. So viel Zeit für mich selbst brauche ich auch wieder nicht.«

Aber es gibt eine Alternative. Sie besteht darin, während Ihres Entscheidungsprozesses zwischen dem *Ob* und dem *Wie* zu unterscheiden. Zuerst müssen Sie sich über Ihre Intention klar werden. Denken Sie darüber nach, was Sie in dieser Situation wirklich tun wollen. Und wenn die Frage des *Ob* beantwortet ist, dann erst können Sie über das *Wie* nachdenken, was vielleicht leichter ist, als Ihre Ängste Ihnen weismachen wollen.

## Verwandeln Sie Ihre Gefühle in Entschlossenheit

Wenn Ihnen Ihre Intention klar ist, ist es an der Zeit, ihr die nötige Energie zu verleihen. Diese Energie speist sich aus Ihren Gefühlen, die Sie sinnvoll für sich einspannen sollten.

Gefühle können nicht nur Warnsignale für unerfüllte Bedürfnisse sein, sie spielen auch eine andere wichtige Rolle: Sie liefern den notwendigen Kraftstoff zum Handeln. Sie treiben uns an, auf angemessene Weise aktiv zu werden, um unsere Hauptinteressen zu wahren, sie verleihen uns Mut und Entschlossenheit. Die erfolgreichen Leistungssportler wissen, dass Empfindungen, die man in die richtigen Bahnen lenkt, ein enormer Quell der Motivation sein können.

Statt sich also von Ihren Emotionen lenken zu lassen, sollten Sie sie für sich einspannen und durch sie zur Entschlossenheit gelangen – zu dem festen Willen, Ihre unerfüllten Bedürfnisse zu stillen und Ihre wichtigsten Werte zu realisieren. Ihre positive Intention entsteht nicht im luftleeren Raum, sondern sie *erwächst* aus Ihren Gefühlen.

Niemand verstand und demonstrierte diesen Prozess der Transformation besser als Mahatma Gandhi, dem es ohne Waffen und Soldaten gelang, die jahrhundertelange Kolonialherrschaft des British Empire über Indien zu beenden. Er erklärt sein Geheimnis folgendermaßen: »Bittere Erfahrungen erteilten mir die wichtige Lektion, dass es besser ist, sich seine Wut aufzusparen. Wie Hitze in Energie verwandelt wird, so kann unsere Wut – solange wir sie kontrollieren – in eine Macht verwandelt werden, die die Welt verändert.«

Um negative Gefühle in positive Intention zu verwandeln, müssen Sie zuerst Ihre Gefühle beobachten und *akzeptieren*, und zwar, indem Sie sie bis zu ihrer Quelle zurückverfolgen, die unbefriedigten Interessen und Bedürfnissen entspringt. Hören Sie auf Ihre Gefühle und beobachten Sie, wie die emotionale Last sich vom

Negativen ins Positive verschiebt. Und dann folgen Sie Gandhis Vorschlag: *Sparen* Sie sich Ihre Kraft *auf*. Mit anderen Worten: Vermeiden Sie impulsive Reaktionen, durch die Sie nur wertvolle Reserven verschwenden. Warten Sie den richtigen Augenblick ab, um Ihre emotionale Energie zielgerichtet als Entschlossenheit *freizusetzen*. Nutzen Sie sie als Kraftstoff für angemessene Aktionen und nicht zur bloßen Reaktion. So kann sie Ihnen als fortwährende motivierende Kraft für Ihr Nein dienen.

»Als ich zwölf Jahre alt war, lehrte mich Gandhi, dass Zorn genauso nützlich ist wie Elektrizität«, schreibt Mahatma Gandhis Enkel Arun. »Aber nur wenn wir sie intelligent nutzen. Wir müssen lernen, ebenso viel Respekt vor unserer Wut zu haben wie vor der Elektrizität.«

In Wirklichkeit gibt es keine im eigentlichen Sinne negativen Emotionen, nur negativ aufgeladene Emotionen, denen man positive Ladung zuteilwerden lassen kann. Emotionen wie Furcht oder Wut können entweder destruktive oder konstruktive Wirkung haben, je nachdem, wie man damit umgeht. Dies konnte ich im Rahmen einer brisanten öffentlichen Veranstaltung in Venezuela am eigenen Leib erfahren.

Als die dort herrschenden politischen Spannungen im Jahre 2003 ihren Höhepunkt erreicht hatten und viele internationale Beobachter den Ausbruch eines Bürgerkrieges befürchteten, wurde ich von den Vereinten Nationen gebeten, bei einem vierundzwanzigstündigen Treffen der Bürgervertreter zu vermitteln, von denen einige glühende Verehrer, die anderen aber erbitterte Gegner des Präsidenten Hugo Chávez waren. Es handelte sich um ein für jedermann offenes Treffen in einem alten Theater im Stadtzentrum von Caracas, wo fünfhundert Menschen Platz hatten. Fast tausend Menschen fanden sich ein, und so wurde die Nationalgarde einberufen, weil man gewaltsame Auseinandersetzungen befürchtete. Natürlich war die Atmosphäre im Saal ebenso angst-

wie spannungsgeladen. Nachdem verschiedene hohe internationale Würdenträger ein paar einleitende Worte von sich gegeben hatten, überließ man mir das Rednerpult, um die Verhandlungen zu erleichtern.

Einer Eingebung folgend bat ich die Anhänger der fraglichen Gruppierungen, sich die zerstörerische Kraft des Konfliktes in einem konkreten Bild vor Augen zu führen. Sie konnten sich eine bekannte Person vorstellen, die verletzt oder getötet worden war, konnten sich den Verlust ihres Arbeitsplatzes, die Zerstörung einer Freundschaft oder familiärer Bande oder den Albtraum eines Kindes vorstellen – was auch immer jeder Einzelne damit verband. Dann fragte ich sie: »Welches spanische Wort würden Sie nutzen, um Nein zur politischen Gewalt zu sagen?« Das Wort, das den meisten Anwesenden in den Sinn kam, war »*Basta!* Genug!«. Also sagte ich: »Gut, dann möchte ich Sie jetzt um einen Gefallen bitten. Einen Augenblick lang möchte ich die Stimme des venezuelanischen Volkes hören, eine Stimme, die bis zum heutigen Tag schweigen musste, die Stimme der Vernunft. Behalten Sie Ihr persönliches Bild des Konfliktes im Gedächtnis und rufen Sie gemeinsam ›Basta‹. Legen Sie Ihr ganzes Gefühl in den Ruf. Werden Sie das für mich tun?« Sie nickten. Ich zählte bis drei, und ein lautes *»Basta!«* fegte durch den Saal. Es war machtvoll, allerdings hatte ich immer noch das Gefühl, dass einige sich eher zurückhielten, vielleicht aus Schüchternheit. Deshalb bat ich das Publikum, es zu wiederholen. Sie taten mir den Gefallen, und ihr Ruf war sehr stark. Ich bat sie, ein letztes Mal zu rufen, und durch dieses dritte *»Basta!«* erzitterte das gesamte Theater in seinen Grundfesten.

Danach hatte sich die Atmosphäre im Saal merklich verändert. Ich kann ohne Übertreibung behaupten, dass die negativ geladenen Emotionen der Angst und Wut sich in die positiv geladene Absicht verwandelten, diesen destruktiven Konflikt zu beenden. Und wie um es zu bestätigen, riefen die Teilnehmer der Veranstaltung noch am gleichen Nachmittag in diesem Theater ein Komitee ins Leben, das einen Friedensplan für Venezuela ausarbeiten sollte. Sie trafen sich einmal wöchentlich und organisierten Gespräche und Straßentheater, Radio- und Fernsehsendungen, Programme in Schulen und Tanzveranstaltungen für Jugendliche, die allesamt darauf abzielten, Spannungen abzubauen und für mehr Verständnis zu werben. Seither sind drei Jahre vergangen, und der Einfluss dieser Initiative ist immer noch ungebrochen. Sie ist zu einer gesellschaftlichen Bewegung herangewachsen, die sich »Aquí cabemos todos« nennt, was so viel bedeutet wie: »Hier passen wir alle zusammen.« Man kann mit Fug und Recht behaupten, dass die Mitglieder dieser Organisation durch ihr Engagement einen echten Unterschied gemacht haben – für sich selbst ebenso wie für ihr Land.

Was lernen wir aus all dem? Sie können Ihre Emotionen nutzen, um sich selbst zu einem Nein zu mobilisieren und für das einzutreten, was Ihnen wichtig ist. Angst, Furcht und Wut schenken Ihnen jene transformative Energie, die Sie benötigen, um innere und äußere Veränderungen zu bewirken. Wenn Sie lernen, auf Ihre Gefühle zu hören und sie zu respektieren, statt sie auf destruktive Weise auszuagieren, machen Sie sie zu Freunden und Verbündeten. Ihre Empfindungen geben Ihnen die Zivilcourage, um Nein zu sagen – ein vollmundiges, volltönendes Nein, das aus tiefstem Herzen kommt.

## LEGEN SIE IHR JA OFFEN

Das Ja offenzulegen, erfüllt drei nützliche Aufgaben:

- *Es gibt Ihnen positive Wurzeln.* Sie können auf eigenen Beinen stehen, ohne jemand anderem auf die Zehen zu treten. Ihr Nein kann jetzt *für* Ihre Bedürfnisse eingesetzt werden und nicht *gegen* den anderen. Statt den anderen durch Ihr Nein zurückzuweisen, sagen Sie einfach nur Ja zu dem, was Ihnen am meisten am Herzen liegt.

- *Es zeigt Ihnen die richtige Richtung.* Sie wissen, wo Sie stehen und wo Sie mit Ihrem Nein hinwollen.
- *Es versorgt Sie mit Energie.* Es gibt Ihnen die Kraft, Nein zu sagen und dabei zu bleiben, auch wenn Sie auf Widerstand stoßen.

Nun, da Sie Ihr Ja offengelegt haben, wird es Zeit, Ihr Nein zu ermächtigen. Und genau das ist das Thema des nächsten Kapitels.

# 2 ERMÄCHTIGEN SIE IHR NEIN

*Bereit zu sein ist schon der halbe Sieg.*

MIGUEL DE CERVANTES SAAVEDRA

Es ist nicht leicht, Nein zu sagen. Sie brauchen genug Selbstvertrauen, um auch angesichts einer heftigen Reaktion Ihres Gegenübers für sich selbst einzutreten. Sie brauchen Kraft, um Ihr Nein zu manifestieren, wenn der andere es partout nicht respektieren will. Genauso wichtig wie die Offenlegung des Ja ist deshalb die Ermächtigung des Nein.

## Entwickeln Sie positive Macht

Wenn Sie aus Ihren Interessen eine klare und starke Absicht herausdestilliert haben, wird es Zeit, Ihre Absicht mit einem Plan B zu stützen, einer praktischen Strategie, die der Wahrung Ihrer Hauptinteressen dient, falls der andere sich weigert, Ihr Nein zu akzeptieren. Ein Plan B ist positive Macht. Während negative Macht vornehmlich bestrafen will, zeigt die positive Variante sich in der Fähigkeit, die eigenen Interessen und Bedürfnisse zu schützen und voranzutreiben.

Ein Beispiel vermag das enorme Potential positiver Macht am besten zu illustrieren. Es war einmal eine Frau, deren Familie gehörte einer aus rassistischen Gründen unterdrückten Minderheit an. Sie arbeitete als Schneidergehilfin in einem Kaufhaus. Das ermächtigte Nein, das sie der Rassendiskriminierung in ihrer Heimatstadt entgegensetzte, war der Beginn der Bürgerrechtsbewegung in den Vereinigten Staaten. Der Name dieser Frau war Rosa Parks.

Nach einem langen Arbeitstag im Dezember 1955 stieg Parks in einen Bus, weil sie nach Hause fahren wollte. Zu dieser Zeit litten die Schwarzen in weiten Teilen der USA unter der Ungerechtigkeit legalisierter Rassentrennung in sämtlichen Bereichen des Gesellschaftslebens, unter anderen auch in öffentlichen Verkehrsmitteln. In einer Gesellschaft, die sich die Gleichheit aller Menschen auf die Fahne geschrieben hatte, wurden sie als Bürger zweiter Klasse behandelt. Was an jenem Abend geschah, beschreibt Parks folgendermaßen:

> Ich war nicht ganz vorn im Bus, sondern wählte einen Sitzplatz neben einem Mann, der am Fenster saß – es war der erste Platz im Bus, auf den »Farbige« sich setzen durften. Drei Haltestellen weiter stiegen ein paar Weiße ein. Einer musste stehen, weil nicht genug Plätze frei waren. Als der Fahrer dies bemerkte, richtete er sich an uns (den schwarzen Mann und die beiden schwarzen Frauen auf der anderen Seite des Mittelganges) und forderte uns auf, dem Weißen einen Sitzplatz zu überlassen. Die anderen drei schwarzen Fahrgäste erhoben sich sofort. Als der Fahrer bemerkte, dass ich sitzen blieb, forderte er mich erneut auf, meinen Platz zu räumen, und ich sagte: »Nein, das werde ich nicht tun.« – »Dann lasse ich Sie einsperren«, lautete seine Antwort. Ich verkündete, dass er das ruhig tun solle. Er fuhr den Bus nicht weiter. Und viele Schwarze stiegen aus.

> Ein paar Minuten später stiegen zwei Polizisten ein. Der Fahrer berichtete ihnen von meiner Weigerung, mich zu erheben. Der Polizist kam an meinen Platz und fragte mich nach dem Grund. Ich antwortete ihm, dass ich es nicht für meine Pflicht hielt aufzustehen. »Warum kommandiert ihr Weißen uns ständig herum?«, fragte ich ihn. »Keine Ahnung«, antwortete er. »Aber Gesetz ist Gesetz, und deshalb sind Sie jetzt verhaftet.« Nach diesen Worten stand ich auf und verließ zusammen mit den beiden Polizisten den Bus.

Rosa Parks wurde tatsächlich ins Gefängnis gebracht. Obwohl sie noch am gleichen Abend gegen Kaution freigelassen wurde, rüttelte ihre Verhaftung die Gemeinschaft der schwarzen Bürger Amerikas wach und löste einen beispiellosen elfmonatigen Busboykott aus, der von einem jungen Pfarrer namens Martin Luther King Jr. organisiert wurde und der die Behörden zwang, die Rassentrennung innerhalb öffentlicher Verkehrsmittel aufzugeben.

Rosa Parks, die seither als Ikone der Bürgerrechtsbewegung gilt, besaß zwei wichtige Eigenschaften der positiven Macht: eine starke Intention und einen praktischen Plan B, um sie zu stützen. Während ihrer jahrelangen Tätigkeit als Bürgerrechtsaktivistin hatte sie ihre Intention und Zielrichtung nicht nur mit Gleichgesinnten geteilt, sondern auch weiterentwickelt. In der beliebten Nacherzählung ihrer Geschichte wird ihre Weigerung aufzustehen als die spontane Handlung einer müden Näherin dargestellt. In Wirklichkeit jedoch war Parks eine erfahrene und ausgebildete Aktivistin mit festen Überzeugungen. Seit vielen Jahren schon war sie Mitglied der Ortsgruppe des NAACP (der National Association for the Advancement of Colored People), einer nationalen Organisation, die sich für die Gleichbehandlung von Schwarzen einsetzt. Die Leiter der Ortsgruppe suchten schon seit Langem nach einem Präzedenzfall, durch den sie die Legalität der Rassentrennung in Bussen anfechten und die öffentliche Meinung durch eine Reihe von Protesten für sich gewinnen konnten. Als sich die Gelegenheit bot, waren Parks und ihre Verbündeten zur Stelle und bereit, ihren Plan B auszuführen.

Eine Freundin beschrieb Parks als eine Frau, die Autoritäten in der Regel keineswegs missachtete, sondern die sich einfach nur weigerte, klein beizugeben, wenn sie sich einmal für einen Weg entschieden hatte. »Sie konnte einen ignorieren, ausweichend reagieren, aber sie gab niemals nach.« Parks kannte die Konsequenzen einer Inhaftierung und war bereit, ihren Fall, wenn nötig, bis hin zum Supreme Court, dem amerikanischen Oberlandesgericht, zu verfolgen. Und schließlich geschah genau das. Der Supreme Court beschloss die Aufhebung der Rassentrennung in öffentlichen Verkehrsmitteln, und der Rest der Geschichte ist bekannt.

Parks Plan B sollte niemanden bestrafen, sondern das tiefere Ja hinter ihrem Nein schützen, ein Ja zur Würde und Gleichheit aller Menschen. Objektiv betrachtet, hatte sie bei der Situation im Bus nur sehr wenig Macht. Trotzdem besaß sie die positive Macht, Ihr Nein zu vertreten und Ihr Ja damit zu stützen. Allein das war ausreichend, um eine Revolution im Namen der Menschenwürde auszulösen, die nicht nur landesweit, sondern auf der ganzen Welt ihren Nachhall fand.

## VERWANDELN SIE FURCHT IN SELBSTVERTRAUEN

Die meisten Menschen denken nur sehr ungern über einen Plan B nach, denn sie schrecken davor zurück, sich den »schlimmsten Fall« vorzustellen. Vielleicht halten sie es für unnötig oder illoyal oder verschieben es lieber auf später. Wenn Sie ein mächtiges Nein übermitteln wollen, gibt es meiner Erfahrung nach jedoch keine wichtigere und letztlich auch effektivere Übung für Sie. Denn zusätzlich zu der objektiven Kraft, die es Ihnen verleiht, hilft es Ihnen,

Ihre Furcht und Ihren Zorn in Zuversicht und Entschlossenheit zu verwandeln. Betrachten Sie den Entwurf eines Plan B nicht als Schwarzmalerei, sondern als alternative Erfolgsstrategie.

Wenn Sie glauben, von der Kooperation Ihres Gegenübers vollkommen abhängig zu sein, verwandeln Sie sich faktisch in seine Geisel. Angst und Wut sind die natürliche Folge, was zu unwillkürlichen Reaktionen wie Anpassung oder Angriff führt. Vielleicht liegt der größte Nutzen eines Planes B darin, dass er Ihnen die psychologische Freiheit gibt, die Sie benötigen, um effektiv Nein zu sagen – ohne sich anzupassen, auszuweichen oder anzugreifen.

Die Ironie an der Geschichte: Je *notwendiger* es für Sie ist, dass der andere tut, was Sie wollen, umso mehr Macht geben Sie ihm über sich und umso weniger Einfluss haben Sie selbst. Wenn Sie es *nicht nötig haben*, werden Sie den anderen in Konfliktsituationen viel eher dazu bringen, das zu tun, was Sie wollen.

Stellen Sie sich zum Beispiel folgende eheliche Auseinandersetzung vor. Joan war extrem unglücklich über die mangelnde Kommunikation mit ihrem Ehemann – nennen wir ihn John. Die emotionale Verbindung zu ihm war ihr ungeheuer wichtig, und ihrer Ansicht nach führten sie so gut wie überhaupt keine wirklich tiefgehenden Gespräche. Jahrelang hatte Joan ihn kritisiert und ihn gebeten, doch mit ihr zu reden, aber je mehr sie an ihm herumnörgelte, umso stärker zog er sich zurück. Ihr Nein zu diesem Verhalten schien nur die gegenteilige Reaktion von dem zu provozieren, was sie suchte. Ihre Ehe stand kurz vor dem Scheitern.

Nach mehreren Sitzungen bei der Eheberatung dachte Joan intensiv über ihren Plan B nach: über die Trennung von ihrem Mann, die sie eigentlich gar nicht wollte. Doch schließlich fand sie sich damit ab, dass dies eine realistische Lösung war, solange ihre grundlegenden Interessen nicht befriedigt wurden. Sie nahm all ihren Mut zusammen und stellte sich ihren Ängsten. Dann fühlte sie sich ermächtigt, auf andere und selbstbewusstere Art und Weise Nein zu sagen.

»Ich bin nicht mehr bereit, zu akzeptieren, wie selten wir uns unterhalten«, informierte sie ihren Mann ruhig. »Und ich bin nicht mehr bereit, dich dazu zu drängen. Aber glaube nicht, dass ich mich mit der Situation abgefunden habe, nur weil ich nicht mehr an dir herumnörgele oder dich kritisiere. Ich habe einfach nur keine Lust, hinterher auf bemitleidenswerte Weise dankbar zu sein, nur weil mein Partner sich vielleicht doch herablässt, mit mir zu reden.... Und was dich angeht, möchte ich nicht, dass du dich von einer kreischenden Ehefrau die ganze Zeit über unter Druck gesetzt fühlst. Von heute an interpretiere ich das, was du tust, als Zeichen für deine Entscheidung, wie *du* wirklich leben willst. Und ich werde meine Entscheidung dementsprechend für mich treffen.«

Mit anderen Worten: Joan versuchte das Verhalten ihres Mannes nicht länger zu kontrollieren. Sie entschied einfach nur noch, wie *sie* handeln würde. Sie verpflichtete sich gegenüber sich selbst, ein anderes Leben zu führen. Eines, das ihren Bedürfnissen gerecht wurde, *unabhängig* davon, wie John sich in Zukunft verhalten würde. Paradoxerweise trug dieser Ansatz zur Rettung der Ehe bei, und die beiden entwickelten eine tiefere Beziehung: Joans neues Selbstvertrauen und ihre Macht erlaubten es ihr, ihre destruktive Kritik einzustellen, wodurch John sich stärker öffnete und häufiger über seine Gefühle und Bedürfnisse sprach. Ein Positives Nein brachte sie ihrem Mann näher, statt sie von ihm zu entfernen.

Die Herausforderung bei der Artikulation unseres Nein besteht darin, unser »Bedürfnis« zum Ausdruck zu bringen, ohne »Bedürftigkeit« zu signalisieren. Bedürftigkeit nämlich schafft für beide Beteiligten eine Stresssituation: Ihr Gegenüber hat das Gefühl, genötigt zu werden, und Sie selbst leiden unter Schwäche und Abhängigkeit. Sie haben vielleicht bestimmte Bedürfnisse, aber Sie »bedürfen« nicht seiner Mitarbeit. Natürlich wünschen Sie sich seine Kooperation sehr, aber falls Sie sie nicht bekommen, haben Sie alternative Möglichkeiten, um Ihre Bedürfnisse zu befriedigen.

Deshalb müssen Sie zuallererst einmal für sich selbst eintreten – ganz so, wie Joan es tat. Stellen Sie sich Ihren Ängsten vor Beziehungsverlust oder Konkurs, Ihren Befürchtungen vor der Reaktion des anderen auf Ihr Nein und vor seinen mutmaßlichen Vergeltungsmaßnahmen. Der nächste Schritt besteht darin, sich von Ihren Ängsten zu befreien, Verantwortung für die Befriedigung der eigenen Interessen und Bedürfnisse zu übernehmen, und zwar mit oder ohne die Kooperation des anderen.

## ENTWERFEN SIE EINEN PLAN B

Die beste Alternative, um Ihre Interessen zu wahren, wenn der andere Ihr Nein nicht akzeptiert, besteht in einem Plan B. Er ist gleichbedeutend mit Ihrer Fähigkeit, sich um Ihre Bedürfnisse zu kümmern, unabhängig davon, ob Ihr Gegenüber sich entschließt, Ihre Interessen zu respektieren oder nicht. Beim Harvard-Konzept nennen wir jeglichen Plan B auch *BATNA*. Dies ist das Akronym für *best alternative to a negotiated agreement*, was in der Verhandlungssprache gern auch als »Nichteinigungsalternative« bezeichnet wird. In diesem Sinne steht das B in Plan B sowohl für *BATNA*, als auch für *Back-up*.

Wenn Sie sich nicht mehr von Ihrem Vorgesetzten schikanieren lassen wollen, besteht Ihr *BATNA* vielleicht darin, sich um eine Versetzung in eine andere Abteilung zu bemühen oder die Personalabteilung um Unterstützung zu bitten. Wenn Sie sich von den unangemessenen Forderungen eines Kunden nicht länger unter Druck setzen lassen wollen, kann Ihr *BATNA* die Suche nach einem neuen Kunden sein. Oder Sie bitten Ihren Chef um Hilfe, der sich wiederum mit dem Vorgesetzten Ihres Verhandlungspartners in Verbindung setzt, um eine Lösung zu finden. Diese Alternativen sind zugegebenermaßen nicht besonders attraktiv, trotzdem ist es wichtig, sie bei der Vorbereitung auf das Nein im Hinterkopf zu behalten. Wenn Ihr Gegenüber mehr Macht besitzt als Sie selbst, kann der Entwurf eines praktischen *BATNA* dazu beitragen, ein gewisses Gleichgewicht zwischen Ihnen beiden herzustellen, sodass Sie deutlich gelassener Nein sagen können.

Während ich mich im Namen meiner Tochter mit dem medizinischen System auseinandersetzte, machte ich die Erfahrung, dass ein *BATNA* von unschätzbarem Wert sein kann. Um beispielsweise für das Wohlergehen unserer Tochter zu sorgen, mussten meine Frau und ich feste Grenze setzen, um wiederholte und häufig traumatische medizinische Untersuchungen zu verhindern, die vornehmlich den Medizinstudenten, aber nicht unserer Tochter zugutegekommen wären. Wenn die Ärzte diese Grenzen nach wiederholten höflichen Aufforderungen nicht respektierten, bestand unser *BATNA* darin, uns an die höchstmöglichen Verantwortlichen innerhalb des medizinischen Systems zu wenden und, falls nötig, Ärzte und Krankenhäuser zu wechseln.

Ein *BATNA* ist unabhängig von der Kooperation des anderen. Stellen Sie sich vor, Sie stünden auf der Reise des Positiven Nein nunmehr an einer Weggabelung: Eine Straße führt zur Akzeptanz des Nein – nennen Sie es Plan A, wobei das A für *Akzeptanz* steht. Der andere Weg führt zu Ihrem Plan B, Ihrem *Back-up*.

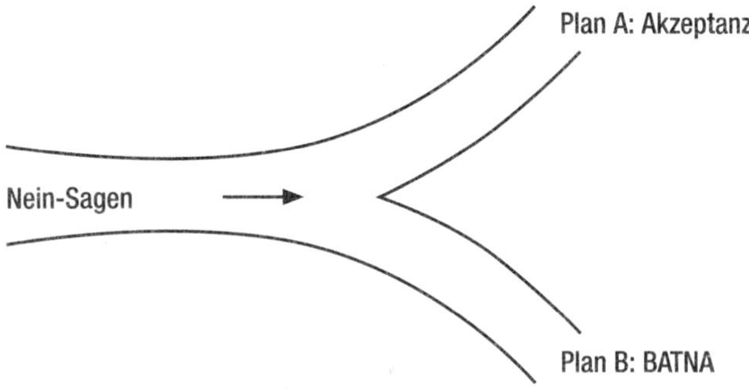

Die Geschichte »des Mannes, der Nein zu Wal-Mart sagte«, demonstriert, welche Macht ein Plan B haben kann. Jim Wier war CEO von Simplicity, einer Firma, der die qualitativ hochwertige Rasenmäher-Marke Snapper gehörte. Snapper machte Geschäfte mit Wal-Mart, die sich in einem Umfang von mehreren zehn Millionen Dollar bewegten. Wal-Mart bestand auf einer beträchtlichen Preisreduzierung und stellte als Gegenleistung dramatisch erhöhte Umsätze in Aussicht. In der Regel gilt es als geschäftlicher Selbstmord, Nein zu Wal-Mart zu sagen, und die meisten CEOs hätten dieses Angebot sowieso viel zu verlockend gefunden, um es ausschlagen zu können. Nicht so Jim Wier, der eine sehr genaue Vorstellung davon hatte, wohin ihn dieser Prozess in den kommenden zehn Jahren führen würde: Die Preise würden kontinuierlich weiter sinken, was unweigerlich auf Kosten der Qualität, Zuverlässigkeit und Haltbarkeit gehen würde, die die Snapper-Produkte in den Augen der Konsumenten bislang garantiert hatten. Obwohl Wal-Mart fast 20 Prozent des Firmenumsatzes abdeckte, sagte Wier Nein und nahm in Kauf, diese 20 Prozent über Nacht zu verlieren. Nur so konnte er Ja zu den wichtigen Werten sagen, für die Snapper stand, und damit – aus Wiers Sicht – das langfristige Überleben der Marke sichern.

Diese mutige Entscheidung konnte Wier nur deshalb treffen, weil er einen Plan B hatte. Dieser Plan sah vor, Snapper Rasenmäher ausschließlich über ein unabhängiges Händlernetzwerk zu vertreiben – zehntausend Händler, die das Produkt genau kannten, würden die Kunden im Umgang damit schulen und konnten einen zuverlässigen Reparaturservice anbieten. Wier kommentiert die weitere Entwicklung folgendermaßen: »Als wir die Händler darüber informierten, dass Snapper nicht mehr über Wal-Mart vertrieben würde, waren sie sehr glücklich mit dieser Entscheidung. Meiner Auffassung nach haben wir einen Großteil unseres Marktsegmentes zurückgewonnen, weil wir die emotionale Unterstützung der Händler gewonnen hatten.«

## Back-up statt Ausweichlösung

Ihr Plan B ist ein Back-up, eine Sicherung. Eigentlich möchten Sie Kunden behalten, aber nur, wenn die Beziehung für beide Seiten lukrativ ist. Sie würden gern in Ihrem Job bleiben, wenn Ihr Vorgesetzter Sie so respektvoll behandelt, wie Sie es verdienen. Sie möchten Ihre Ehe aufrechterhalten, solange Sie sich darin sicher aufgehoben fühlen und nicht seelisch oder körperlich misshandelt werden. Aber wenn es sich andeutet, dass Sie nicht bekommen, was Sie brauchen, können Sie auf Ihren Plan B zurückgreifen. Er ist der letzte Ausweg, wenn Ihr Gegenüber Ihr Nein nicht akzeptiert.

Der Plan B wird häufig mit einer Ausweichlösung verwechselt – einer Vereinbarung, mit der Ihr Gegenüber sich einverstanden erklären könnte, falls Ihr Nein sich als inakzeptabel erweist. Aber Ihr Plan B ist *keine* Ausweichlösung – kein Kompromiss und keine zweitbeste Möglichkeit. Ein Plan B ist überhaupt keine *Option* für eine Einigung, sondern eine *Alternative*, eine mögliche Vorgehensweise, die von der Zustimmung des anderen *unabhängig* ist. Wenn Sie mit diesem oder jenem Kunden keine Vereinbarung erzielen können, könnte Ihr Plan B darin bestehen, auf diesen spezifischen Geschäftsabschluss zu verzichten und sich einen anderen Kunden zu suchen. Letzten Endes benötigen wir für Optionen die Zustimmung oder Akzeptanz des anderen. Für einen Plan B benötigen wir das nicht.

Ihr Plan B kann also ein wertvoller Bezugspunkt sein, um einen jeglichen Vorschlag, den Sie im Rahmen Ihres Positiven Nein machen, oder eine mögliche Vereinbarung, die Sie in Betracht ziehen, zu bewerten. Sie können sich stets die Frage stellen: »Welche Vorgehensweise kommt meinen Interessen eher zugute – wenn ich diese Vereinbarung akzeptiere oder wenn ich auf meinen Plan B zurückgreife?«

## Ermächtigung statt Bestrafung

In schwierigen Situationen hält man den Plan B oft irrtümlich für eine Möglichkeit, den anderen für sein unangemessenes Verhalten zu bestrafen. Wenn Ihr Gegenüber nicht bereit ist, Ihre Interessen und Bedürfnisse zu respektieren, wenn Ihre erwachsene Tochter Ihre Bitte ignoriert, doch wenigstens vorher Bescheid zu sagen, bevor sie Ihnen das Enkelkind zum Babysitten bringt, wenn Ihr Kollege Sie weiterhin beleidigt, dann muss der Betreffende für sein Verhalten bezahlen.

Aber der Plan B hat nichts mit Strafe zu tun und ist auch kein Ventil für Ihre Enttäuschung und Ihren Zorn. Er hilft Ihnen einfach nur, Ihre Interessen zu wahren, *auch wenn* der andere *nicht* kooperiert. Im Falle Ihres erwachsenen Kindes, das die Enkeltochter häufiger zum Babysitten bringt, ohne Ihnen vorher Bescheid zu sagen, könnte Ihr Plan B folgendermaßen aussehen: Sie sagen, dass es Ihnen leidtut, dass Sie aber mit einer Freundin verabredet sind, und verlassen dann das Haus. Im Falle Ihres Kollegen könnte Ihr Plan B darin bestehen, sein beleidigendes Verhalten bei der Personalabteilung oder einem Vorgesetzten zur Sprache zu bringen, die Ihren Kollegen veranlassen könnten, das Mobbing einzustellen.

Beim Plan B geht es nicht so sehr um die *Macht über* andere, sondern um die *Macht, die eigenen Interessen zu vertreten.* Dadurch wird er zur *positiven* Macht.

In dieser Phase Ihres Positiven Nein ist es wichtig, Ihren Plan B einfach nur im Hinterkopf zu behalten. Wir werden in Kapitel 8 diskutieren, ob und wie Sie Ihren Plan B dem anderen gegenüber erwähnen sollten. An diesem Punkt dient er lediglich Ihrem eigenen Nutzen und der Stärkung Ihres Selbstvertrauens.

## VERSTÄRKEN SIE IHREN PLAN B

Manchmal sind wir in der Bredouille, weil uns einfach kein attraktiver Plan B einfallen will. Lassen Sie sich dadurch nicht entmutigen, sondern betrachten Sie es als Anreiz, noch intensiver über die Verbesserung Ihres Alternativplans nachzudenken. Das folgende Beispiel vermag dies zu illustrieren.

Eine große amerikanische Firma hatte vor Kurzem ein neues Produkt auf den Markt gebracht. Man hatte sich große Verkaufserfolge erhofft, aber die Absatzzahlen blieben deutlich hinter den Prognosen zurück, und der Wettbewerb war härter als erwartet. Da man wusste, dass viele Kunden vor dem hohen Preis zurückschreckten, versuchte man, Kosten zu sparen. Es stellte sich heraus, dass der Hauptkostenfaktor ein Ersatzteil war, das von einer in Europa ansässigen Firma hergestellt wurde.

Daraufhin bot man dem Lieferanten an, mit Hilfe eines Beraterteams Möglichkeiten zur Kostensenkung auszuarbeiten, doch die europäischen Verhandlungspartner reagierten auf diese Anfrage mit Empörung: »Wir sind nun schon seit über zweihundert Jahren im Geschäft. So alt sind die USA selbst kaum! *Wir* machen *Ihnen* ja auch keine Vorschriften, wie Sie Ihr Geschäft zu führen haben, also sagen Sie uns nicht, wie wir unseres führen sollen!« Die Firmenleitung war frustriert, aber es war offensichtlich, dass man kaum Einfluss nehmen konnte: Immerhin hatte man mit dem Lieferanten einen Zehnjahresvertrag unterzeichnet, der der europäischen Firma volle Kostenerstattung plus Überschussbeteiligung garantierte.

Also bat man meinen Kollegen Joe Haubenhofer um Hilfe. Als Joe sich mit den Firmenvertretern traf, um sie auf die Verhandlungen vorzubereiten, machten sie einen demoralisierten und hoffnungslosen Eindruck. Wie konnten sie in dieser Situation für ihre Interessen eintreten und tatsächlich Nein zu dem aufsässigen Verhalten des Lieferanten sagen? Sie hatten das Gefühl, dass ihnen die

Hände gebunden waren, da sie von diesem Lieferanten absolut abhängig waren. Sie konnten nichts tun. Zumindest glaubten sie das, bis Joe sie fragte: »Wie sieht denn Ihr Plan B aus? Was wollen Sie unternehmen, wenn der Lieferant sich weigert, während der restlichen Vertragslaufzeit zu kooperieren?«

»Plan B?«, antworteten die Manager im Chor. »Das ist es ja! Wir haben keine Alternative! Wir stecken in diesem Zehnjahresvertrag fest, und es gibt keinen Ausweg.«

»Moment mal«, antwortete Joe. »Sie meinen, dass Ihre augenblicklichen Alternativen – nämlich vertragsbrüchig zu werden oder das Produkt vom Markt zu nehmen – besonders unattraktiv sind. Vielleicht sollten Sie sich die Zeit nehmen, noch einmal genau zu überprüfen, ob es nicht doch noch eine andere Möglichkeit gibt!?«

Die Manager stimmten zu – obwohl sie natürlich skeptisch waren. Eine Stunde später – mitten im intensivsten Brainstorming stellte einer von ihnen folgende Frage: »Gibt es denn keine andere Fabrik auf der Welt, die die zur Herstellung dieses Produktes erforderliche Technologie besitzt?« Ein anderer antwortete: »Na ja, da kommt mir diese Fertigungsanlage im Mittleren Westen in den Sinn, die vielleicht über die notwendige Ausrüstung verfügt. Aber wenn ich mich recht erinnere, wurde sie vom Betreiber geschlossen.«

Sofort wurde jemand mit der Aufgabe betraut, diese Angaben zu überprüfen. Noch am gleichen Tag erhielt man die Bestätigung, dass die Vermutung des Managers zutraf: Die Fabrikanlage verfügte über die geeignete Technologie und war geschlossen worden, stand aber zum Verkauf.

Innerhalb eines Tages hatte das Team einen Wirtschaftsplan ausgearbeitet, wie die Anlage erworben und wieder in Betrieb genommen werden konnte, um die notwendigen Ersatzteile in der richtigen Menge und zu einem vernünftigen Preis herzustellen. Das Konzept wurde dem Senior-Management vorgelegt und in aller Eile als Notfallplan genehmigt – als Plan B.

Dann bereitete man sich auf das bevorstehende Meeting mit dem Lieferanten vor. Mein Kollege Joe berichtete, dass es sich jetzt um ein vollkommen anderes Team zu handeln schien. Mit einem befriedigenden Plan B in der Hinterhand waren sie nicht mehr demoralisiert, sondern – im Gegenteil – voller Selbstvertrauen. Sie versuchten zunächst sorgfältig, die Interessen und die Sichtweise des Lieferanten einzuschätzen und neue, für beide Seiten vorteilhafte Optionen zu entwickeln, um die Kosten zu reduzieren und die Geschäftsbeziehung zu erhalten.

Letztlich mussten sie ihren Plan B niemals einsetzen oder auch nur erwähnen. Die sorgfältige Vorbereitung gab ihnen das nötige Selbstbewusstsein, um effektiv mit dem Lieferanten zu verhandeln und sich gemeinschaftlich auf eine Strategie zur Senkung der Produktionskosten zu einigen. Ebendieses Selbstvertrauen war, so berichteten die Verhandlungsführer später, der Schlüssel für ihren unerwarteten Erfolg. Nur dadurch konnten sie die negativ aufgeladenen Gefühle von Angst und Resignation in Entschlossenheit und Bestimmtheit umwandeln.

## Durch Brainstorming verschiedene Alternativen entwickeln

Bei der Ausarbeitung Ihres Planes B ist es sinnvoll, verschiedene Alternativen in Betracht zu ziehen. Die Manager in unserem Beispiel begannen mit einem Brainstorming und entwickelten so eine kreative Möglichkeit, an die bis dahin niemand gedacht hatte.

Das größte Hindernis, das Sie an der Entwicklung kreativer Alternativen hindert, ist jene leise Stimme im Hinterkopf, die Ihnen immer wieder zuflüstert: »Das wird nicht funktionieren!« oder »Das ist lächerlich!«. Derlei Sätze ersticken jede Kreativität im Keim. Die Stimme kommt aus jenem Teil des Gehirns, in dem das kritische Bewertungs- und Urteilsvermögen sitzt. Was normalerweise nützlich und sogar notwendig ist, behindert in einer solchen Situation den kreativen Teil des Gehirns, der für die Entwicklung neuer Ideen zuständig ist. Das ganze Geheimnis des Brainstorming besteht darin, diese beiden kognitiven Funktionen voneinander zu trennen. Hier heißt es: erst erfinden, dann bewerten.

Die goldene Regel des Brainstormings besteht darin, Kritik eine Zeit lang aufzuschieben – egal, ob es nun ein paar Minuten oder ein paar Stunden sind. Bringen Sie so viele Ideen hervor, wie Sie können. Auch abwegige Vorstellungen sind willkommen – viele der besten Pläne wurzeln in den wildesten Vorschlägen. Danach erst nehmen Sie eine Bewertung vor: Sichten Sie die einzelnen Vorschläge, und markieren Sie die vielversprechendsten.

Ein Brainstorming sollte man am besten zusammen mit anderen durchführen – mit Freunden, Kollegen, Partnern. Der Beitrag eines jeden Einzelnen wirkt anregend auf die anderen – wie ein Feuerwerkskörper, der, einmal entfacht, die anderen Feuerwerkskörper ebenfalls in Brand setzt.

Entwickeln Sie ein paar der Alternativen weiter und entwerfen Sie konkrete Pläne. Dieser Prozess greift mutmaßlich wilde Ideen auf und verwandelt sie in ernsthafte Handlungsstrategien. Genau das taten die Manager, als sie nach dem scheinbar Unmöglichen suchten (nämlich einer anderen Bezugsquelle) und einen Wirtschaftsplan entwarfen, der der Firmenleitung unterbreitet werden konnte.

Bei der Präsentation von Alternativen gibt es die folgenden Möglichkeiten:

*Tun Sie es selbst.*

Eine Alternative ist *unilateraler*, einseitiger Natur: Was können Sie selbst tun, um Ihre Interessen und Bedürfnisse zu befriedigen? Was, wenn Sie von dem anderen nicht länger abhängig sind? Wie können Sie ohne die Kooperation Ihres Gegenübers zurechtkommen? Die Manager im oben beschriebenen Fall beispielsweise entwarfen die Möglichkeit, das für die Produktion notwendige Ersatzteil unabhängig vom Lieferanten herzustellen.

*Steigen Sie aus.*

Ein weiterer unilateraler Schritt zur Selbsthilfe ist der Ausstieg. Was würde es für Sie bedeuten, die Situation oder die Beziehung mit dem anderen aufzugeben? Ein Angestellter, der unter einem schwierigen Vorgesetzten zu leiden hat, könnte sich über alternative Jobangeboten im Unternehmen oder außerhalb schlaumachen. Ein Händler, der Nein zu einem schwierigen Kunden sagen muss, sieht sich nach anderen Kunden um. Eine Frau, die von ihrem Partner schlecht behandelt wird, kann sich vornehmen, mit ihren Kindern Zuflucht im Frauenhaus zu suchen. Eine Anwältin aus meinem Bekanntenkreis sollte an einem Projekt mitarbeiten, das sie »moralisch verwerflich und widerwärtig« fand. Sie konnte sich effektiv mit einem Nein dagegen verwahren, weil sie schon im Vorfeld die Entscheidung getroffen hatte, »zu kündigen, wenn mein Nein nicht akzeptiert wurde«.

*Die dritte Seite.*

Es gibt auch *trilaterale* Alternativen. Können Sie vielleicht einen Außenstehenden um Hilfe bitten, wenn Sie mit Ihrem Gegenüber auf den ersten Blick keine Einigung erzielen können? Wenn ein Nachbar ständig laute Musik spielt, könnten Sie vielleicht den Hausverwalter bitten, sich einzuschalten oder das Thema bei der Eigentümerversammlung anzuschneiden. Wenn Ihr Kollege ständig die Sekretärin mit Beschlag belegt, sodass sie die Aufgaben, die sie für *Sie* zu erledigen hat, zugunsten seiner Arbeiten aufschiebt, müssen Sie sich vielleicht an Ihren gemeinsamen Vorgesetzten wenden. Und – last but not least – kann Ihr Plan B auch in einer gerichtlichen Einigung bestehen – ähnlich wie bei Rosa Parks, die ihren Fall bis vor den Supreme Court brachte.

*Zwischenschritte und endgültige Pläne.*

Wenn Sie mit Ihrem Gegenüber keine Einigung erzielen können, müssen Sie auch nicht gleich auf Ihren kompletten Plan B zurückgreifen, sondern können einen kleineren Zwischenschritt anstreben.

Sie können eine Folge von Plänen schmieden, die von der kleinstmöglichen Teillösung bis hin zum endgültigen, großen Plan reichen. Eine Restaurantkette sah sich mit der Herausforderung konfrontiert, einen Franchisenehmer abzumahnen, der den mit dem Firmennamen verbundenen Qualitätsstandards nicht gerecht wurde. Man entschloss sich, einen mittelfristigen Plan B in die Tat umzusetzen, und räumte dem Franchisenehmer eine Probezeit ein. Der letztendliche Plan B, falls der Franchisenehmer sein Restaurant nicht dem erforderlichen Niveau anpasste, bestand darin, ihm den Markennamen abzuerkennen.

## Gewinnen durch Verbündete

Wenn Ihr Verhandlungspartner mehr Macht hat als Sie selbst, könnte Ihr Plan B darin bestehen, sich mit Gleichgesinnten zusammenzutun.

In meinen Seminaren erzähle ich gern die Geschichte des weisen Zen-Lehrmeisters, der seinen Schülern eine Lektion erteilt, indem er einen von ihnen bewusst in die Zwickmühle bringt. Wenn ein Schüler eine Tasse Tee an die Lippen führt, sagt der Meister: »Wenn du diese Tasse Tee trinkst, schlage ich dich mit dem Stock. Und wenn du diese Tasse Tee *nicht* trinkst, schlage ich dich ebenfalls mit dem Stock.«

Dann stelle ich meinen Kursteilnehmern folgende Frage: »Was würden *Sie* tun, wenn Sie an der Stelle des Schülers wären?«

Die häufigste Antwort lautet: »Ich würde den Tee trinken. Wenn ich sowieso Schläge bekomme, kann ich sie auch genießen.« Eine weitere häufige Antwort lautet: »Ich würde ihm den Tee ins Gesicht schütten.« Dies sind die beiden klassischen Antworten auf höhere Gewalt: Unterwerfung, weil man keine Wahl hat, und Angriff. Doch keine dieser beiden Alternativen ist wirklich befriedigend.

Dann fangen meine Seminarteilnehmer an, bei ihren Antworten ihre Phantasie einzusetzen: »Ich würde ihm den Tee anbieten.« – »Ich würde ihn fragen, warum.« – »Ich würde endlos für diese Tasse brauchen, damit er nicht sagen kann, ob ich trinke oder nicht trinke.« Und so weiter.

Doch so viele Antworten sie auch finden, fast immer übersehen sie eine weitere Alternative – nämlich die, sich Verbündete zu suchen. Meiner Ansicht nach liegt das daran, dass wir vor unserem geistigen Auge nur den Meister und seinen Schüler sehen. Allzu häufig vergessen wir, dass noch weitere Schüler zugegen sind. »Helft mir, Freunde«, könnte man den anderen Anwesenden zurufen. Und obwohl der Meister mit dem Stock mächtiger sein mag als der Einzelne, ist er sicher nicht mächtiger als alle seine Schüler zusammen.

Eine Koalition kann den Ausgleich herstellen. So empfiehlt es sich stets, sich folgende Fragen zu stellen: »Wer hat ähnliche Interessen wie ich selbst? Wen könnte ich dazu überreden, mit mir zusammenzuarbeiten, um dafür zu sorgen, dass meine Bedürfnisse respektiert werden?« Wenn Ihr Vorgesetzter Ihnen das Leben schwermacht, kann es hilfreich sein, sich Unterstützung bei Ihren Kollegen zu holen, damit Sie sich gemeinsam gegen sein Verhalten zur Wehr setzen können. Wenn ein betagtes Elternteil unbedingt weiter Auto fahren will, obwohl es für sich und andere eine eindeutige Gefahr darstellt, kann es hilfreich sein, sich die Unterstützung der Geschwister zu holen. Rosa Parks und ihre Gleichgesinnten nutzten die Macht einer breiten Basis aus Verbündeten von Schwarzen und sympathisierenden Weißen, um ihr Nein gegen die Rassentrennung in öffentlichen Verkehrsmitteln zu stützen. Der amerikanische Bürgerrechtler Saul Alinsky betont in diesem Zusammenhang mehrfach, »dass Macht sich hauptsächlich immer bei denen ansammelt, die Geld besitzen, und bei denen, denen Menschen folgen.« Mit anderen Worten: Er unterscheidet zwischen zwei Arten von Macht: der Macht des Geldes und der Macht von »Bürgerorganisationen«.

Stellen Sie sich selbst folgende Frage: »Wer könnte ein möglicher – wenn auch vielleicht unwahrscheinlicher – Verbündeter für mich sein?« Wenn Sie beispielsweise im Verkauf tätig sind, könnten die Endverbraucher Ihres Produkts bei den Einkäufern, die Sie so sehr unter Druck setzen, ein Wörtchen zu Ihren Gunsten mitreden. Wenn Sie in der Politik tätig sind, kann ein politischer Gegner ein – wenn auch ungewöhnlicher – Verbündeter sein, der Ihre Interessen in Bezug auf ein bestimmtes Gesetz teilt.

Ein hervorragendes Beispiel für eine Koalition als Plan B ist der Vorschlag eines Piloten in einer der ersten Passagiermaschinen, die Denver kurz nach dem entsetzlichen Anschlag vom 11. September verlassen sollten. Vor dem Abflug verkündete der Pilot den verängstigten Passagieren: »Wenn jemand versucht, die Maschine in seine Gewalt zu bringen, stehen Sie zusammen auf, und nehmen Sie, was immer Sie haben, in die Hand, um es denen an den Kopf zu werfen. Zielen Sie auf das Gesicht, damit die Betreffenden sich verteidigen müssen.« Der Pilot ermutigte die Passagiere, potentiellen Entführern Decken über den Kopf zu werfen und sie zu Boden zu ringen und sie dort bis zur Landung festzuhalten. »Wir, die Menschen, lassen uns nicht bezwingen«, erklärte er.

»Alle Passagiere applaudierten«, gab ein Fluggast zu Protokoll. »Die Menschen weinten. Wir hatten das Gefühl, dass wir eine Wahl hatten. Wenn etwas geschehen sollte, wären wir nicht vollkommen machtlos.«

Genau das ist es! Denken Sie daran, dass Sie nicht allein sind.

## RECHNEN SIE MIT GEGENMASSNAHMEN

Bei der Entwicklung eines Planes B sollten Sie sich grundsätzlich Gedanken darüber machen, welche Schritte Ihr Gegenüber unternehmen wird, um die eigene Macht zu erhalten. Was kann der andere unternehmen, um Sie wieder in die Knie zu zwingen, wenn Sie seine Forderungen abschlägig beantwortet haben? Und was können Sie unternehmen, um Ihr Nein zu ermächtigen, sodass Sie sich auch weiterhin behaupten können?

### Nehmen Sie dem anderen den Stock weg

Wenn unser Gegenüber uns wegen unseres Nein verletzt oder bedroht, ist unser erster Impuls der Gegenschlag. Eine effektivere Strategie jedoch besteht darin, die Auswirkungen seines Verhaltens zu mildern. Wenn Ihr Gegenüber Sie – wie in unserer Geschichte des Zen-Meisters – mit einem Stock schlagen will, schlagen Sie nicht zurück, sondern nehmen Sie ihm einfach den Stock weg. Mit anderen Worten: Greifen Sie den anderen nicht an, sondern entwaffnen Sie ihn.

Stellen Sie sich einmal folgende Situation vor: Sie verhandeln mit einem schwierigen Kunden, der eine unverhältnismäßig hohe Preisreduzierung von Ihnen verlangt. Wenn Sie ablehnend reagieren, können Sie sich angesichts früherer Erfahrungen jetzt schon ausmalen, dass er nicht nur zornig reagieren, sondern sich auch über Ihren Kopf hinweg an Ihre Chefin wenden wird, um sich durchzusetzen. Um dieser Taktik zu begegnen, können Sie sich bereits im Vorfeld mit Ihrer Vorgesetzten unterhalten und ihr erklären, dass der Kunde sehr wahrscheinlich mit Rabattwünschen an sie herantreten wird. Bitten Sie Ihre Chefin, den Kunden höflich an Sie zurückzuverweisen. Wenn Sie in der Preisgestaltung einigermaßen flexibel sind, sollten Sie diejenige Person sein, die mit dem Kunden verhandelt; sonst wird er sich auch in Zukunft immer an die Chefin wenden und Sie auf die Rolle des Boten reduzieren. Wenn der Kunde nun tatsächlich damit droht, Ihre Vorgesetzte zu kontaktieren, können Sie ihm getrost antworten: »Jederzeit. Hier ist ihre Telefonnummer.« Und schon haben Sie dem Kunden den Stock aus der Hand genommen.

Die Strategie, den anderen zu entwaffnen, ohne ihn anzugreifen, wurde mit großer Wirkung im Jahre 1962 bei der Kubakrise eingesetzt. Ich hatte das große Privileg, bei einem Zusammentreffen in Moskau im Jahre 1989 anwesend zu sein, bei dem sich viele der noch lebenden politischen Entscheidungsträger versammelt hatten. Gebannt hörten meine Kollegen und ich zu, wie der ehemalige US-Verteidigungsminister Robert McNamara, der ehemalige nationale Sicherheitsberater McGeorge Bundy, der ehemalige sowjetische Außenminister Andrej Gromyko, der ehemalige Sowjetbotschafter Anatoli Dobrynin sowie andere Beteiligte versuchten, noch einmal nachzuvollziehen, was in jenen angespannten dreizehn Tagen wirklich geschehen war, als die Zukunft der Welt am seidenen Faden hing.

Ich habe vieles aus diesem Zusammentreffen gelernt, aber eine Lektion war die wichtigste: Ich erkannte, wie nahe wir, ohne es zu wollen, dem Weltuntergang durch die Nuklearkatastrophe gewesen waren, und wie glücklich wir uns schätzen können, dass die Unterhändler der USA und der damaligen Sowjetunion so geschickt mit ihrem Nein umgehen konnten. Die Fakten sind Ihnen wahrscheinlich bekannt: Die Amerikaner hatten entdeckt, dass die Sowjets per Schiff mit Atombomben bestückbare Mittelstreckenraketen in Kuba stationiert hatten, die auf die USA gerichtet waren. Präsident Kennedy wusste, dass er die Sowjets aufhalten musste, war sich aber nicht schlüssig, wie er das bewerkstelligen konnte, ohne einen Dritten Weltkrieg anzuzetteln. Also betraute er seine engsten politischen und militärischen Ratgeber mit der Ausarbeitung eines Plans. Dieser Plan B, den sie für den Fall entwarfen, dass die Diplomatie fehlschlug, bestand in einer Invasion Kubas aus der Luft. Während dieser ersten beiden Verhandlungstage hatten sie keinen anderen Plan. Im Zuge unserer nachträglichen Analyse bei der Moskauer Konferenz stellte sich jedoch heraus, dass dieser Plan B, der beinahe in die Tat umgesetzt worden wäre, aller Wahrscheinlichkeit nach verheerende Folgen gehabt hätte. Der US-Regierung war damals nämlich nicht bekannt gewesen, dass die Sowjets über

40 000 Soldaten in Kuba stationiert hatten. Auch die Kubaner verfügten über eine 250 000 Mann starke, gut ausgebildete Truppe. Im Falle eines amerikanischen Angriffs waren die sowjetischen Streitkräfte autorisiert, Nuklearwaffen einzusetzen, von denen einige bereits aktiviert waren.

»Bei dieser Erkenntnis sträubten sich uns die Haare«, sagte Robert McNamara. »Wenn die USA tatsächlich in Kuba einmarschiert wären, wenn die Nuklearwaffen nicht abgezogen worden wären, wäre dies mit 99-prozentiger Wahrscheinlichkeit der Beginn eines Atomkrieges gewesen.«

Unterstützt vom Bruder des Präsidenten, Robert Kennedy, suchten die politischen und militärischen Ratgeber glücklicherweise nach einem kreativeren Plan B, der sich nicht auf Angriff konzentrierte, sondern darauf, dem Gegner den Stock wegzunehmen. Der Plan bestand in einer von Kennedy als »Quarantäne« bezeichneten Seeblockade für Kuba, durch die die sowjetischen Boote daran gehindert werden sollten, weitere Nuklearwaffen nach Kuba zu bringen. Durch diese Blockade gelang es Kennedy, sein Nein zu unterstreichen und sich wertvolle Zeit für ein geheimes diplomatisches Treffen von Robert Kennedy und Anatoli Dobrynin zu erkaufen. Das Ergebnis war eine informelle Einigung: Sowjetische Raketen sollten aus Kuba abgezogen werden, und im Gegenzug verzichtete Präsident Kennedy auf eine Invasion und erklärte sich bereit, die amerikanischen Nuklearraketen aus der Türkei zu entfernen. Ohne diesen konstruktiven Plan B und die geschickte Diplomatie, die daraus erwuchs, wären wir vielleicht heute nicht hier.

### Stellen Sie sich das Schlimmste vor, das passieren könnte

Manchmal kann es auch nützlich sein, sich das Worst-Case-Szenario auszumalen. Was ist das Schlimmste, das Ihr Gegenüber Ihnen antun kann, wenn Sie Nein zu ihm sagen? Damit soll nicht unnötige

Angst erzeugt werden, sondern wir sollen lernen, zwischen Befürchtungen und Realität zu unterscheiden. Wie ein Geschäftsführer einmal zu mir sagte: »Wenn ich bei geschäftlichen Verhandlungen an einem schwierigen Punkt angelangt bin, hilft es mir oft, mich zu fragen: ›Was kann mein Gegenüber mir schlimmstenfalls antun? Wenn man mich nicht im wahrsten Sinne des Wortes *umbringt*, werde ich es wohl überleben. Also wird schon alles gut werden.‹ Und dann entspanne ich mich und kann wirkungsvoller verhandeln.«

Ein Punkt für ihn. In angespannten Situationen erscheinen die Konsequenzen unseres Nein aufgrund unserer Befürchtungen oft viel größer und weitreichender, als sie es tatsächlich sind. Wenn wir einen klaren Kopf behalten, erkennen wir oft, dass die Folgen gar nicht so gravierend sind, wie unsere Phantasie es uns vorgaukelt. Und dann sind wir auf alles vorbereitet, was uns erwartet, und können mutig für uns und unsere Belange eintreten.

## ÜBERDENKEN SIE IHRE ENTSCHEIDUNG FÜR DAS NEIN

Nun, da Sie Ihr Ja offengelegt haben und einen starken Plan B entwickelt haben, um Ihr Nein zu ermächtigen, sind Sie in einer Position, in der Sie sich selbst folgende Frage stellen können: »*Soll* ich wirklich Nein sagen?« Vermutlich lautet die Antwort Ja, aber es empfiehlt sich trotzdem, während der Vorbereitungsphase noch einmal über Ihre Entscheidung nachzudenken. Immerhin könnte Ihr Nein beträchtliche Kosten und Risiken nach sich ziehen – für Sie selbst und für den anderen. Nein zu sagen, hat häufig eine Konfliktsituation zur Folge, und Sie sollten Ihre Schlachtfelder sorgsam auswählen. Im Folgenden stellen wir Ihnen drei Fragen vor, die Sie sich im Vorfeld selbst beantworten sollten.

### Stellen Sie sich drei Fragen

Um zu entscheiden, ob Sie wirklich Nein sagen sollen, ist es klug, sich drei Fragen zu stellen: »Habe ich *Interesse* daran, Nein zu sagen? Habe ich die *Macht*? Habe ich das *Recht*?«

*Habe ich Interesse daran, Nein zu sagen?*

Können Sie durch Ihr Nein wichtige Interessen wahren oder vorantreiben? Ist es eine mögliche Auseinandersetzung mit dem anderen wert, besonders jetzt, da Sie *seine* Interessen verstehen? Lauschen Sie Ihrer inneren Stimme. Wenn Ihre Absicht klar und stark ist, so ist das ein deutliches und gutes Zeichen, um auf dem einmal eingeschlagenen Weg weiter voranzuschreiten.

*Habe ich die Macht?*

Können Sie Ihr Nein aufrechterhalten und die heftige Reaktion Ihres Gegenübers unbeschadet überstehen? Haben Sie einen fundierten Plan B? Wenn ja, machen Sie weiter.

*Habe ich das Recht?*

Es kann durchaus vorkommen, dass wir uns fragen, ob wir überhaupt Nein sagen *dürfen*. »Habe ich das *Recht*, Nein zu sagen? Ist es in der vorliegenden Situation angebracht?«

Manchmal ist diese Frage durchaus sinnvoll. Wenn wir ein Versprechen gegeben oder einen Vertrag unterschrieben haben, ist es vielleicht nicht angemessen, unsere Zusage zurückzuziehen. Aber in allzu vielen Situationen, in denen wir schlecht oder unangemessen behandelt werden oder uns mit unangemessenen Forderungen konfrontiert sehen, passen wir uns an, weil wir nicht sicher sind, ob wir überhaupt das Recht haben, Nein zu sagen. Wie oft fragen sich beispielsweise misshandelte Ehegatten, ob sie das Recht haben, ihren Partner zu verlassen. Sie haben es!

Letztlich kann die Antwort nur so lauten: Wir alle dürfen Nein sagen. Es gehört zu unserem fundamentalen Geburtsrecht. Freie Menschen zeichnen sich dadurch aus, dass sie ihre Entscheidungen selbst treffen und die Konsequenzen auf sich nehmen.

Es ist nicht immer leicht, Nein zu sagen, besonders nicht zu Menschen, von denen wir abhängig sind. Im Zweifelsfall ist es hilfreich, uns nach eingehender Vorbereitung daran zu erinnern, dass wir ein zwingendes *Interesse* daran haben, Nein zu sagen, dass wir die *Macht* haben, Nein zu sagen, und das *Recht.* Wenn Ihre Interessen, Ihre Macht und Ihr Recht in Einklang miteinander stehen, kann nur noch wenig Sie aufhalten.

Denken Sie daran, dass es nicht Ihre Pflicht ist, Ja zu dem anderen zu sagen, egal, wer es ist. Sie müssen ihn lediglich respektieren, und das können Sie auch, *während* Sie Nein sagen. Und um das Thema Respekt geht es im folgenden Kapitel.

# 3 ÖFFNEN SIE DEM JA EINEN WEG DES RESPEKTS

*Nimm einem Menschen niemals seine Würde: Dem anderen bedeutet sie alles, dir bedeutet sie nichts.*

FRANK BARON

Nachdem Sie *sich selbst* auf das Nein-Sagen vorbereitet haben, besteht Ihre nächste Herausforderung darin, den *anderen* darauf vorzubereiten, Ja zu Ihrem Nein zu sagen. Mit anderen Worten: Wie können Sie es Ihrem Gegenüber leichter machen, Ihr Nein zu akzeptieren und Ihre Bedürfnisse zu respektieren? Wie können Sie einen Kommunikationskanal öffnen, der es dem anderen ermöglicht, Ihr Nein im Wesentlichen als positiv aufzufassen?

Das Problem bei den meisten Nein liegt darin, dass es bei unserem Gegenüber als persönliche Zurückweisung, als Affront ankommt. Auch wenn es gar nicht in unserer Absicht liegt, hört der andere möglicherweise die verborgene Botschaft heraus: »Du und deine Interessen sind unwichtig.« Es ist nur menschlich, sich angesichts eines Nein in einer wichtigen Sache beschämt, verletzt, ausgeschlossen oder sogar gedemütigt zu fühlen. Ein Nein ist negativ und ablehnend. Deshalb wird unser Gegenüber sich unseren Argumenten sehr wahrscheinlich verschließen und vielleicht zum destruktiven Gegenschlag ausholen, sodass unsere Beziehung Schaden nimmt.

Als ich eingeladen wurde, bei den heftigen politischen Auseinandersetzungen zwischen Regierung und Opposition in Venezuela als neutraler Beobachter zu vermitteln, musste ich verblüfft feststellen, dass der leidenschaftliche Zorn der Anführer auf beiden Seiten nicht von den politischen Themen der Macht und Kontrolle bestimmt wurde, sondern von der Geringschätzung, die ihnen von ihren jeweiligen Gegnern entgegengebracht wurde. Der Präsident des Landes, Hugo Chávez, echauffierte sich mir gegenüber darüber, dass seine Feinde ihn als *mono* bezeichneten, als Affen also, was er durch eine affenartige Grimasse unterstrich. Gleichzeitig beklagte sich der Oppositionsführer bitter bei mir, dass er, als er versucht hatte, in der Kathedrale zu beten, wie er es sein ganzes Leben über getan hatte, auf offener Straße verhöhnt und bedroht worden war, und das nur, weil Chávez ihn als »Volksfeind« denunziert hatte. Besonders auffällig auf beiden Seiten waren die Gefühle der Scham und Demütigung, die durch die offen zur Schau gestellte persönliche Geringschätzung hervorgerufen wurden – und sie erhöhten die Wahrscheinlichkeit zu Eskalation und Gewaltbereitschaft beträchtlich.

Ein Mangel an Achtung fordert auf allen Ebenen seinen Tribut, ob im Berufsleben oder in der Familie. Hören Sie sich in diesem Zusammenhang Lindas Kommentar an, die ihre Tochter Emily durch ihr Nein auf sozialer Ebene unmöglich machte. »Emily hatte ein paar Freundinnen da, und ich schimpfte sie in ihrem Beisein aus, dass sie erst ihre Hausaufgaben zu erledigen habe, bevor sie sich mit anderen traf. Später sagte Emily zu mir: ›Was glaubst du, wie ich mich fühle, wenn du mich vor meinen Freundinnen anschreist?‹ Plötzlich wurde mir klar, wie peinlich es für sie gewesen sein musste. Ich brauche mich schließlich nur zu fragen, wie ich empfände, wenn mich jemand im Beisein eines Kunden kritisieren würde. Außerdem erkannte ich, dass ich Emily viel eher zur Erledigung ihrer Hausaufgaben motivieren konnte, wenn ich sie respektvoll darum bat – und zwar unter vier Augen.«

Wenn wir den anderen dazu bewegen wollen, schließlich doch Ja zu sagen, besteht das Geheimnis darin, ihn nicht *zurückzuweisen*, sondern das Gegenteil zu tun: ihn zu *respektieren*. Unser Respekt, unsere Achtung sollte unserem Nein den Stachel nehmen und es kompensieren. Mit Achtung meine ich *nicht* Anpassung, sondern einfach nur die positive Aufmerksamkeit, die wir dem anderen schenken, indem wir ihm zuhören und ihn als gleichberechtigten Mitmenschen behandeln. Verletzen Sie seine Würde nicht – schließlich wollen auch Sie Ihre Würde bewahren.

## NEHMEN SIE IHREN MITMENSCHEN GEGENÜBER EINE POSITIVE UND RESPEKTVOLLE HALTUNG EIN

Die Macht des Respekts und der Achtung lässt sich in einer Geschichte aus dem richtigen Leben zusammenfassen, die ich vor vielen Jahren hörte. Terry Dobson, ein junger Amerikaner, der in Japan Aikido, eine japanische Selbstverteidigungstechnik, erlernte, sah sich eines Tages mit der Herausforderung konfrontiert, Nein zum gefährlichen Verhalten eines Mitmenschen zu sagen.

> Es war ein träger Frühlingsnachmittag. Der Zug schepperte und ratterte durch die Vororte Tokios. Unser Abteil war vergleichsweise leer – ein paar Hausfrauen mit ihren Kindern, ein paar alte Leute, die zu einem Einkaufsbummel unterwegs

waren. Geistesabwesend sah ich die eintönigen Häuser und die staubigen Hecken an mir vorüberziehen.

An einer Haltestelle öffneten sich die Türen, und plötzlich wurde die Nachmittagsstille durch die wilden und unverständlichen Flüche eines Mannes durchbrochen, der ins Abteil taumelte. Er trug Arbeiterkleidung, war groß, betrunken und ungepflegt. Mit einem lauten Schrei versetzte er einer Frau, die ein Baby im Arm hielt, einen heftigen Schlag, sodass sie auf einem älteren Ehepaar landete. Wie durch ein Wunder blieb sie unverletzt.

Erschrocken sprang das ältere Paar auf und stolperte in den hinteren Teil des Abteils. Der Arbeiter versuchte, der alten Frau noch einen Tritt zu versetzen, aber er verfehlte sie um Haaresbreite, sodass sie sich in Sicherheit bringen konnte. Das machte den Betrunkenen so wütend, dass er den Metallpfosten inmitten des Abteils packte und ihn aus seiner Verankerung zu lösen versuchte. Ich bemerkte, dass eine seiner Hände blutete. Der Zug fuhr weiter, und die Passagiere waren gelähmt vor Angst. Ich stand auf.

Damals, vor zwanzig Jahren, war ich noch jung und gut trainiert. Seit drei Jahren absolvierte ich fast täglich ein gut dreistündiges Aikido-Training. Ich fühlte mich einer Schlägerei durchaus gewachsen. Und ich hielt mich für einen harten Burschen. Das Dumme war nur, dass ich meine kämpferischen Fähigkeiten noch nie im richtigen Leben ausprobiert hatte. Eigentlich war es uns Aikido-Schülern verboten zu kämpfen.

»Aikido«, so hatte mein Lehrer immer wieder betont, »ist die Kunst der Versöhnung. Wer dabei an Kampf denkt, zerstört seine Verbindung mit dem Universum. Wenn man versucht, Menschen zu beherrschen, ist man schon besiegt. Wir lernen hier, wie man einen Konflikt beilegt, nicht, wie man ihn anfängt.«

Ich hörte auf seine Worte und bemühte mich in der Regel sehr, seinen Rat zu befolgen. Ich wechselte sogar die Straßenseite, um die Kriminellen und Punks zu umgehen, die an den Bahnhöfen herumlungerten. Ich war von meiner eigenen Duldsamkeit begeistert und fühlte mich gleichzeitig hart im Nehmen und heilig. Tief im Herzen jedoch wünschte ich mir eine Gelegenheit, in der es absolut legitim war, die Schuldigen zu zerstören, um die Unschuldigen zu retten.

*Und jetzt ist diese Gelegenheit da!*, dachte ich nun bei mir und erhob mich. *Die Leute hier sind in Gefahr, und wenn ich nicht schnell etwas unternehme, wird wahrscheinlich jemand verletzt.*

Der Betrunkene sah mich aufstehen und hatte nun endlich eine Zielscheibe für seine Wut gefunden. »Aha!«, brüllte er. »Ein Fremder! Sie brauchen wohl ein paar Nachhilfestunden in japanischen Manieren!«

Ich hielt mich leicht am Haltegriff fest und warf ihm bedächtig einen ebenso geringschätzigen wie angeekelten Blick zu. Ich wollte diesen Kerl auseinandernehmen, aber er musste den ersten Schritt tun. Ich wollte, dass er vor Zorn raste, also schürzte ich die Lippen und warf ihm einen provozierenden Luftkuss zu.

»Okay!«, brüllte er. »Dir werde ich eine Lektion erteilen.« Und dann brachte er sich in Stellung für seinen Angriff auf mich.

Da plötzlich rief jemand: »Hey!« In dieser angespannten Situation klang es erschreckend laut. Ich erinnere mich an den seltsam fröhlichen, trällernden Unterton – wie jemand, der mit seinem Freund zusammen lange nach etwas Bestimmtem gesucht hat und sich freut, als der andere fündig wird: »Hey!«

Ich wirbelte nach links; der Betrunkene drehte sich nach rechts. Wir starrten einen kleinen, alten Japaner an. Er musste so um die siebzig sein, dieser winzige Mann in seinem makellosen Kimono. Er schenkte mir keinerlei Beachtung, aber den Arbeiter strahlte er voller Entzücken an, als ob er mit ihm ein höchst wichtiges und höchst willkommenes Geheimnis teilen wollte.

»Komm mal her«, sagte der alte Mann mit leichtem Dialekt und winkte den Betrunkenen zu sich herüber. »Komm her und red mit mir.« Er winkte noch einmal.

Der große Mann ging zu ihm hinüber, als ob er von einem unsichtbaren Band gezogen würde. Angriffslustig pflanzte er sich vor dem Alten auf und übertönte mit seinem Gebrüll erneut das Klappern der Räder. »Warum zum Teufel sollte ich mit Ihnen reden?« Der Betrunkene wandte mir nun den Rücken zu. Wenn sich sein Ellbogen nur einen Millimeter in meine Richtung bewegt hätte, hätte ich ihn niedergebügelt.

Der alte Mann strahlte den Arbeiter immer noch an.

»Was hast du getrunken?«, fragte er hochinteressiert und mit blitzenden Augen. »Sake«, bellte der Arbeiter. »Aber das geht dich gar nichts an!« Ein paar Speicheltropfen spritzten auf den alten Mann.

»Oh, prima«, sagte der Alte. »Das ist ja fein. Weißt du, ich trinke auch gern Sake. Jeden Abend wärmen meine Frau und ich (sie ist 76, weißt du) uns ein Fläschchen Sake auf und nehmen es mit hinaus in den Garten. Da setzen wir uns dann auf eine alte Holzbank. Wir betrachten den Sonnenuntergang und schauen uns unseren Dattelpflaumenbaum an. Den hat nämlich schon mein Urgroßvater gepflanzt, und wir fragen uns, ob er sich von den Winterstürmen des letzten Jahres erholen wird. Immerhin hatte er sich besser entwickelt, als ich erwartet hatte, besonders wenn man die schlechte Bodenqualität bedenkt. Es ist sehr befriedigend, ihn anzuschauen und dabei unseren Sake zu trinken. Überhaupt lieben wir es, da draußen zu sitzen und den Abend zu genießen – sogar bei Regen!« Er zwinkerte dem Arbeiter zu.

Der musste sich anstrengen, dem Redefluss des alten Mannes zu folgen, und seine Züge wurden weicher. Seine Fäuste entspannten sich. »Ja«, sagte er. »Ich liebe Dattelpflaumen auch …« Seine Stimme erstarb.

»Ja«, antwortete der alte Mann lächelnd. »Und ich bin überzeugt, dass du ebenfalls eine wunderbare Frau hast.«

»Nein«, antwortete der Arbeiter. »Meine Frau ist gestorben.« Und der große Mann begann ganz leise zu schluchzen und schwankte mit der Bewegung des Zuges sanft hin und her. »Ich hab keine *Frau*. Ich hab kein *Haus*. Ich hab keinen *Job*. Ich *schäme* mich so für mich selbst.« Tränen rannen seine Wangen hinab; verzweifeltes Weinen schüttelte seinen Körper.

Und jetzt war es an mir, mich zu schämen. Da stand ich nun, in meiner blank geputzten Unschuld und meiner Mach-diese-

Welt-sicher-für-die-Demokratie-Selbstgerechtigkeit und fühlte mich plötzlich schmutziger, als er es war.

Der Zug hielt an meiner Haltestelle. Die Türen öffneten sich, und ich hörte den alten Mann noch mitfühlend vor sich hin glucksen: »Ach du je«, sagte er. »Du bist aber wirklich in einer schlimmen Lage. Komm, setzt dich zu mir und erzähl mir alles.«

Ich drehte mich um, um einen letzten Blick auf die beiden zu erhaschen. Der Arbeiter hatte sich auf dem Sitz ausgestreckt, sein Kopf ruhte im Schoß des alten Mannes. Der Alte streichelte sanft das schmutzige, verfilzte Haar.

Der Zug fuhr davon, und ich setzte mich erst einmal auf eine Bank. Was ich mit Muskelkraft hatte bewirken wollen, war mit netten Worten geleistet worden. Ich war soeben Zeuge des richtigen Einsatzes von Aikido in Auseinandersetzungen geworden: Das Wesen dieser Kampfsportart war die Liebe. Ab sofort würde ich diese Kunst mit einem vollkommen anderen Geist praktizieren müssen. Und es würde noch lange dauern, bevor ich Konflikte auf friedliche Weise würde lösen können.

Diese außergewöhnliche Geschichte illustriert eine alltägliche Möglichkeit: die überraschende Macht des Respekts. Der alte Mann benutzt ein paar einfache Gesten, um dem anderen seine Achtung zu schenken: Er ist aufmerksam, hört zu, zeigt Anerkennung und gibt Bestätigung. Dadurch gelingt es ihm, einen vermeintlich gefährlichen Menschen zu entwaffnen und Nein zur Gewalt zu sagen. Diese Macht des Respekts steht auch uns zur Verfügung.

Achtung ist eine positive Gesinnung, die jeder von uns jederzeit annehmen kann. Sie beginnt mit Selbstachtung.

## Fangen Sie mit Selbstachtung an

Um unsere Mitmenschen respektieren zu können, müssen wir erst lernen, uns selbst zu achten, denn nur dann kann unser Respekt für andere aufrichtig und tief empfunden sein. Das gelassene Selbstvertrauen des älteren Herrn im Zug, ebenso wie seine Bereitschaft, einem vollkommen Fremden – der zu allem Überfluss noch potentiell gewalttätig war – von seinem Privatleben zu erzählen, zeigt, wie sehr dieser Mann sich selbst achtete. Selbstachtung schafft den emotionalen und mentalen Raum, der es uns gestattet, den anderen wirklich wahrzunehmen. Deshalb geht es bei dem allerersten Schritt zum Positiven Nein – bei der Offenlegung unseres Ja – auch im Wesentlichen um Selbstachtung.

Zuallererst einmal müssen Sie sich selbst positive Aufmerksamkeit schenken – Ihren Gefühlen, Interessen und Ihren Bedürfnissen. Dann gehen Sie dazu über, den anderen zu respektieren. Sie erweitern Ihren Radius der Achtung, indem Sie ihn als Mitmenschen wahrnehmen, der ebenfalls Gefühle, Interessen und Bedürfnisse hat.

Respekt in dem Sinne, wie ich den Begriff hier benutze, muss nicht durch Wohlverhalten erworben werden; jeder Mensch hat ihn verdient, einfach nur, weil er menschlich ist. Sogar erbitterte Gegner können unter schwierigen Umständen diese grundlegende Art der Achtung füreinander aufbringen. Im Zweiten Weltkrieg beispielsweise unterzeichnete der britische Premierminister Winston Churchill eine Kriegserklärung an den japanischen Botschafter mit den typischen viktorianischen Schnörkeln:

*»Ich verbleibe, Herr Botschafter, mit dem Ausdruck meiner Hochachtung, Ihr ergebener Diener*
*Winston S. Churchill«*

Churchills Ansicht dazu war eindeutig: »Manchem sagte diese zeremonielle Wahrung der Form nicht zu. Wenn man aber schon jemanden umbringen muss, kostet es nichts, höflich zu bleiben.«

Churchill wusste, dass Achtung kein Zeichen für Schwäche oder Unsicherheit ist, sondern im Gegenteil aus Stärke und Selbstvertrauen erwächst. Achtung vor dem anderen entstammt direkt der Achtung für sich selbst. Sie zollen dem anderen Respekt, nicht um *seinetwillen*, sondern um *Ihrer selbst* willen. *Respekt und Achtung sind ein Ausdruck Ihrer Persönlichkeit und Ihrer Werte.*

## Schauen Sie zweimal hin

Einem Menschen Respekt oder Achtung zu erweisen, bedeutet *nicht* automatisch, dass Sie ihm persönliche Sympathie entgegenbringen – oft genug ist das Gegenteil der Fall. Es bedeutet auch *nicht*, dass Sie tun, was der andere will – auch hier trifft oft eher das Gegenteil zu. Wenn Sie jemandem Achtung entgegenbringen, so *gestehen* Sie ihm einen *Wert* als Mensch zu, genauso wie Sie selbst von Ihren Mitmenschen wertgeschätzt werden wollen. Der alte Japaner im Zug maß dem Arbeiter Wert bei.

Der Begriff Respekt stammt aus dem Lateinischen. Die Vorsilbe *re* steht für »wieder« und *spectare* bedeutet »ansehen«. Jemanden zu respektieren bedeutet mit anderen Worten, noch einmal genau hinzuschauen oder ihn zu »achten« im Sinne von aufmerksam beachten. Diese Aufmerksamkeit oder Achtsamkeit hilft Ihnen, einen zweiten Blick zu werfen und hinter dem aggressiven Verhalten oder der unangemessenen Forderung die menschliche Seite zu erkennen.

Indem wir den anderen respektieren, verschaffen wir uns selbst die Gelegenheit, jemanden, den wir aus Angst und Zorn gar nicht richtig wahrgenommen haben, noch einmal genau in Augenschein zu nehmen. Wir lernen, das wahre Wesen unserer Mitmenschen zu erkennen, ihren Bedürfnissen zu lauschen und nach dem Ausschau zu halten, was in ihrem tiefsten Inneren vor sich geht. Respektiert zu werden, bedeutet, gesehen und gehört zu werden – und diese Chance verdient ein jeder von uns.

Vielleicht *empfinden* wir im Augenblick für den anderen weder Achtung noch Respekt. Und obwohl wir wenig Einfluss auf unsere Gefühle haben, so haben wir doch Einfluss auf unser Verhalten. Grundlegender Respekt beginnt mit konkreten *Verhaltensweisen* wie Zuhören und Anerkennen, was letztlich tatsächlich zu einem echten Gefühl der Achtung führen kann (oder auch nicht). Das Wichtigste ist zunächst einmal, respektvoll zu *handeln*, egal, wie Sie empfinden.

## Respektieren Sie andere um *Ihrer* selbst willen

Manchmal haben wir vielleicht gar keine Lust, dem anderen unsere Achtung zu schenken. »Nachdem er mir das angetan hat? Auf gar keinen Fall! Warum sollte ich?« Vielleicht haben wir das Gefühl, dass ausgerechnet dieser Mensch unseren Respekt gar nicht verdient hat, besonders, wenn er uns geringschätzig behandelt. Derlei Gefühle sind vollkommen natürlich. Deshalb ist es auch so wichtig, dass wir verstehen, dass die Achtung vor unserer Umwelt unseren *eigenen* Interessen dient.

»Wenn ich es mit einem bewaffneten Kriminellen zu tun habe, lautet meine Faustregel: Immer höflich bleiben«, erklärt Dominick Misino, der im Laufe seiner Karriere beim New Yorker Police Department bei mehr als zweihundert Geiselnahmen einschließlich einer Flugzeugentführung die Verhandlungen führte, ohne dass jemand ums Leben kam. »Das klingt abgedroschen, ich weiß, aber es ist sehr wichtig. Oft sind die Menschen, mit denen ich es zu tun habe, extrem gewaltbereit. Das liegt an ihrem hohen Maß an Angst: Ein bewaffneter Räuber, der sich in einer Bank verbarrikadiert hat, ist im Fliehen-oder-Kämpfen-Modus. Um die Situation zu entschärfen, muss ich versuchen zu verstehen, was in seinem Kopf vor sich geht. Der erste Schritt dazu besteht darin, ihm meinen Respekt zu zeigen, wodurch ich ihm Aufrichtigkeit und Verlässlichkeit demonstriere.«

Verhandlungsführer bei Geiselnahmen wie Misino haben sich aufs Nein-Sagen spezialisiert. Sie können den Forderungen eines Geiselnehmers nicht nachgeben. Ihre Aufgabe besteht also darin, Nein zu sagen und trotzdem zum Ja zu gelangen – nämlich zu der sicheren Freilassung der Geiseln und der friedlichen Kapitulation des Geiselnehmers. Der erste und wichtigste Schritt besteht darin, dem Gewalttäter Achtung und Respekt entgegenzubringen.

Der offensichtlichste Grund, warum man seinen Mitmenschen Respekt zeigen sollte, ist der, dass *es funktioniert.* Im Rahmen meiner eigenen Arbeit als Vermittler bei Völkerkriegen musste ich mich immer wieder mit Anführern auseinandersetzen, an deren Händen Blut klebte. Ich billige ihr Verhalten nicht, vielleicht mag ich sie persönlich noch nicht einmal, aber wenn ich will, dass sie ein Nein zur Gewalt akzeptieren – um Waffenstillstandsvereinbarungen treffen zu können und das Leben von Kindern retten zu können –, gibt es, wie ich herausgefunden habe, nur einen Weg, der zum Erfolg führt: Ich muss respektvolles Verhalten zur Grundlage meiner Beziehung zu diesen Menschen machen.

Unser Gegenüber wird uns viel mehr Beachtung schenken, wenn wir zuerst *ihm* Beachtung schenken; andere werden uns wahrscheinlich viel eher zuhören, wenn wir zuerst *ihnen* zuhören. Kurz: Sie werden uns und unsere Interessen viel eher respektieren, wenn wir *sie und die ihren* respektieren.

»Bei meinen Schülern verfolge ich einen strengen Grundsatz«, sagt Celia Carrillo, eine engagierte Lehrerin an einer Schule in einer sozial- und einkommensschwachen Gegend. »Um diesen Grundsatz durchzusetzen, brauche ich etwa zwei bis vier Wochen zu Beginn eines jeden Schuljahres. Ich stelle die Regel auf, dass niemand seine Mitschüler beschimpfen darf. Ich trichtere ihnen ein, was das Wichtigste ist: Respekt, Respekt, Respekt. Ich bin davon überzeugt, dass meine Kinder mich umso mehr achten, je mehr ich sie respektiere, darin sind sie alle gleich. Ich will keineswegs behaupten, dass ich die besten Schüler überhaupt habe, aber nach ihrem Abschluss finden sie meist problemlos einen Ausbildungsplatz. Sie werden mit offenen Armen aufgenommen, denn sie haben Respekt und Manieren gelernt. Kinder hungern oft förmlich nach Zuneigung und Achtung. Sie sind so sehr daran gewöhnt, von ihren Freunden oder Eltern angeschrien zu werden, dass sie mit großer Überraschung reagieren, wenn jemand sie anständig behandelt. Sie wissen es zu schätzen und sie lernen, anderen ihrerseits ebenfalls Achtung entgegenzubringen.«

Denken Sie daran, dass Ihr Gegenüber Ihr Nein wahrscheinlich gar nicht hören will. Durch eine respektvolle Behandlung ist er für Ihre Botschaft vielleicht trotzdem empfänglich. Er kann sie besser verstehen, statt sie von vornherein in Bausch und Bogen zu verdammen. Respekt kann die Intensität einer negativen Reaktion reduzieren und die Chance einer günstigen Antwort erhöhen. *Je mächtiger Ihr beabsichtigtes Nein, umso mehr Achtung sollten Sie dem anderen erweisen.*

»Sie hören uns nur deshalb zu, weil wir das tun, was sie sich am meisten wünschen: Wir respektieren sie«, sagte ein Mitglied der muslimischen Gemeinschaft in Frankreich, der bei den jugendlichen muslimischen Chaoten im November 2005 als Vermittler auftrat. »Wenn man ihnen Achtung entgegenbringt, behandeln sie einen ebenfalls respektvoll … Wir begaben uns mitten zwischen die feindlichen Fronten, und viele Jugendliche hörten uns zu. Am nächsten Tag wurde viel weniger Schaden angerichtet als an den Abenden zuvor.«

Achtung kann eine kurzfristige Verbindung zu dem anderen herstellen, aber auch zum Aufbau einer langfristigen Beziehung beitragen. Im Rahmen einer von Achtung geprägten Beziehung können wir den anderen erheblich stärker beeinflussen. Respekt ist wie ein Guthaben aus persönlichem gutem Willen, das man auf der Bank hinterlegt. Wenn man mit einer schwierigen Situation konfrontiert wird, kann man etwas davon abheben.

Respekt ist das preiswerteste Zugeständnis, das Sie dem anderen machen können. Er kostet Sie wenig und bringt viel Gewinn. Wahrscheinlich ist es kein Zufall, dass der weltweit erfolgreiche Automobilhersteller Toyota den Respekt – für Angestellte, Geschäftspartner und natürlich Kunden – zu einem seiner Kernprinzipien erkoren hat.

*Kurz gesagt: Respekt ist der Schlüssel, der das Tor zum Geist und zum Herzen Ihres Gegenübers öffnet.* Sagen Sie sich dabei nicht, dass Sie *dem anderen* einen Gefallen tun, sondern *sich selbst* – denn letztlich kann er dazu beitragen, dass *Ihre* Bedürfnisse befriedigt werden. Ein respektvoller Umgang miteinander ist nicht nur sinnvoll, weil es richtig ist, sondern auch, weil es *wirkungsvoll* ist. Respektieren Sie den anderen um *Ihrer* selbst willen.

Es gibt zwei Hauptwege, um Ihre positive Haltung des Respekts zu demonstrieren: Zuhören und Anerkennung.

## HÖREN SIE AUFMERKSAM ZU

Der vielleicht einfachste Weg, um dem anderen Ihre Achtung zu erweisen, besteht darin, ihm mit positiver Aufmerksamkeit zuzuhören. Versuchen Sie genau herauszufinden, was der andere Ihnen zu vermitteln versucht. Achten Sie auf seine eigentlichen Interessen und Bedürfnisse. Denken Sie daran, dass Gott uns aus gutem Grund zwei Ohren und einen Mund geschenkt hat.

Vor vielen Jahren war ich bei einer Radio-Talkshow zu Gast. Eine Anruferin fragte um Rat, wie sie mit ihrem fünfjährigen Sohn umgehen sollte, der sie schier zur Verzweiflung brachte. »Er hört mir einfach nicht zu! Was kann ich tun?« Ich dachte einen Augenblick lang nach und fragte die Anruferin: »Na ja, hören *Sie* ihm denn zu?« Am anderen Ende der Leitung entstand eine Pause, bevor sie antwortete: »Nein, aber …«

Wenn der andere Sie beleidigt hat, haben Sie wahrscheinlich gar keine Lust, genau auf seine Worte zu achten. »Warum sollte ich?«, denken sie vielleicht. »Er sollte lieber *mir* zuhören!« Aber das können Sie nur erwarten, wenn Sie mit gutem Beispiel vorangehen. Im Rahmen des Positiven Nein kann Zuhören eine höchst effektive Methode sein, um den anderen dazu zu bringen, *Ihre* Botschaft zu verstehen.

Bei zähen Verhandlungen zwischen Gewerkschaft und Firmenleitung, die direkt in die Sackgasse eines destruktiven Streiks zu münden drohten, beschloss der Gewerkschaftsvertreter, einen neuen Ansatz zu verfolgen, bevor er dem Management sein Nein entgegensetzte. Statt dessen Klagen über die wirtschaftliche Misere mit ähnlichen Tiraden zu beantworten, hörte er einfach nur zu. Er schenkte den Worten der Firmenleitung aufrichtige Aufmerksamkeit. Er stellte viele Fragen. Seine Kontrahenten reagierten verblüfft – das war noch nie passiert. Nach eigener Aussage hatten sie plötzlich das Gefühl, dass man ihnen zuhörte und sie respektierte. Sie benutzten genau dieses Wort – *respektieren*. Im Gegenzug begannen auch sie, den Gewerkschaftsvertretern mehr Aufmerksamkeit zu schenken. Diese überraschende Übung in gegenseitigem Zuhören erwies sich als der Wendepunkt der Verhandlungen. Der verheerende Streik, der allgemein erwartet wurde, konnte verhindert werden. Es ist zwar nicht ganz einfach, wirklich zuzuhören, aber es lohnt sich.

Zeigen Sie Ihre Achtung vor dem anderen, indem Sie ihn zu Wort kommen lassen. Vermeiden Sie Unterbrechungen. Im Gegenteil: Wenn der andere fertig ist, überraschen Sie ihn auf positive Weise mit der Frage, ob er möglicherweise noch weitere Anmerkungen zu machen hat. Es ist bemerkenswert, wie viel nützliche Information man durch einfaches Zuhören erhalten kann und wie viel effektiver Ihr Nein dadurch werden kann.

## Hören Sie zu, um zu verstehen, nicht, um zu widerlegen

In schwierigen Situationen hören wir häufig nur zu, um die Worte des anderen zu widerlegen. Wir betrachten unser Gespräch als Debatte, in der wir Punkte sammeln können. Bei einem Streitgespräch ist das sicher angemessen, aber mit echtem Zuhören hat es nur wenig zu tun. Hier liegt das Hauptaugenmerk nicht darauf, die Worte des anderen zu hören oder im Kopf zu behalten, sondern es geht vielmehr darum, ihre eigentliche Bedeutung zu erfassen.

»Unsere wahre Philosophie lautet: ›Rede mit mir‹«, erklärt Hugh McGowan, der bei zahlreichen Geiselnahmen als Verhandlungsführer eingesetzt wurde. »Sie lautet nicht: ›Ich bin am Telefon, also hör mir gefälligst zu, und lass jetzt sofort die Waffe fallen, sag ich dir! Bum, bum, Klappe zu, Affe tot.‹ Darum geht es uns nicht. Vielmehr lautet die Botschaft: »Sehr geehrter Herr Geiselnehmer, Herr verbarrikadiertes Individuum, bitte teilen *Sie* mir mit, wo genau das Problem liegt. Was ist los? Was können wir unternehmen, um Ihnen in Ihrer Situation zu helfen? Reden Sie mit mir.«

Genau wie die Verhandlungsführer bei der Polizei Ihr Nein dadurch beginnen, dass sie dem Geiselnehmer zuhören, so verschaffen auch Sie Ihrem Nein einen guten Start, wenn Sie sich in die Lage Ihres Gegenübers versetzen. Wenn Sie verstehen, wie er die jeweilige Situation empfindet, können Sie ihn oft viel besser beeinflussen und überreden, Ihrem Vorschlag zu folgen.

Genau wie Sie die Motive für Ihr eigenes Nein erkundet und Ihre eigentlichen Interessen, Bedürfnisse und Werte erforscht haben, so können und sollten Sie es auch bei dem anderen handhaben. Fragen Sie sich, welche tatsächlichen Interessen hinter seiner Bitte oder Forderung stehen. Welche Bedürfnisse könnten seinem problematischen Verhalten zugrunde liegen? Lassen Sie bei Ihrer Suche nach Antworten nicht locker. Vielleicht können Sie die Interessen Ihres Gegenübers ja nicht immer befriedigen, aber sie zu verstehen und ernsthaft zu berücksichtigen, ist eine wichtige Voraussetzung, damit der andere Ihr Nein akzeptiert und die Beziehung zu ihm nicht leidet.

Möglicherweise befürchten Sie, dass es Ihre Urteilskraft und Entschlossenheit schwächt, wenn Sie sich in die Lage des anderen versetzen. Aber selbst wenn es sich um Ihren Todfeind handelt, denken Sie immer an die goldene Regel der Kriegsführung: Lerne deinen Feind genau kennen!

Während seiner Inhaftierung lernte Nelson Mandela als Erstes Afrikaans, die Sprache seiner Feinde. Viele seiner Anhänger waren überrascht, ja sogar schockiert, aber er ließ sich nicht beirren und forderte sie auf, es ihm gleichzutun. Anschließend befasste Mandela sich intensiv mit der Geschichte der Afrikaner und der Tragödie des Burenkrieges, wobei er ein grundlegendes Verständnis für ihren psychologischen und kulturellen Hintergrund entwickelte. Tatsächlich lernte er dadurch, die Afrikaner aus ganzem Herzen zu respektieren – wegen ihres Strebens nach Unabhängigkeit, wegen ihrer religiösen Hingabe und wegen ihres Mutes im Kampf. Dieses Verständnis für die andere Seite erwies sich später als enorm hilfreich, als er die Regierung davon überzeugen wollte, sein unverblümtes Nein zu dem grausamen und ungerechten System der Apartheid zu akzeptieren.

### Stellen Sie klärende Fragen

Wenn Sie nicht wissen, warum der andere etwas Unangemessenes von Ihnen verlangt oder sich nicht korrekt verhält, sollten Sie sich nicht aufs Raten verlegen, sondern konkrete Fragen stellen. Formulierungen wie: »Worin liegt das Problem?« oder »Können Sie mir helfen, Ihre Bedürfnisse besser zu verstehen?« sind dabei sehr hilfreich.

Stellen Sie sich vor, Sie müssten einer spezifischen Anforderung Ihres Hauptkunden mit Nein begegnen. Mit diesem Dilemma sahen sich die Software-Entwickler einer großen, bekannten Computerfirma konfrontiert, deren Kunde permanent Lösungen verlangte, die auf seine spezifischen Geschäftsprozesse abgestimmt waren. Der Grund dafür lag darin, dass die Entscheidungsträger nur über ein begrenztes Verständnis der Software-Technologie verfügten. Lange Zeit sagten die Entwickler Ja, weil sie guten Kundendienst bieten wollten, aber die Lösungen erwiesen sich als zu zeitaufwendig und teuer. Der Kunde war unzufrieden, und das Management der IT-Firma beklagte die Höhe der Kosten. Doch ein unverblümtes Nein hätte den Kunden ausgesprochen unglücklich gemacht.

Dann entdeckte das Software-Team die Vorzüge der Frage »Warum?«, durch die man die eigentlichen Bedürfnisse des Kunden herausfinden konnte. So stellte man beispielsweise die Frage: »Warum kann diese oder jene Funktion Ihnen helfen?« Zuerst reagierte der Kunde zögerlich. Man war es nicht gewohnt, mit Technikexperten über wirtschaftliche Bedürfnisse zu reden. Aber als man entdeckte, dass bereits diverse Programmfunktionen existierten, die für die eigenen Zwecke rekonfiguriert werden konnten – was sowohl Bearbeitungszeit als auch Kosten drastisch reduzierte –, zeigte man sich gleich viel aufgeschlossener. Und genau darin besteht die Macht der klärenden Fragen.

Manchmal liegt unserem Nein einfach ein Missverständnis zugrunde, oder uns sind nicht sämtliche Fakten bekannt. Eine Methode, um Ihrem Gegenüber Achtung zu erweisen, besteht darin, immer das Günstigste von ihm anzunehmen – bis Sie die Fakten durch klärende Fragen überprüft haben.

## ERKENNEN SIE DEN ANDEREN AN

Zuhören und Fragen sind ein guter erster Schritt, aber oft muss man weitergehen. In der Wirtschaft und in der Politik ebenso wie zu Hause nehmen die Menschen letztlich alles persönlich. Wenn

Sie den anderen Menschen nicht zuerst anerkennen – egal, wie Sie das Verhalten des Betreffenden bewerten –, können Sie nicht von ihm erwarten, dass er Ihr Nein hört, versteht und akzeptiert. Wenn Sie erreichen wollen, dass Ihr Gegenüber Ihr Nein annimmt, statt mit Vergeltung zu reagieren, müssen Sie alles daransetzen, damit es nicht als persönliche Zurückweisung verstanden wird. Dazu bedarf es einer zweifachen Botschaft: Sie sagen Nein zu dem problematischen Ansinnen oder Verhalten und Ja zu dem Menschen.

Anerkennung bedeutet *nicht*, dem anderen zuzustimmen. Es bedeutet auch *nicht*, irgendwelche substantiellen Zugeständnisse zu machen. Es bedeutet auch *nicht*, den anderen zu schätzen. Es bedeutet einfach nur *Erkennen*. Alle Menschen haben das grundlegende Bedürfnis, erkannt zu werden. Anerkennung bedeutet, den anderen nicht als Niemand, sondern als Jemand zu behandeln, als Mitmenschen, der existiert und der ebenso Bedürfnisse und Rechte hat wie jeder andere auch. *Anerkennung ist somit wahrscheinlich das Wesen des Respekts.*

In einer angespannten Situation ist es natürlich und üblich, den anderen nicht anzuerkennen. Bei einer hitzigen Debatte zwischen den Anführern des Venezuela-Konflikts, der ich im Rahmen meiner Vermittlungsbemühungen beiwohnte, intervenierte der Rektor der Katholischen Universität von Caracas mit folgender energischer Äußerung: »Lassen Sie uns erst einmal drei Dinge klarstellen«, verkündete er. »Erstens: Der andere existiert. Zweitens: Die Interessen des anderen existieren. Und drittens: Die Macht des anderen existiert.« Damit traf er ins Schwarze, denn das Fehlen grundlegender gegenseitiger Anerkennung war ein zentrales Hindernis auf dem Weg zum Fortschritt in Venezuela. Die drei Merksätze des Monsignore sollte jedermann im Kopf behalten, der in einen Konflikt verwickelt ist, egal ob groß oder klein.

Rufen wir uns das Vorgehen von Bob Iger ins Gedächtnis, des Geschäftsführers der Disney Corporation und Nachfolgers von

Michael Eisner, als er das Aufbegehren seiner Aktionäre in den Griff zu bekommen versuchte. Walt Disneys Neffe, Roy Disney, war frustriert und wütend über Eisners Firmenpolitik ebenso wie über seine persönlichen Angriffe. Gemeinsam mit dem Investor Stanley Gold trat er vom Disney-Vorstand zurück und initiierte eine Web-Kampagne gegen Eisner. Diese hatte zur Folge, dass erschreckende 45 Prozent der Aktionäre bei der Jahreshauptversammlung ihn nicht zum Vorsitzenden wählten. Als dann Iger, Eisners bevorzugter Kandidat, zum CEO gewählt wurde, verklagten Roy Disney und Stanley Gold die Direktoren der Firma und warfen ihnen Wahlmanipulation vor. Igers erste Amtshandlung, nachdem er den Top-Job bekommen hatte, bestand deshalb darin, Roy Disney einen persönlichen Besuch abzustatten und ihn zu bitten, als Berater für die Firma tätig zu sein und den Titel Direktor im Ruhestand zu tragen. Mit anderen Worten, er erkannte die Sorgen Roy Disneys an und betonte den Wert seiner langjährigen, loyalen Dienste, die er der Firma erwiesen hatte. Roy Disney erklärte sich einverstanden, das Aufbegehren der Aktionäre zu beenden und die Website zurückzuziehen. »Mr. Iger musste nicht *mehr* tun, als Mr. Disney seine Achtung zu erweisen«, schrieb der *Economist* darüber. Mit etwas Respekt kann man eine Menge erreichen.

### Erkennen Sie den Standpunkt des anderen an

Eine Methode, um die andere Person anzuerkennen, besteht darin, ihren Standpunkt anzuerkennen – ohne zuzustimmen.

So könnten Sie auf die Forderung des anderen folgendermaßen antworten: »Ich verstehe Ihr Problem. Ich kenne das selbst ebenfalls. *Und* ich kann Ihrer Bitte leider nicht nachkommen.« Oder Sie können für eine Einladung danken. »Ich freue mich sehr, dass Sie an mich gedacht haben. Bedauerlicherweise habe ich keine Zeit.«

Wenn Sie auf das unangemessene Verhalten eines anderen reagieren, können Sie zunächst einmal zu seinen Gunsten entscheiden. Wenn jemand in Ihrem Büro raucht, dann kann es nicht schaden, zunächst einmal davon auszugehen, dass der Betreffende die Regeln im Büro nicht genau kennt, bevor man ihn bittet, das Rauchen zu unterlassen: »Das ›Bitte nicht rauchen‹-Schild ist schwer zu sehen. Dürfte ich Sie bitten, draußen zu rauchen?« Auch wenn Ihr Gegenüber das Schild gesehen hat, hilft ihm dieser Ansatz, das Gesicht zu wahren, und gibt ihm eine zweite Gelegenheit, sich anders zu verhalten.

Wenn Sie sich in die Lage des anderen hineinversetzen, so können Sie eine bessere Verbindung zu ihm schaffen und Ihr Nein besser vermitteln. Schauen wir uns die Reaktion einer Frau an, die ihren kleinen Neffen mit einem entzündeten Streichholz ertappte. »Ah! Du hast es geschafft! Es brennt! Weißt du eigentlich, wie lange die Menschheit benötigt hat, um zu entdecken, wie man Feuer macht?«, rief sie aus. Doch dann erklärte sie mit fester Stimme, warum er nie wieder mit Streichhölzern spielen sollte: »Jetzt weißt du ja, wie es geht, und ich möchte, dass du mir versprichst, dass du es nicht wieder tust. Es ist gefährlich, und das Haus kann dadurch abbrennen.« Statt gleich mit Furcht und Zorn zu reagieren, wie es leicht hätte passieren können, stellte sie mit ihm und seiner Freude über das Streichholz eine Verbindung her. *Dann* erst sagte sie Nein.

## Zeigen Sie dem anderen, dass Sie ihn schätzen

Eines Tages nahm der Kommandeur eines US-Marinestützpunkts an einem meiner Harvard-Seminare teil. Er war den weiten Weg von seinem Stützpunkt in Japan gekommen, weil er seine Verhandlungstechniken verbessern wollte. Am Ende des Kurses sagte er mir, dass die Lektion, die ihn am meisten verblüfft habe, die Bedeutung des Respekts gewesen sei. Plötzlich sei ihm klar geworden, dass er deshalb so viele Probleme im Umgang mit seinem halbwüchsigen Sohn hatte, weil er seinem Sohn nicht genug Achtung entgegenbrachte.

Er beschloss, es in Zukunft besser zu machen und seinem Sohn zu zeigen, wie sehr er ihn schätzte und seinen Standpunkt respektierte, sogar während ihrer Auseinandersetzungen.

Wenn Ihr Nein zu Spannungen in der Beziehung führt, kann es hilfreich sein, diese Beziehung zunächst zu bestätigen. Einer meiner Freunde trennte sich auf Probe von seiner Partnerin. Die Spannungen waren so stark, dass die beiden noch nicht einmal über heikle finanzielle Themen reden konnten. Er stellte fest, dass es oft hilfreich war, zunächst die Beziehung zu bestätigen, bevor man sich über problematische Dinge unterhielt. Außerdem erwies es sich als sinnvoll, kleine Dinge zusammen zu tun, wie zum Beispiel gemeinsam mit ihrer Tochter eine Mahlzeit für die Familie zuzubereiten, denn das erinnerte beide daran, was sie miteinander verband.

Den Wert des anderen zu bestätigen, kann auch langfristig positive Folgen haben, denn es kann Widersacher dazu bringen, eine wirklich respektvolle Beziehung zueinander zu entwickeln. Das illustriert der Bericht von Danna Smith, die eine ökologische Kampagne gegen Staples, den Büromateriallieferanten, ins Leben rief, weil dieser Papierprodukte aus alten Baumbeständen verkaufte: »Während unserer Umweltkampagne legten wir großen Wert auf ein konstruktives Verhältnis zu den Entscheidungsträgern. Wir bemühten uns sehr, ihnen verständlich zu machen, dass wir in der Sache zwar hart bleiben wollten, dass wir aber die Menschen, die in der Firma arbeiteten, schätzten und wussten, dass es nicht ihre persönliche Absicht war, die Wälder zu zerstören.«

Für Umweltgruppierungen, die Geschäftsleute eher als Feinde zu betrachten pflegen, war dies ein ungewöhnlicher Kurs. Aber gerade dieser respektvolle Ansatz führte letztlich zum Erfolg: Man konnte Staples davon überzeugen, umweltfreundlichere Produktionsverfahren einzuführen. Oder, um es mit den Worten von Joe Vassalluzzo, dem stellvertretenden Aufsichtsratsvorsitzenden von Staples, zu formulieren: »Die ursprünglich äußerst verfahrene

Situation hat sich deutlich entspannt. Ich will damit nicht behaupten, dass ich mit allem einverstanden bin, aber durch die verbesserte Kommunikation verbesserte sich auch der Gedankenaustausch. Die Differenzen bleiben bestehen, aber in einem deutlich kooperativeren und positiveren Klima. Die Haltung beider Seiten hat sich zum Besseren gewandelt.« Und genau das kann ein bisschen Respekt bewirken.

## Überraschen Sie Ihr Gegenüber durch Anerkennung

Unterschätzen Sie nicht die Macht, die Sie besitzen, wenn Sie den anderen mit einer Geste der Anerkennung überraschen.

Dies illustriert die Geschichte von Troy Chapman, mit dem ich während seiner langjährigen Haftstrafe in einem Bundesgefängnis korrespondierte. Chapman berichtet, wie ein Mann ihn »vom Bürgersteig wegzudrängen versuchte. Das ist nichts Ungewöhnliches, denn im Gefängnis versuchen die gleichzeitig verängstigten und zornigen jungen Insassen gern, sich als harte Burschen zu profilieren. Mit ähnlichen Situationen bin ich schon seit Jahren konfrontiert, und bislang gab es für mich immer nur zwei Handlungsalternativen: Rückzug oder Offensive. Doch diesmal hatte ich eine andere Idee: Ich erinnere mich noch genau an die Verwirrung in den Augen des Mannes, als ich vom Bürgersteig heruntergingg, ihn am Ellbogen berührte und sagte: ›Wie geht's?‹ *Ich trat beiseite, aber ich wich nicht zurück.* Ich ließ mich auf ihn ein, aber auf einer anderen Ebene. Er war ziemlich ratlos, murmelte irgendeine Antwort und ging weiter. Aber ich hatte ihm in einer Sprache, die wir beide verstanden, deutlich zu verstehen gegeben: ›Ich brauche keinen Feind.‹«

Statt anzugreifen oder sich anzupassen, überraschte Chapman den anderen Mann, indem er ihn als gleichberechtigten Mitmenschen anerkannte. »Wie geht's?« Tatsächlich spielte Chapman das »Feind-Spielchen« nicht mit, sondern wechselte zum »Respekt-

Spiel«. Respekt ist die moralische Hochebene zwischen Zurückweichen und Offensive. Chapman sagte Nein zu der angriffslustigen Herausforderung, indem er Ja zu dem dahinter stehenden Menschen sagte. Und genau darin liegt die transformative Kraft der Anerkennung.

Eine der dramatischsten und überraschendsten Akte der Anerkennung auf dem Gebiet der internationalen Politik war im Jahre 1977 die Reise des ägyptischen Präsidenten Sadat nach Jerusalem. »Von diesem Besuch erhoffe ich mir«, sagte Sadat einem Zeitungsjournalisten während des historischen Fluges …, dass die psychologische Mauer [des Misstrauens], die unser Land vom Land Israel trennt, endlich niedergerissen wird.«

In seiner Rede vor dem israelischen Parlament, der Knesset, rief Sadat Israel auf, die Besetzung arabischen Landes aufzugeben, genau wie er es in Kairo getan hatte. Aber diesmal benutzte er dramatische Worte, um die Existenz seines Feindes anzuerkennen: »Der Staat Israel ist eine vollendete Tatsache, die von den Supermächten und von der ganzen Welt akzeptiert wird. Wir heißen Sie in der Staatengemeinschaft willkommen und wünschen uns, dass Sie in Frieden und Sicherheit unter uns leben können.« Durch sein Verhalten schuf er ein Klima beidseitigen Respekts, in dem Friedensgespräche überhaupt erst stattfinden konnten. Das Ergebnis war ein Friedensvertrag und der komplette Abzug israelischer Truppen und Siedlungen von der Sinai-Halbinsel.

Die Macht der überraschenden Anerkennung können wir uns auch im Alltag zunutze machen. Wenn es Ihnen zu Hause, am Arbeitsplatz oder in der Welt schwerfällt, eine Verbindung zu Ihren Mitmenschen herzustellen, weil diese Ihnen kein Gehör schenken, sollten Sie sich folgende Frage stellen: »Was wäre das Äquivalent zu einem Flug nach Jerusalem?« Mit anderen Worten: Welche Handlungsweise würde die anderen so verblüffen, dass die Tür sich plötzlich öffnet und sie Ihr Nein hören?

## GEBEN SIE IHREM POSITIVEN NEIN EINEN POSITIVEN AKZENT

Der Zweck der Anerkennung besteht darin, ein konstruktives Klima zu schaffen, in dem man ein Gespräch mit dem anderen führen kann.

Ein lateinamerikanischer Geschäftsmann berichtete mir einst über schwierige Verhandlungen, die er und andere Geschäftsleute kürzlich mit dem Präsidenten des Landes führen mussten. Die Geschäftsleute wollten in diesem Meeting über ihre Besorgnis wegen der ökonomischen Probleme des Landes sprechen und Veränderungen bei bestimmten wirtschaftspolitischen Grundsätzen vorschlagen. Mit anderen Worten: Sie sagten Nein zum Status quo. Während sie sich gleich mit den Tagesordnungspunkten befassten, erkannte unser Geschäftsmann – aus der Balkonperspektive –, dass der Präsident umso mehr in die Defensive ging, je intensiver die Geschäftsleute ihren Sorgen Ausdruck verliehen und ihm ihre Vorschläge unterbreiteten. Er fühlte sich persönlich angegriffen und attackierte nun seinerseits jeden einzelnen Sprecher.

Der Geschäftsmann unterbrach die Konferenz und sagte: »Es tut mir leid, Herr Präsident, aber wir hatten anscheinend einen schlechten Start. Eigentlich wollten wir Ihnen zunächst einmal danken für den bemerkenswerten Fortschritt, den Sie in Ihrer ersten Amtszeit durch Ihre wirtschaftlichen Reformen erzielt haben. Außerdem wollen wir herausfinden, wie wir als Geschäftsleute Ihnen helfen können, diese Reformen während Ihrer zweiten Amtszeit zu erweitern.« Auf diese Äußerung hin entspannte sich der Präsident sichtbar, das Meeting dauerte doppelt so lange wie ursprünglich geplant, und schließlich lud der Präsident die Geschäftsleute ein, als privatwirtschaftliche Berater in seiner Regierung zu fungieren.

Wenn Sie Nein sagen wollen, ist es nur allzu leicht, gleich in medias res zu gehen, genau wie unsere Geschäftsleute es in ihrer Konferenz mit dem Präsidenten taten. Sie selbst gehen davon aus, dass Ihr Gegenüber Ihre Intention als konstruktiv empfindet, aber der andere betrachtet Ihr Feedback – genau wie der Staatspräsident – als persönliche Zurückweisung. Deshalb ist es häufig klug, erst einmal einen positiven Akzent zu setzen und eine anerkennende Bemerkung zu machen.

»Ihre Präsentation war wirklich hervorragend, aber dieses Geschäft ist für uns nicht vielversprechend genug, um Ihr Angebot weiter zu verfolgen«, sagte ein Kunde zu einem meiner Seminarteilnehmer, der diese Äußerung später als besonders effektives Nein zitierte. »*Ich fühlte mich geschätzt.* Das Nein war direkt und präzise und wurde ohne negative Emotionen hervorgebracht.«

Eine Möglichkeit, um zu Beginn eines Gespräches einen positiven Akzent zu setzen, besteht darin, den anderen explizit um seine Zeit und seine Aufmerksamkeit zu bitten: »Können wir uns vielleicht unterhalten?« oder »Ob Sie einen Augenblick Zeit für mich hätten?«. Ein respektvoller Ansatz bereitet den anderen darauf vor, Ihnen zuzuhören, und trägt dazu bei, dass er Ihr Nein als vernünftige und akzeptable Antwort auf seine Forderung oder sein Verhalten auffasst.

Stellen Sie sich vor, Sie würden Ihr Gegenüber zu einer konstruktiven Diskussion *einladen* – wie im Fußball zu einem Freundschaftsspiel. So kenne ich zum Beispiel einen Manager, der in solchen Fällen mit breitestem schottischem Akzent und einem liebenswürdigen Lächeln sagt: »Kommen Sie, reden Sie mit mir. Ich hätte da ein Hühnchen mit Ihnen zu rupfen.«

Ein wichtiger Bestandteil Ihrer Einladung sollte der Hinweis sein, dass es auch für den anderen Vorteile gibt, nicht nur für Sie selbst. So könnten Sie etwa zu Ihrem problematischen Kollegen Folgendes sagen: »Ich würde gern über etwas mit dir reden, das meiner Meinung nach dazu führt, dass wir effektiver zusammenarbeiten.« Ihrem Lebensgefährten könnten Sie verkünden: »Ich möchte mit dir über etwas reden, damit wir künftig besser miteinander kommunizieren.« Mit anderen Worten: Entwerfen Sie ein genaues Bild der positiven zukünftigen Entwicklung, die Sie sich für sich selbst und für Ihren Gesprächspartner wünschen.

## VORBEREITEN, VORBEREITEN, VORBEREITEN

Damit haben wir das Ende der Vorbereitungsphase erreicht. Sie haben Ihr Ja offengelegt. Sie haben Ihr Nein ermächtigt. Und indem Sie eine respektvolle Haltung eingenommen haben, haben Sie den anderen darauf vorbereitet, Ja zu sagen.

Egal, wie geschickt Sie sind, es gibt einfach keinen Ersatz für effektive Vorbereitung und Übung im Vorfeld. An dieser Stelle möchte ich den Boxweltmeister Muhammad Ali zitieren, dessen Wahlspruch lautete: »Ich laufe lange auf der Straße, bevor ich im Rampenlicht tanze.«

Nun, da Sie sich auf das Nein-Sagen vorbereitet haben, ist es Zeit, Ihr Positives Nein auch wirklich zu übermitteln. Wir treten also nun in die zweite Phase des Gesamtprozesses ein.

PHASE 2

# ÜBERMITTLUNG

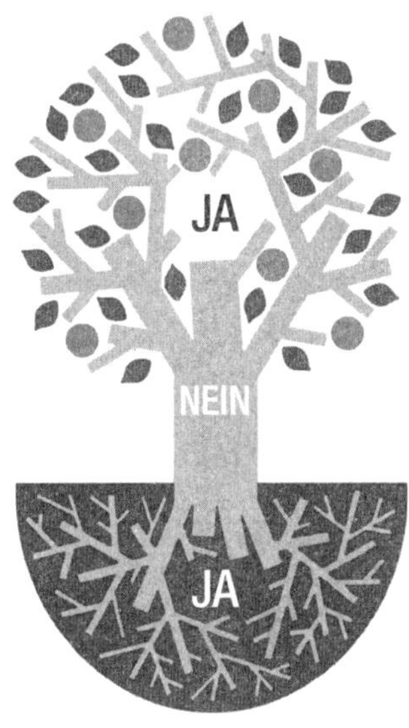


6. Schlagen Sie ein Ja vor

5. Bekräftigen Sie Ihr Nein

4. Artikulieren Sie Ihr Ja

# 4 ARTIKULIEREN SIE IHR JA

*Bei der Verfolgung deiner Ziele sei wie ein Baum.*
*Fest verwurzelt, zupackend, nach oben strebend.*
*Beuge dich den Winden des Himmels.*
*Und lerne Ruhe.*

GRABINSCHRIFT FÜR FÖRSTER RICHARD ST. BARBE BAKER

Die Übermittlung des Positiven Nein ist die Krux des Gesamtprozesses und erfordert ebenso viel Geschicklichkeit wie Takt. Der Prozess beginnt mit einer Affirmation (*Ja!*), geht weiter mit dem Setzen einer Grenze (*Nein*) und endet mit einem Vorschlag (*Ja?*).

Stellen Sie sich beispielsweise vor, Sie wollten die Einladung Ihrer Gemeinde, vor dem Lokalausschuss eine Rede zu halten, ausschlagen. »Ich freue mich, von Ihnen zu hören, und schätze die wertvolle Arbeit, die Sie leisten. *Aus familiären Gründen übernehme ich momentan keine zusätzlichen Verpflichtungen. Wenn Sie im nächsten Jahr immer noch Interesse an meiner Mitarbeit haben, denke ich gern noch einmal darüber nach.* Vielen Dank, dass Sie an mich gedacht haben.« Nach dem ersten Akzent aus Akzeptanz und Respekt beginnen Sie Ihr Positives Nein, indem Sie Ihr *Ja!* zu den eigenen Interessen (»Familie«) artikulieren.

Dann bekräftigen Sie Ihr *Nein* mit sachlichen Worten, die niemanden persönlich zurückweisen (»Ich übernehme momentan keine zusätzlichen Verpflichtungen.«). Es folgt die Präsentation eines *Ja?*, einer alternativen Lösung (»Wenn Sie im nächsten Jahr immer noch Interesse an meiner Mitarbeit haben …«). Das Ende knüpft an den Anfang an. Sie setzen erneut einen Akzent aus Respekt für Ihr Gegenüber (»Danke, dass Sie an mich gedacht haben.«).

Auch wenn Sie, wie wir noch sehen werden, diese Folge nicht immer und unter allen Umständen einhalten müssen, handelt es sich hier um das Drei-Phasen-Modell des Positiven Nein, dem respektvolle Gesten vorangeschickt und nachgestellt werden.

Im Verlauf der nächsten drei Kapitel werden wir nacheinander jeden einzelnen der drei Bestandteile des Positiven Nein erforschen. Lassen Sie uns mit dem ersten Teil beginnen, mit der Artikulation des Ja.

## DER SINN DES JA

Warum nicht sofort zum Nein kommen? Die kurze Antwort lautet, dass man das Nein auf den Erfolg vorbereiten muss.

Ein Mann aus meinem Bekanntenkreis hatte einen Sohn, der eine Ausbildung bei der amerikanischen Luftwaffe absolvierte. Er war sehr stolz auf seinen Sprössling und setzte viel Hoffnung in ihn. Eines Tages, mitten in seiner Ausbildung, rief der Sohn ihn jedoch an und erklärte: »Mir ist klar geworden, dass ich mich getäuscht habe, was meine Zukunftsplanung angeht. Ich möchte etwas anderes sein und deshalb die Akademie verlassen. Sie bereitet mich nicht auf das Leben vor, das mir vorschwebt.« Obwohl diese Nachricht für den Vater schockierend und enttäuschend war, zitierte er genau diese Äußerung seines Sohnes als das beste Nein, mit dem er jemals konfrontiert wurde. »Warum?«, fragte ich ihn. »Weil es aus tiefstem

Herzen kam und gut überdacht war«, antwortete der Vater. Das Nein seines Sohnes war deshalb so wirkungsvoll, weil es in dem Ja zu sich selbst und zu dem, was er vom Leben verlangte, verwurzelt war.

Vergleichen Sie dies mit einem Nein, das einer meiner Kunden von seiner Bank erhielt: »Der Kreditvertrag, den wir mündlich vereinbart hatten, kam nicht zustande, weil unser wichtigster Geldgeber einen Rückzieher machte. Der Bankier setzte uns telefonisch mit folgenden Worten davon in Kenntnis: ›Ich rufe Sie an, um Ihnen mitzuteilen, dass unsere Vereinbarung hinfällig ist. Ich kann Ihnen den Grund nicht erläutern, aber es liegt nicht an Ihnen. Es hat andere Ursachen.‹ Keine weitere Erklärung. Ich fühlte mich vollkommen machtlos.« Das Fehlen jeglicher Erklärung machte das Nein besonders hart.

Wenn ich meine Seminarteilnehmer frage, welches Nein für sie im Leben am härtesten war, nennen diese besonders häufig das Nein, das ihnen im Teenageralter von ihren Eltern entgegengebracht wurde: »Nein, und zwar weil ich es sage!« Dieses Nein fußt ausschließlich auf der Macht des anderen und zeigt keinerlei Sorge um den anderen. Meine Seminarteilnehmer sind längst erwachsen, arbeiten oft in leitender Stellung, und doch erinnern sie sich noch heute mit einer Mischung aus Frustration und Zorn an diese Nein. Eine Managerin, der die Eltern die lang geplante, selbst finanzierte Reise nach Europa verboten, die sie nach dem Highschool-Abschluss antreten wollte, schrieb dazu: »Dieses rigorose Vorgehen habe ich meinen Eltern nie verziehen.«

Ihr ursprüngliches Ja hat zwei grundlegende Funktionen: Es *bekräftigt* Ihre Absicht, und es *erklärt* dem anderen, warum Sie sich für ein Nein entschieden haben.

### Bekräftigen Sie Ihr Ja

Angst und Schuldgefühle stehen unserem Nein oft im Wege. Wenn Sie Ihr Ja bekräftigen, so verwurzeln Sie Ihr Nein in der Macht Ihrer positiven Absicht und demonstrieren Ihre hohe Bereitschaft, sich um Ihre eigenen Belange zu kümmern. Ihr Ja verleiht Ihrem Nein Überzeugung und Stärke.

Nachdem Nelson Mandela verhaftet und im Jahre 1964 in Südafrika wegen Hochverrats angeklagt worden war, bestand er darauf, vor Gericht eine öffentliche Erklärung abzugeben. Damit handelte er dem Rat seiner Anwälte zuwider, die befürchteten, dass eine solche Erklärung sein Todesurteil zur Folge haben könnte. Er glaubte daran, dass er die Gelegenheit, seine Absicht den Menschen in Südafrika öffentlich zu bekunden, nicht vorüberziehen lassen durfte. Sie war es wert, sein Leben zu riskieren. Seine Schlussworte sind eine Zusammenfassung seines Ja: »Mein Leben lang habe ich mich diesem Kampf des afrikanischen Volkes gewidmet. Ich habe gegen weiße Vorherrschaft gekämpft, und ich habe gegen schwarze Vorherrschaft gekämpft. Ich habe das Ideal der Demokratie und der freien Gesellschaft hochgehalten, in der alle Menschen in Harmonie und mit gleichen Möglichkeiten zusammenleben. Es ist ein Ideal, für das ich zu leben und das ich zu erreichen hoffe. Doch wenn es sein soll, so bin ich auch bereit, für dieses Ideal zu sterben.«

*Ihre Absicht zu bekräftigen, ist eine kreative Handlung.* Sie unternehmen den ersten Schritt, um eine neue Wirklichkeit zu schaffen. Mandela hatte das verstanden und war bereit, für diese neue Wirklichkeit einer freiheitlichen Gesellschaftsordnung sein Leben zu opfern. Sein Instinkt erwies sich als richtig. Sein beredtes *Ja!* zur Freiheit hallte in ganz Südafrika, ja in der ganzen Welt wider, bis zu dem Tag, an dem die Freiheit sich durchsetzen konnte.

In der Natur des Positiven Nein liegt es, *zu bekräftigen, ohne zurückzuweisen* – also die eigenen Interessen zu vertreten, ohne Ihr Gegenüber als Menschen abzulehnen. Sie stehen auf *eigenen* Beinen, ohne *dem anderen* auf die Zehen zu treten. Ihr ursprüngliches Ja ist der Schlüssel, um dieses prekäre Gleichgewicht zu erreichen.

## Erklären Sie Ihr Nein

Oft besteht die Gefahr, dass Ihr Gegenüber Ihr Nein missversteht und Ihnen falsche Motive unterstellt. Deshalb bietet Ihr Ja Ihnen eine hervorragende Gelegenheit, den anderen über die Motive für Ihr Nein aufzuklären. Sie können ihm zeigen, dass Sie ihn nicht persönlich ablehnen, sondern einfach nur das schützen wollen, was Ihnen wichtig ist.

Betrachten wir den Fall eines leitenden Angestellten, der viel auf Geschäftsreisen war und meistens in Restaurants aß. Seit vielen Jahren war er herzkrank, weshalb er weder tierische noch pflanzliche Fette zu sich nehmen durfte. Häufig, wenn er einem Kellner seine ernährungsspezifischen Bedürfnisse erklärte, traf er auf Widerstand und auf die Unfähigkeit, seinen Anweisungen zu folgen. Die meisten verstanden sein Nein einfach nicht, hielten es für eine Art Spleen, mit dem er ihnen das Leben schwermachen wollte. Er fühlte sich versucht, in die Offensive zu gehen, aber eine Auseinandersetzung wäre für sein Herz auch nicht gut gewesen.

Also beschloss er eines Tages, seine Erklärung optisch zu untermauern. Er nahm sich einen Stift und zeichnete etwas auf die Serviette. Dann sagte er ebenso höflich wie entschieden: »Sehen Sie her. Dies sind die drei Venen, die zu meinem Herzen führen. Eine ist zu 100 Prozent, die zweite zu 85 Prozent und die dritte zu 65 Prozent verstopft. Die Ärzte sagen, wenn ich Butter oder Öl zu mir nehme, muss ich sterben. Dürfte ich Sie also bitten, diesen Fisch zurückzunehmen und mir einen fettfrei gegrillten Fisch zu bringen?« Der Angestellte stellte fest, dass der Kellner auf diese Erklärung unweigerlich mit Bereitwilligkeit und Zuvorkommen reagierte.

Wie können Sie selbst dieses ursprüngliche Ja konkret übermitteln? Dabei stehen Ihnen drei grundsätzliche Hilfsmittel zur Verfügung: Die *Der-die-das*-Aussage, die die Fakten erläutert, die *Ich*-Aussage, die Ihre Interessen und Bedürfnisse erklärt, und die *Wir*-Aussage, die auf gemeinsame Interessen und Standards eingeht. Bei der Gestaltung Ihres Ja sollten Sie diejenige Aussageform – oder eine Kombination aus Aussageformen – auswählen, die Ihnen in Ihrer speziellen Lage am nützlichsten sein kann.

### Machen Sie *Der-die-das*-Aussagen

Wie gehen Sie mit unhöflichem, beleidigendem oder ausfallendem Verhalten oder mit unangemessenen, unerwünschten Forderungen um? Die erste Reaktion besteht meist darin, dem anderen die Schuld zuzuweisen: »Das Produkt konnte nicht rechtzeitig ausgeliefert werden, weil *Ihr* Team so lang benötigt hat, um sich zu organisieren, und weil *Sie* zu viele Veränderungen eingeführt haben.«

Solche *Du*-Aussagen treiben den anderen jedoch automatisch in die Defensive, sodass er instinktiv negativ reagiert. Eine neutralere und effektivere Methode, um die gleiche Information zu vermitteln, besteht darin, die persönliche Anrede durch den Artikel zu ersetzen, also nicht von *du* oder *Sie* zu sprechen, sondern neutral von *der, die* oder *das*: »Das Produkt konnte aufgrund *der* vielen Veränderungen, die eingeführt wurden, nicht rechtzeitig ausgeliefert werden.« Durch *Der-die-das*-Aussagen vermeiden wir eine Verschmelzung von Person und Verhalten. Sie stellen lediglich ein einfaches Ja zu den Tatsachen dar. Keine Schuldzuweisung, keine Verurteilung, nur die klaren Fakten. Beachten Sie: Eine *Der-die-das*-Aussage muss nicht unbedingt ein »der«, »die« oder »das« enthalten. Im Vordergrund stehen die Neutralität der Aussage und ihr Bezug zu den Tatsachen.

## HALTEN SIE SICH AN DIE FAKTEN

Ihr Gegenüber sieht die Dinge möglicherweise ganz anders als Sie. Je objektiver Sie die Situation also beschreiben, umso schwieriger ist es für den anderen, Ihre Worte in Frage zu stellen, und umso leichter ist es für ihn, sich auf ein Gespräch einzulassen.

Meine Freundin Katherine betrieb mit ihrem Kollegen Tom zusammen eine kleine Agentur. Sie stellte bald fest, dass er ständig Entscheidungen traf, ohne sich vorher mit ihr abzusprechen. Das ärgerte sie so sehr, dass sie ihn eines Tages zur Rede stellte: »Tom, *du* preschst ständig voran und triffst Entscheidungen, ohne mich vorher zu fragen. *Du* bist sehr unhöflich!« Tom ging natürlich gleich in die Defensive, und ein nutzloser Streit mit gegenseitigen Schuldzuweisungen war die Folge.

Bei ihrem zweiten Versuch, Tom zum Umdenken zu bewegen, änderte Katherine ihre Strategie. Zunächst einmal sprach sie sich anerkennend über seine Arbeit aus. Dann konzentrierte sie sich auf das konkrete Problem, das sie gerade mit ihm hatte, wobei sie sich ausschließlich an die Fakten hielt: »Vor zwei Wochen wurde ein Gruppenmeeting einberufen, über das wir beide vorher noch gar nicht gesprochen hatten. Und vergangenen Freitag wurde der Veranstaltungskalender von unserer Homepage entfernt und auf eine andere Seite übertragen. Ich kann mich auch in diesem Fall nicht daran erinnern, in diese Entscheidung einbezogen worden zu sein.« Da Tom nun mit den reinen Fakten konfrontiert wurde, konnte er genau verstehen, welche Verhaltensweisen es waren, die Katherine belasteten.

Entscheidend ist die einfache und neutrale Beschreibung des problematischen Verhaltens – ohne Ressentiments oder spitze Bemerkungen. Sorgen Sie für klare, simple Worte.

Wenn Sie sich ärgern, weil Ihr Gegenüber beispielsweise ein Versprechen gebrochen hat, möchten Sie Ihrem ersten Impuls folgend vielleicht so etwas sagen wie: »Du hast dein Versprechen nicht gehalten! Dir kann man nicht trauen!« Wenn Sie aber erreichen wollen, dass das Verhalten Ihres Gegenübers sich ändert, ist es wirkungsvoller, die fragliche Person nicht offen anzugreifen, sondern sich ausschließlich auf die problematische Verhaltensweise zu konzentrieren. Erinnern Sie den anderen an das Versprechen, das er gegeben hat. »Als wir Sonntagabend beim Abendbrot saßen, habe ich deine Worte so verstanden, dass du am Dienstagmorgen den Müll vor die Tür stellen würdest. Aber als ich heute nach Hause kam, stellte ich fest, dass der Müll immer noch in der Garage steht. Und er stinkt!« Ihre Worte sollten klar und deutlich sein und sich ausschließlich an die Fakten halten.

Wenn Ihr Nein für den Empfänger eine schlechte Nachricht ist, ist es oft besonders schwer, sie zu übermitteln. Ein sachbezogener Ansatz kann auch hier wesentlich dazu beitragen, dass Ihr Gegenüber das Nein akzeptiert. »Charlie, es tut mir leid, Ihnen mitteilen zu müssen, dass wir die fragliche Position als Schulleiter Al übertragen haben. Wir haben uns deshalb so entschieden, weil er als Vertreter der Schulleitung bereits einige Erfahrung gesammelt hat. Angesichts Ihrer hervorragenden Qualifikationen ist uns diese Entscheidung nicht leichtgefallen.« Charlie erklärte mir, dass er zwar enttäuscht war, die Absage jedoch als sehr effektives Nein empfunden habe: »Ich konnte die Entscheidung nur respektieren. Sie war fair und vernünftig und hielt sich an die Fakten.«

In manchen Situationen ist unverblümte Offenheit unumgänglich. »Ich will aufrichtig zu Ihnen sein«, sagt der Chef zu dem Angestellten, der die erwartete Beförderung nicht erhält. »Ihre beruflichen Leistungen entsprechen einfach nicht unseren Anforderungen.« Vielleicht hört der Angestellte das nicht gern, aber letztlich nützt ihm diese Aussage mehr als eine ausweichende Antwort seines Vorgesetzten. Ehrlichkeit und Aufrichtigkeit wirken oft hervorragend, zumindest solange Sie Ihre Offenheit mit Empathie und Respekt kombinieren.

*Gehen Sie hart mit dem Problem um, nicht aber mit dem Menschen.*

## Achten Sie auf Ihre Worte

Nur weniges ist schwieriger – und wichtiger –, als zu lernen, wie man das Verhalten des anderen beschreibt, ohne es zu verurteilen oder zu verdammen.

Als meine Tochter Gabriela im Kindergarten war, stand am Schwarzen Brett genau aufgelistet, was man nicht tun durfte: kein Schubsen, kein Treten, kein Stoßen und Schlagen, kein Beißen und so weiter. Die meisten von uns sagen Nein, ohne zu schubsen, zu treten, zu stoßen, zu schlagen oder zu beißen, dafür aber greifen wir unser Gegenüber auf deutlich subtilere Weise an – mit Worten, durch unseren Tonfall und unsere Körpersprache. Um uns neu zu konditionieren, müssen wir lernen, die destruktive Wirkung unserer Worte ebenso zu erkennen wie die indirekte Art, wie wir Schuldzuweisungen vornehmen:

*Den anderen zu erzählen, was sie »sollen«.*

Schuldzuweisungen erfolgen häufig durch die Benutzung der Worte *sollte* oder *sollte nicht*, die meistens mit Verurteilung einhergehen. »Du *solltest* lernen, wie man sich besser benimmt!« oder »Das *solltest* du *nicht* tun!«. Eine neutralere Formulierung sähe folgendermaßen aus: »Dieses Verhalten schafft Probleme für uns beide.« Als sehr nützlich hat sich die Strategie erwiesen, das Wort »sollte« beim Gespräch mit dem anderen ganz zu meiden. Dadurch wird sich die Aufnahmebereitschaft Ihres Gegenübers ungemein steigern.

*Verurteilende oder subjektive Sprache.*

Wenn Sie das Verhalten des anderen beschreiben, passiert es leicht, dass sie ihn verurteilen. Denken Sie an Katherines Worte: »Tom, *du* preschst ständig voran und triffst Entscheidungen, ohne mich vorher zu fragen. *Du* bist sehr unhöflich!« Der Begriff »voranpreschen« ist nicht nur ausgesprochen subjektiv gefärbt, er stellt auch eine Verurteilung dar. Sie klagt Tom an, sie zu schnell vor vollendete Tatsachen zu stellen. »Vorangehen« wäre eine neutralere Formulierung für die Beschreibung des gleichen Verhaltens gewesen. Genauso ist »sehr unhöflich« eine Verurteilung. Katherine unterstellt Tom eine boshafte Absicht, die vielleicht gar nicht existiert.

Häufig ist die Verurteilung offensichtlich. So zum Beispiel bei einer Äußerung wie »Das ist doch unvernünftig!« oder »Du benimmst dich einfach scheußlich«. Oder: »Lächerlich!« Manchmal jedoch ist sie eher indirekt und heimtückisch, wenn auch immer noch eindeutig negativ. Bei einer Diskussion zwischen zwei Partnern über das übliche Entgelt, das sie von ihrem gemeinsamen Kunden für ihre Dienste verlangen wollten, sagte der eine zum anderen: »Das Honorar, das du in Rechnung stellen willst, ist doch total mickrig! Damit gebe ich mich nicht zufrieden!« Eine neutralere Formulierung könnte lauten: »Ich glaube, wir haben für unsere Dienstleistungen ein deutlich höheres Honorar verdient.«

Zwar mag es auf den ersten Blick etwas Befriedigendes haben, den anderen zu verurteilen, auch wenn es nur insgeheim durch eine kleine Nuance erfolgt, doch diese entgeht der Aufmerksamkeit des anderen nur selten. Ein solches Verhalten weckt Ärger und Groll, drängt unser Gegenüber in die Defensive und macht es umso schwieriger für ihn, das wahre Problem wirklich zu verstehen. Durch Verurteilung ziehen wir unsere eigene Botschaft in den Schmutz. Viel wirkungsvoller ist es, wenn wir die Fakten offen benennen und die anderen ihre eigenen Schlussfolgerungen ziehen. Statt Ihrem Kunden zu erklären: »Ihre Forderung ist vollkommen unvernünftig!«, sollten Sie sich an die Tatsachen halten. »Wenn wir die Änderungen vornehmen, die Sie von uns fordern, so verzögert dies die Auslieferung des Produkts an Sie um drei Monate und erhöht die Kosten um 100 000 Dollar.«

Sie können entweder über den anderen zu Gericht sitzen oder wirkungsvoll Nein sagen, aber nicht beides gleichzeitig.

*Kategorische Aussagen.*

»*Immer* musst du an meinem Essen herummeckern. *Nichts* ist dir *jemals* gut genug!«, sagt ein Ehepartner ärgerlich zum anderen.

»Was willst du eigentlich?«, lautet die Antwort. »Du bist *immer* so empfindlich. Letztlich regst du dich doch über *alles auf,* was ich tue!«

»Da haben wir es ja schon wieder, *immer* machst du mich nieder!«, schreit der Erste. Und so geht es immer weiter. Kategorische Aussagen bringen vielleicht Ihre emotionale Situation zum Ausdruck, aber sie sagen nichts über die Art des Problems, noch helfen sie, es zu lösen.

Achten Sie auf die Sprache: *nie*, *immer*, *nichts* und *alles*. Dies sind keine faktenorientierten Beobachtungen, sondern reine Übertreibungen. Aus einer oder ein paar Beleidigungen wird eine kategorische Schlussfolgerung gezogen, mit der der andere in eine Schublade gepackt wird, aus der es kein Entkommen gibt. Ein korrigierbares Problem wird so zu einer Riesensache aufgebauscht, die man unmöglich bewältigen kann. Natürlich geht der andere sofort in Verteidigungsposition, weist die kategorische Unterstellung als unwahr zurück und ignoriert die konkrete Kränkung, die der Auseinandersetzung zugrunde liegt.

Überlegen Sie sich doch einmal, was hätte passieren können, wenn der erste Partner einfach nur die Fakten beschrieben hätte. »Gestern Abend habe ich gesehen, wie du das Essen, das ich für dich gekocht hatte, einfach dem Hund gegeben hast. Und heute Abend tust du das Gleiche. Das kränkt mich.« Derlei urteilsfreie Sprache – die natürlich eher in einem neutralen Ton als mit sarkastischer Stimme vorgebracht werden sollte – wird bei Ihrem Gegenüber wahrscheinlich eine ganz andere Reaktion hervorrufen, nämlich eine, auf deren Basis man ein konstruktives Gespräch führen kann.

Kurz gesagt: Beschuldigen Sie niemanden, beschämen Sie niemanden. Sprechen Sie Ihre Wahrheit offen an, aber seien Sie dabei nicht grausam. Nehmen Sie das Problem in Angriff und nicht die Person. Als Merksatz gilt: Sag, was du meinst, meine, was du sagst. Aber sag's nicht gemein.

## SENDEN SIE *ICH*-BOTSCHAFTEN

Ein weiteres nützliches Hilfsmittel, um Ihr Ja herüberzubringen, ist die *Ich*-Botschaft. Eine *Ich*-Botschaft beschreibt Ihre eigenen Erfahrungen, statt sich mit den Versäumnissen des anderen zu befassen. Da *Ich*-Aussagen sich auf Ihre Gefühle und Bedürfnisse beziehen, wird es Ihrem Gegenüber schwererfallen, sie in Frage zu stellen.

Eine *Ich*-Botschaft kann zum Beispiel folgendermaßen mit einer *Der-die-das*-Aussage kombiniert werden:

- *Beschreiben Sie die Fakten:* »Wenn Situation X eintritt ...«
- *Schildern Sie Ihre Gefühle:* »Ich fühle Y ...«
- *Beschreiben Sie Ihre Interessen:* »Denn ich wünsche mir oder brauche Z.«

Als Katherine sich eine Woche später wieder mit Tom traf, sagte sie: »Es tut mir leid, dass ich letzte Woche so wütend geworden bin. Wenn eine wichtige Entscheidung getroffen wird, ohne dass man mich um Rat fragt, kann ich mich schon mal ganz schön aufregen, denn ich habe dann das Gefühl, ausgeschlossen zu werden. Ich möchte an Entscheidungen beteiligt werden.« Die Kombination von *ich* und *der/die/das* klärte nicht nur, welche Verhaltensweise sie wütend gemacht hatte, sie erleichterte es Tom auch, ihre Beanstandung zu akzeptieren.

Beachten Sie jedoch, dass ein Satz nicht automatisch eine *Ich*-Aussage wird, nur weil Sie eine Verurteilung mit einem *ich* kombinieren. »Ich finde, du bist ein Idiot!« ist keine *Ich*-Aussage. Das Gleiche gilt für das Wort »fühlen«. Auch die Äußerung »Ich habe das Gefühl, dass du ein Lügner bist!« ist alles andere als wertfrei. Achten Sie auf *Du*-Aussagen, die sich als *Ich*-Aussagen tarnen.

Eine *Ich*-Botschaft ist nicht nur eine mechanische Neuformulierung. Ihre Stimmlage und Haltung sind sogar noch wichtiger als die Worte selbst. Wut, Angst oder Schuldgefühle kommen leicht wieder an die Oberfläche, auch wenn Sie noch so geschickt formulieren. Deshalb ist eine gewisse innere Vorbereitung ungeheuer wichtig, denn so können Sie negative Emotionen in positive Absichten verwandeln.

## Sprechen Sie über Ihre Gefühle

Der Dichter William Blake schrieb einst voller Scharfblick folgende Worte: »I was angry with my friend: / I told my wrath, my wrath did end. / I was angry with my foe: / I told it not, my wrath did grow.« Übersetzt bedeuten diese Worte so viel wie: »Ich war wütend auf meinen Freund: / Ich sprach darüber, mein Zorn verschwand. / Ich war wütend auf meinen Feind. / Ich sprach nicht darüber, mein Zorn wuchs.«

Nachdem Sie versucht haben, die Fakten möglichst objektiv darzustellen, ist nun die Zeit für mehr Subjektivität gekommen. Solange es in Ihrem kulturellen Umfeld angemessen ist, sollten Sie in diesem Stadium vornehmlich in der ersten Person Singular sprechen. Statt zu sagen: »Du hast mich enttäuscht!« oder sogar »Die Situation ist enttäuschend!«, sagen Sie lieber: »Ich fühle mich enttäuscht.« Hier haben Sie die Gelegenheit, Ihre ureigenste Wahrheit zum Ausdruck zu bringen.

Dabei besteht keinerlei Notwendigkeit, den anderen ins Unrecht zu setzen. Auch wenn Sie glauben, im Recht zu sein, haben Sie es noch lange nicht nötig, dem anderen seinen Irrtum minutiös nachzuweisen. Katherine muss Tom nicht beweisen, dass er falsch gehandelt hat, als er sie von den Entscheidungen ausschloss. Eine Auseinandersetzung nach dem Motto »Ich habe recht und du nicht« kann sich bis in alle Ewigkeit hinziehen und führt nie zu einer Lösung. Selbst wenn der andere eindeutig im Irrtum ist, so ist es oft nicht produktiv, die Diskussion auf diese Weise zu führen. Was in diesem Augenblick viel wichtiger ist als Recht und Irrtum sind die jeweiligen Gefühle und Bedürfnisse – Ihre eigenen und die des anderen.

Übernehmen Sie die Verantwortung für Ihre Gefühle. Katherine artikulierte ihr Bedürfnis, einbezogen zu werden. Damit räumte sie Tom gegenüber ein, dass sie gerade dann sehr empfindlich reagierte, wenn sie ausgeschlossen wurde.

Seine Gefühle auf kontrollierte Weise zu beschreiben oder zum Ausdruck zu bringen, ist etwas ganz anderes, als ihnen impulsiv Luft zu machen und den anderen als Blitzableiter zu benutzen. Psychologen haben herausgefunden, dass es kontraproduktiv ist, seinen Ärger an dem anderen auszulassen, weil es keineswegs zur Beruhigung beiträgt. Statt die Wut zu lindern, steigern derlei Ausbrüche sie nur und sorgen für eine Verlängerung der schlechten Stimmung. Eine effektivere Methode besteht darin, erst einmal auf den Balkon zu gehen, sich einen klaren Kopf zu verschaffen und sich die eigenen Ziele vor Augen zu führen. Dann kann man wieder auf den anderen zukommen und einfach nur beschreiben, wie man sich fühlt.

Indem Sie Ihre individuelle Wahrheit formulieren, können Sie den anderen oder die Situation oft äußerst wirkungsvoll beeinflussen. Eine Trainerin von Impact Bay Area, einer Organisation, die Frauen in effizienter Selbstverteidigung gegen körperliche Angriffe unterrichtet, berichtet: »Ein besonders mächtiges Nein durchbricht die Fassade, die viele Angreifer bei gewaltsamen Begegnungen versuchen aufrechtzuerhalten. Sie wollen so lang wie möglich so tun, als ob es sich um eine normale soziale Interaktion handelte. Wer Nein sagt, der zerstört diese Illusion, indem er die Geschehnisse beim Namen nennt. Die Wahrheit zu sagen (zum Beispiel durch Worte wie: ›Ich fühle mich nicht wohl, weil es schon spät ist und Sie mir zu nahe kommen. Würden Sie bitte Abstand halten?‹), trägt häufig zur Entschärfung der Situation bei. Damit signalisiert man, dass man zu seiner Wahrheit bzw. Version des Zusammentreffens steht, statt zuzulassen, dass der Angreifer die Situation auf seine Weise interpretiert (zum Beispiel: ›Du *wolltest* doch, dass ich dich anmache.‹).«

Man kann aber nicht nur negative Gefühle, sondern auch positive zum Ausdruck bringen. »Der Kunde forderte einen erheblichen Preisnachlass«, berichtete mir ein Manager. »Ich antwortete ihm: ›Wir sind aus tiefstem Herzen davon überzeugt, dass unsere Marke und unsere Technologie ihren Preis wert sind. Ich will Ihnen auch erklären, warum.‹ Dieser Ansatz half dem Kunden zu verstehen, mit welchem leidenschaftlichen Engagement wir hinter unserem Produkt standen, und trug dazu bei, dass die Entscheidungsträger seinen Wert ebenfalls zu würdigen lernten.«

### Beschreiben Sie Ihre Interessen

Nachdem Sie Ihre Gefühle beschrieben haben, können Sie nun Ihre Interessen näher erläutern – schlicht, klar und deutlich.

Mein Sohn Chris kam an einem Wochenende vom College nach Hause und beschrieb mir zwei unterschiedliche Arten eines Nein, die er kürzlich von zwei jungen Frauen bekommen hatte, an denen er ein romantisches Interesse bekundet hatte. Die erste Frau schickte eine Freundin vor, um ihm ein paar diskrete Hinweise zu geben, dass sie an einer Beziehung nicht interessiert sei. In einer Gesellschaft, in der indirekte Kommunikation zum guten Ton gehört, wäre ein solches Verhalten sicher in Ordnung gewesen, aber vor dem Hintergrund unserer eher direkten Kommunikationskultur fand Chris dieses Verhalten merkwürdig. Schließlich war das Thema doch nicht so problematisch, dass man nicht offen darüber reden konnte. Das Erlebnis trug zur völligen Entfremdung zwischen ihm und der jungen Frau bei.

Die zweite Frau verhielt sich vollkommen anders. Sie traf sich mit ihm und schilderte ihm ihre Beweggründe. Sie kannte noch nicht allzu viele Leute in der Stadt und wollte ihren Bekanntenkreis erweitern, weshalb sie für eine romantische Beziehung noch nicht bereit war, aber gern mit ihm befreundet bleiben wollte. Chris war zwar enttäuscht, fühlte sich ihr als Freund jedoch näher.

Der Unterschied in den beiden Nein lag in der *Ich*-Aussage, die die zweite Frau machte, um ihm ihre Situation deutlich zu machen. Sie schützte ihre Interessen und stärkte gleichzeitig die Beziehung, statt sie zu schwächen, indem sie ihm ihre Gefühle aufrichtig erklärte.

Die Artikulation Ihres Ja kann eine große Veränderung bewirken, besonders für Menschen, die sich sonst eher anpassen oder Konflikten ausweichen. Bei meiner Freundin Frances wurde eines Tages Brustkrebs diagnostiziert. Sie fühlte sich von ihrem Chirurg nicht gut behandelt, denn nach ein paar Besorgnis erregenden Befunden ließ er sie zwei angstvolle Wochen lang auf die Untersuchungsergebnisse einer Biopsie warten. Zuerst wollte sie diese schlechte Behandlung schon akzeptieren, weil sie Angst hatte, dass sich der Arzt sonst gar nicht mehr um sie kümmern würde, aber dann beschloss sie, das Problem offen anzusprechen und die Verantwortung für sich selbst zu übernehmen. Für Frances bedeutete das, ihrem Arzt ihre Sorgen mitzuteilen. Sie schilderte ihm die Fakten, beschrieb ihre Erfahrungen und verkündete ihm schließlich: »Ich verdiene eine qualitativ hochwertige medizinische Betreuung, und ich habe mein Vertrauen in Ihre diesbezüglichen Fähigkeiten verloren.« Frances griff ihn nicht an, sondern trat lediglich für sich selbst ein und bekräftigte ihre Interessen.

Und die Folge? Nachdem Frances Ja zu ihren eigenen Bedürfnissen gesagt hatte, war sie sehr erleichtert und voller Energie und Tatendrang. Besonders auffällig aber war ihre gesteigerte Selbstachtung. Sie hatte die Freiheit gewonnen, ihren Plan B zu verfolgen, nämlich sich einen neuen medizinischen Betreuer zu suchen. Sie machte sich auf die Suche nach, wie sie es formulierte, »einem Dreamteam aus Ärzten, das in Sachen medizinische Betreuung und Kompetenz überdurchschnittliches Engagement an den Tag legt«. Die Arzthelferin des ersten Arztes sprach sich sehr positiv über Frances' Worte aus. Sie glaubte fest daran, dass ihre Zivilcourage zukünftigen Patientinnen nur zugutekommen würde.

Sie selbst kennen das sicher auch: Sie zögern oder machen sich Gedanken, wie der andere auf Ihr Nein reagieren wird, auch wenn Sie ein erklärendes Ja voranschicken. Bei dieser Art von Zweifeln sollten Sie sich immer ins Gedächtnis rufen, dass Sie für die Reaktion des anderen nicht verantwortlich sind. Sie sind verantwortlich dafür, Ihre eigenen Gefühle und Interessen offen zur Sprache zu bringen. Sie sind für eine respektvolle *Ich*-Aussage verantwortlich, und dann muss der andere entscheiden, wie er antworten will.

## MACHEN SIE *WIR*-AUSSAGEN

Wenn Sie sich unbehaglich fühlen, weil Sie sich nur auf Ihre eigenen Interessen stützen und sich Sorgen machen, dass Ihr Nein einseitig oder selbstsüchtig oder nicht teamgemäß erscheint, können Sie den Rahmen vom *Ich* zum *Wir* erweitern. Appellieren Sie an gemeinsame Interessen, an gemeinsame Prinzipien oder einen allgemein akzeptierten Standard. Mit anderen Worten: Machen Sie eine *Wir*-Aussage.

### Appellieren Sie an gemeinsame Interessen

Meist stehen Sie mit Ihren Interessen keineswegs allein da. Oft teilen Sie sie mit einer größeren Gemeinschaft, also entweder mit Ihrer Familie, Ihrer Firma oder Gemeinde. Vielleicht ist Ihnen der Gedanke unangenehm, zu einem Kunden zu sagen: »Ich kann dieses Produkt nicht individuell an Ihre Bedürfnisse anpassen, denn das würde unseren Profit mindern.« Aber Sie könnten Ihre eigenen Interessen als die der gesamten Kundenbasis darstellen: »Um die niedrigen Preise halten zu können, die unsere Kunden mittlerweile von uns erwarten, kann ich keine individuell angepassten Versionen anbieten. Aber vielleicht wären Sie ja daran interessiert, wenn wir Lösungen für Ihr spezielles Problem entwickeln, bei denen unsere serienmäßigen Produktkomponenten zum Einsatz kommen?«

Lassen Sie mich an dieser Stelle das Beispiel einer leitenden Angestellten zitieren, die an einem meiner Seminare teilnahm. Als ihre Vorgesetzten ihr einen neuen Job anboten, ging sie bei der Erklärung ihrer Ablehnung nicht nur auf ihre eigenen Interessen, sondern auch auf die ihrer Kollegen ein: »Ich arbeite für eine große Firma, wo es der Karriere sehr schaden kann, wenn man ein neues Jobangebot ablehnt. Ich hatte gerade eine neue Position übernommen, hatte ein neues Haus gekauft, war umgezogen. An einem Donnerstag erhielt ich dann einen Anruf. Man verlangte von mir, für ein Bewerbungsgespräch am Freitag durch die halbe USA zu fliegen … und dann am Montag meine neue Position anzutreten. Es wäre eine horizontale Entwicklung gewesen, in der verarbeitenden Industrie, wo ich schon zwölf Jahre Berufserfahrung gesammelt hatte. Ich antwortete nur: ›Ich muss eine Nacht darüber schlafen.‹ Man signalisierte mir, dass dies unmöglich sei, da die Tickets schon für den darauffolgenden Tag ausgestellt worden seien. ›Geben Sie mir also eine Stunde‹, gab ich nach. Und sie stimmten zu.

Ich befürchtete, dass ein Nein meine Chancen auf eine Beförderung für immer zerstören würde. Wie konnte ich also auf eine Weise ablehnen, die meiner Firma zugutekam? Ich dachte wirklich eine ganze Stunde darüber nach, dann rief ich zurück. Zuerst dankte ich ihnen, dass sie mich für die neue Position in Betracht gezogen hatten. Dann wies ich darauf hin, dass ich ja bereits jahrelange Erfahrungen in der verarbeitenden Industrie gesammelt hatte. Wenn ich diese Stelle jetzt übernahm, würde ich einem anderen Kollegen die Gelegenheit nehmen, sich in der Produktion zu profilieren. Aber die Firma brauchte frisches Blut, um in diesem Bereich auf dem neuesten Stand und konkurrenzfähig zu bleiben. Und schließlich sagte ich: ›Deshalb würde ich diese Gelegenheit lieber jemand anderem bieten und das Stellenangebot nicht annehmen.‹ Das ist mittlerweile fünf Jahre her. Und seit diesem Tag wurden mir zahlreiche weitere Jobangebote unterbreitet.«

## Berufen Sie sich auf gemeinsame Standards

Eine weitere Methode, um Ihr Gegenüber mit Ihrem *Ja!* zu überzeugen, besteht darin, sich auf gemeinsame Standards oder Werte zu berufen, wie Gleichheit, Fairness oder Qualität.

Dies illustriert ein Beispiel aus der Geschäftswelt, das durch den Management Researcher Jim Collins und sein Team näher untersucht wurde. Zu dem Zeitpunkt, da George Cain CEO von Abbott Labs wurde, dümpelte die Firma schläfrig im unteren Viertel der Pharmaindustrie herum. Eine der Hauptursachen für die mittelmäßigen Leistungen war, wie Cain bald erkannte, die dort herrschende Vetternwirtschaft: Erstklassige Positionen wurden – ungeachtet der persönlichen Fähigkeiten – Familienmitgliedern zugeschanzt. Collins schreibt hierzu: »Cain war nicht der Mann, der seine Leute durch bloßes Charisma mitriss, aber er verfügte über etwas weit Wirkungsvolleres: extrem hohe Leistungsmaßstäbe.«

Cains Nein zur Vetternwirtschaft begann mit einer *Wir*-Aussage, einem starken *Ja!* zu Spitzenleistungen. Obwohl er ebenfalls zur Familie gehörte und der Sohn eines früheren Abbott-Präsidenten war, machte er sämtlichen Mitarbeitern einschließlich der Familienangehörigen klar, dass sie ihre Jobs nur dann würden behalten können, wenn sie das Potential hatten, innerhalb ihres Verantwortungsbereiches zum besten Mitarbeiter der ganzen Branche zu avancieren, was, wie Collins bemerkt, »einige Jahre für ziemliche Anspannung im Cain-Clan gesorgt haben dürfte. (›Tut mir leid, dass ich dich feuern musste. Noch etwas Truthahn?‹)«. Aber letztlich waren die Familienmitglieder glücklich über die finanziellen Ergebnisse, denn durch sein Ja zu Spitzenleistungen und sein Nein zur Vetternwirtschaft verwandelte Cain Abbott Labs in ein äußerst leistungs- und gewinnorientiertes Unternehmen.

Die Besinnung auf gemeinsame Standards trug wesentlich zur Entschärfung eines internationalen Vorfalls während der Kubakrise im Jahre 1962 bei, die einen Dritten Weltkrieg hätte auslösen können. Die folgende Geschichte ereignete sich während der gleichen Serie von Konferenzen, die wir in einem der vorigen Kapitel schilderten. Unter den zahlreichen geheimen Gesprächen trug sich eines – das vielleicht am wenigsten bekannte – an Bord eines sowjetischen U-Bootes zu, das mit Nukleartorpedos bewaffnet und im Nordatlantik stationiert war. Ein amerikanisches Kriegsschiff attackierte das Unterseeboot mit Wasserbomben, um es zum Auftauchen zu zwingen, damit man es orten konnte. Für den russischen Kapitän, der mit hohen Temperaturen an Bord und immer knapper werdenden Sauerstoffreserven zu kämpfen hatte, schrie dieser Angriff geradezu nach Vergeltung. Er befahl, die Nukleartorpedos in Gefechtsstellung zu bringen.

Die Dienstanweisung bei der russischen Marine – also der gemeinsame Verhaltensstandard – besagte, dass zwei weitere Offiziere dem Abfeuern der Nuklearwaffen zustimmen mussten. Einer der beiden stimmte sofort zu: »Die pusten wir jetzt weg!«, schrie er. »Vielleicht müssen wir ja jetzt wirklich sterben, aber wir werden sie alle versenken! Wir werden unserer Marine keine Schande machen!« Der zweite Kapitän, Wassili Archipow, jedoch sagte Nein. Er erinnerte die beiden anderen daran, dass die Marine-Dienstvorschriften ein Abfeuern der Waffen nur erlaubten, wenn die Schiffshülle beschädigt war, was nicht der Fall war. »Archipow gehörte zu jenen Männern, die stets einen kühlen Kopf bewahren«, erklärte Jahre später ein guter Freund von ihm. »Der Kapitän hatte die Beherrschung verloren. Die Situation war sehr angespannt, und alle fluchten. Doch nach Archipows Weigerung beruhigten sich Gott sei Dank alle wieder.«

»Wenn dieser Torpedo abgeschossen worden wäre, hätte dies der Beginn eines Atomkrieges sein können«, kommentierte Robert McNamara diesen Vorfall über dreißig Jahre später. Ein normaler Mann, der zum richtigen Zeitpunkt und auf die richtige Weise Nein sagte, könnte also die Welt gerettet haben.

## ARTIKULIEREN SIE IHR JA, OHNE JA ZU SAGEN

Wenn Sie nicht aus bestimmten Gründen, sondern nur aus einem Bauchgefühl heraus Nein sagen, besteht keine Notwendigkeit, Gründe oder Entschuldigungen zu erfinden. Stellen Sie sich doch beispielsweise einmal vor, Sie hätten ein unbehagliches Gefühl dabei, einem Freund eine bedeutende Geldsumme zu leihen. Fieberhaft denken Sie über mögliche Entschuldigungen nach, um seiner entsprechenden Bitte nicht nachkommen zu müssen: »Vielleicht brauche ich das Geld selbst.« – »Meine Frau wäre damit nicht einverstanden.« – »Ich möchte dich nicht erinnern müssen, wenn du vergisst, es mir zurückzuzahlen.« Keine dieser Gründe entspricht tatsächlich der Wahrheit, die einfach nur lautet, dass Sie kein gutes Gefühl beim Geldleihen haben. Es ist also an der Zeit, Ihrer Intuition zu trauen, die Ihnen eine vollkommen legitime Begründung für ein Nein bieten kann. Sie könnten also einfach nur sagen: »Tut mir leid. Ich fühle mich einfach nicht wohl dabei.« Oder »Tut mir leid. Das kann ich nicht.« Und es dabei belassen.

Wenn jemand Sie um etwas bittet, was Sie nicht tun wollen, so ist die beste Antwort meist die direkteste: »Diese Art von Arbeit ist nichts für mich.« Genug gesagt. Es besteht keine Notwendigkeit für lange Reden oder Entschuldigungen, die Ihrem Nein nur die Kraft rauben würden, genauso wenig, wie Sie durch lange »Ähs« und »Hmms« nur Zeit schinden. Ihre Erklärung sollte so kurz und prägnant wie möglich sein. Häufig gilt: Je kürzer sie ist, umso stärker ist sie auch.

Zwar gehört es zum respektvollen Umgang miteinander, die eigenen Interessen darzulegen, manchmal ist es jedoch am effektivsten, gar keine Erklärung abzugeben. Ein Leitsatz der Anonymen Alkoholiker lautet: »Nein ist ein vollständiger Satz.« Unter bestimmten Umständen müssen Sie dem anderen Ihr Nein also nicht erklären. Die Ablehnung eines alkoholischen Getränks beispielsweise müssen Sie nicht rechtfertigen. Ein einfaches, höfliches »Nein, danke« tut es auch. Sie kennen Ihr Ja – das ist besonders wichtig –, aber manchmal behalten Sie es einfach für sich, denn es geht nur Sie selbst etwas an und sonst niemanden.

Der Fotograf Philip Halsman war berühmt dafür, dass er die meisten Menschen bat, in die Luft zu springen, damit er sie so fotografieren konnte. Richard Nixon, J. Robert Oppenheimer, Grace Kelly, der Herzog und die Herzogin von Windsor und viele andere Prominente waren damit einverstanden, sich in dieser Pose ablichten zu lassen. Eines Tages, am Ende eines Fotoshootings des Pianisten Van Cliburn, bat er den Musiker ebenfalls, ihm diesen Gefallen zu tun – und Van Cliburn weigerte sich. Halsman schildert es folgendermaßen: »Ich fragte ihn höflich, welche Gründe er hatte, nicht zu springen. Der Künstler legte die Arme auf den Rücken, hob das Kinn und sagte: *›Eine Erklärung ist nicht notwendig.‹«*

Von dieser sachlichen, affirmativen Antwort war Halsman so beeindruckt, dass er Van Cliburn in dieser Pose fotografierte und es an exponierter Stelle in seinem Buch mit Fotos von springenden Prominenten veröffentlichte, und zwar unter dem Titel »Van Cliburn weigert sich zu springen«. Halsman verstand, dass der Pianist zu seinen eigenen, einzigartigen Vorlieben und seinem Bedürfnis nach Privatsphäre Ja sagte. Gerade deshalb war Halsman eher erfreut als beleidigt, obwohl die Ablehnung ohne Erklärung erfolgte.

## *JA!* IST EINE WERTAUSSAGE

Die Artikulation Ihres Ja kann – wenn es Ihren tiefsten, inneren Prinzipien entspringt – die Reaktion Ihres Gegenübers auf Ihr Nein maßgeblich beeinflussen. Vor langer Zeit erzählte mir Bob Woolf, einer der besten Sportagenten seiner Zeit, eine Geschichte, die diesen Grundsatz veranschaulicht.

Als Larry Bird, der Basketball-Superstar, gerade am Anfang seines kometenhaften beruflichen Aufstiegs stand, bekam Bob Woolf einen Anruf von einem Komitee bedeutender Mitbürger aus Birds Heimatstadt Terre Haute in Indiana. Sie fragten Bob, ob er interessiert daran sei, sich als Agent für Larry Bird zu bewerben. Bob Woolf sagte natürlich zu. Er flog hin und brachte ein anstrengendes achtstündiges Bewerbungsgespräch mit dem Komitee hinter sich, zu dem nicht nur der Dekan der sportlichen Fakultät an der örtlichen Universität gehörte, sondern auch der Bankdirektor des Ortes, der Besitzer des städtischen Kaufhauses sowie andere Stadtälteste. Sie wollten einfach alles wissen. Nachdem man sich über Monate hinweg Hunderte von Bewerbern angesehen hatte, kürzte das Komitee die Liste erst auf fünfundzwanzig, dann auf fünfzehn und schließlich auf drei zusammen. Bob hatte sein letztes Gespräch in Terre Haute, und es verlief so positiv, dass er gleich danach seine Frau in Boston anrief: Er war fast sicher, dass er den Job bekommen würde.

Er hatte gerade aufgelegt, als das Komitee sich telefonisch bei ihm anmeldete. Kurze Zeit später drängten sich zehn Mann in sein Hotelzimmer und sagten: »Wir möchten wissen, welches Honorar Sie verlangen, wenn Sie Larry repräsentieren … Geben Sie uns eine Zahl. Wir müssen genau wissen, um welchen Betrag es sich handelt. Mr. Katz [der andere Kandidat] hat uns seinen Preis genannt, und jetzt brauchen wir den Ihren.«

Bob spürte, wie sich ihm der Magen umdrehte. Er hatte immer eine prozentuale Beteiligung und niemals einen Pauschalbetrag erhalten. Dieses geschäftliche Arrangement hatte sich auch bei den anderen von ihm betreuten Sportlern als äußerst fair erwiesen.

»Hören Sie«, antwortete Bob. »Ich weiß, Sie haben Ihre Gründe, mir diese Frage zu stellen, und natürlich respektiere ich Larrys Wunsch, im Voraus genau wissen zu wollen, wie viel ihn meine Dienste kosten. Aber ich möchte mit Larry auf der gleichen Basis arbeiten, die ich auch mit meinen anderen Kunden vereinbart habe. Wir einigen uns erst am Ende der Verhandlungen, wenn Larry einen Vertrag hat, auf ein Honorar für mich. Ich kann ihnen jetzt keine konkrete Zahl nennen. Es wäre meinen anderen Kunden gegenüber nicht fair, wenn ich besondere Konzessionen machte, nur um mit Larry zusammenzuarbeiten. Ich wünsche mir sehr, ihn zu repräsentieren. Ich halte das für eine besondere Gelegenheit und Auszeichnung. Aber ich kann Ihnen einfach nicht die Antwort geben, die Sie hören wollen.«

Mit anderen Worten: Bob erklärte das Ja hinter seinem Nein.

Der Vorsitzende des Ausschusses starrte Bob an. »Nun ja, vielleicht sollte ich Ihnen die Konsequenzen Ihres Verhaltens nochmals vor Augen führen«, sagte er. »Wir bitten Sie noch einmal, uns eine konkrete Zahl zu nennen, dann können wir die Sache in trockene Tücher bringen. Ich weise Sie ausdrücklich darauf hin, dass Sie Larry Bird wahrscheinlich nicht als Agent vertreten werden, wenn Sie uns *keinen* festen Betrag nennen. Also bitte, sagen Sie uns Ihren Preis.«

Bob atmete tief durch. »Das kann ich nicht. Ich wiederhole nochmals: Meine Honoraransprüche werden sich in einem vernünftigen Rahmen bewegen, und ich werde hart für Larry arbeiten. Aber ich werde Larry Bird nicht anders behandeln als jeden anderen Sportler, für den ich arbeite, und ich bin bereit, die Konsequenzen zu tragen.«

Man verabschiedete sich, und das Komitee verließ das Hotelzimmer.

»Lange stand ich da und starrte die Tür an«, erinnerte sich Bob. »Ich hatte mich zwar rechtschaffen verhalten, fühlte mich aber trotzdem elend.« Erneut telefonierte er mit seiner Frau: »Du glaubst nicht, was gerade passiert ist!«, sagte er. Sein Sohn kam ebenfalls an den Apparat und versuchte, ihn zu trösten. »Ist schon in Ordnung, Dad. Ich bin stolz auf dich. Du hast deine Prinzipien, und ich bin froh, dass du ihnen gefolgt bist.«

Fünf Minuten später klingelte das Telefon wieder.

»Hier spricht Lu Meis. Ich wollte Ihnen nur mitteilen, dass wir unsere Entscheidung getroffen haben. Wir finden, dass wir nicht bis morgen früh warten sollten, um es Ihnen zu sagen.«

»Ja?« Bob wappnete sich gegen schlechte Nachrichten.

»Wir haben uns für Sie entschieden.«

Bob traute seinen Ohren nicht. »Sie machen Witze!«

»Nein, Bob«, sagte Meis. »Wir wissen, wie gern Sie Larry vertreten wollen, wie viel es Ihnen bedeutet und wie viel Zeit und Mühe Sie in Ihre Bewerbung investiert haben. Gerade vor diesem Hintergrund fanden wir es beeindruckend, dass Sie für Ihre Position eingetreten sind und sich trotz aller Widrigkeiten nicht davon haben abbringen lassen. Sie sind der Mann, den wir uns für die Verhandlungen, die in Larrys Namen mit Red Auerbach anstehen, wünschen.«

Mit anderen Worten: Man wollte einen Agenten engagieren, der zugunsten eines tief verwurzelten Ja in der Lage war, Nein zu sagen.

Zusammenfassend können wir Folgendes festhalten: Ihr Nein beginnen Sie am besten mit einem Ja. Ihr Ja kann die Form einer *Der-die-das*-Aussage, einer *Ich*-Aussage oder einer *Wir*-Aussage oder einer Kombination aus diesen drei Varianten annehmen. Dabei geben Sie Ihrem Gegenüber keine Schuld und beschämen ihn nicht. Sie weisen ihn nicht zurück. Sie betonen einfach nur Ihre eigenen Interessen, Bedürfnisse und Werte.

Ihr Ja ist im Wesentlichen eine Wertaussage. Sie betonen Ihren eigenen Wert. Auf persönlicher Ebene ist dies Ihr Wert als Mensch; auf ökonomischer Ebene kann das der Wert Ihres Produktes, Ihrer Dienstleistung oder Marke sein; in einem größeren Zusammenhang können es ethische und moralische Werte sein. Was letztlich zählt, ist Ihr Ja zu dem, worauf es ankommt.

Nach Ihrem Ja kommt Ihr Nein. Und diesem Thema widmen wir uns im folgenden Kapitel.

# 5 BEKRÄFTIGEN SIE IHR NEIN

*Es ist leicht, »nein!« zu sagen, wenn im Innern ein tieferes »Ja!« brennt.*

STEPHEN R. COVEY

Nun, da Sie Ihr Ja artikuliert haben, wird es Zeit, Ihr Nein zu bekräftigen. Wir befinden uns nun nicht nur im Zentrum der drei Phasen, sondern auch im Mittelteil der Aussage des Positiven Nein. Alles andere ist Vorspiel oder Nachspiel.

Die wesentliche Aktion, die Bekräftigung des Nein, ist sehr einfach. Sie setzen eine klare Grenze, errichten einen Wall.

## DIE MACHT DES NEIN

Nein zu sagen ist ein wesentlicher Bestandteil des Lebens. Jede lebendige Zelle besitzt eine Membran, die bestimmten notwendigen Nährstoffen Zugang gewährt und andere abwehrt. Jeder lebendige

Organismus benötigt derlei Grenzen, um sich selbst zu schützen. Um zu überleben und zu gedeihen, muss jeder Mensch und jede Organisation in der Lage sein, Nein zu sagen zu allem, was seine/ihre Sicherheit, Würde und Integrität bedroht.

Nein ist der Schlüsselbegriff zu Ordnung, Struktur und Disziplin. Regeln und Gesetze werden häufig in Form eines Nein formuliert. Von den Zehn Geboten in der Bibel beispielsweise sind acht als Nein formuliert. Die großen Tugenden des Nein sind Klarheit und Genauigkeit. Denken Sie nur an den Unterschied, den es für ein Kind macht, ob Sie ihm sagen: »Bitte behandele deine Klassenkameraden respektvoll.« oder »Du darfst nicht schlagen!« Ein Nein vermittelt eine einfache und klare Botschaft und spezifiziert präzise, was Sie meinen.

Für jeden Menschen kommt der Augenblick im Leben, da er die Macht des Nein erkennt, um eine schützende Grenze zu setzen. Einmal beobachtete ich auf dem Schulhof meiner Tochter einen weinenden kleinen Jungen, dessen Schulkameraden ihn an einem von einem Baum herabhängenden Seil hin- und herschwangen. Er wollte herunter, aber er konnte seine Gefühle nicht mitteilen. Dann sah ich, wie eine Lehrerin ins Geschehen eingriff. Leise sagte sie zu ihm: »Sag, was du willst.« Sofort sagte er: »Hört mit dem Schaukeln auf! Hört mit dem Schaukeln auf!« Als seine Schulkameraden aufhörten, leuchtete sein Gesicht förmlich auf: Er hatte die Macht des Nein-Sagens entdeckt.

Aber der Nutzen eines Nein geht weit über Schutz und Disziplin hinaus. Wenn wir uns spöttisch über Kleinkinder äußern, die Nein sagen, und von der »kindlichen Trotzphase« reden, entgeht uns die wichtige Entwicklung, die sie durchmachen. In dieser Phase ihres Lebens lernen sie, eigenständig zu handeln und Grenzen zu setzen. Sie beginnen zu definieren, wer sie sind – und wer sie *nicht* sind. Wenn man aufmerksam zuhört und lernt, zwischen den Zeilen zu lesen, entdeckt man hinter dem Nein eine ganz neue Botschaft:

»Nein, das esse ich nicht! Nein, das ziehe ich nicht an! Nein, da will ich nicht hingehen!« – Was hören Sie heraus? »Ich existiere! Ich habe ein Recht auf meine Gefühle. Ich habe ein Recht auf eine eigene Meinung. Ich bin ich selbst.« Ein neues Wesen verkündet seine unabhängige Existenz. Nein sagen zu lernen, ist ein wesentlicher Bestandteil der immerwährenden Entwicklung eines jeden Menschen.

Nein ist das Schlüsselwort für die Definition Ihrer Identität, Ihrer Individualität oder – auf Firmenebene – Ihrer Marke. Wenn Sie nicht Nein sagen können, haben Sie keine Marke, denn Letztere wird durch das definiert, wozu Sie Nein sagen. Nein ist ein Selektionsprinzip, das es Ihnen erlaubt, so zu sein, wie Sie sind und nicht wie jemand oder etwas anderes. Nein verleiht Ihnen Einzigartigkeit und definiert Ihre Persönlichkeit, durch die Sie die Welt bereichern.

Weil wir mit unserem Nein unsere Macht zum Ausdruck bringen, übertreiben wir es damit schon mal, weshalb der Eindruck entstehen kann, dass wir unser Gegenüber angreifen wollen. Oder wir sind zu zurückhaltend, zögerlich und leise mit unserem Nein, sodass wir gar nichts erreichen. Die Herausforderung besteht darin, genau den richtigen Ton zu finden. Wie können Sie Ihr Nein selbstbewusst vertreten, ohne aggressiv zu wirken?

## LASSEN SIE IHR NEIN FLIESSEN

Die Lösung besteht darin, etwas einzusetzen, das man als Ihr natürliches Nein bezeichnen könnte.

Ein natürliches Nein ist einfach und geradeheraus. Es fließt wie selbstverständlich und fast mühelos aus Ihrem Ja. Als meine Tochter Gabriela noch klein war, beherrschte sie diese Form des Nein perfekt. Es kam ihr über die Lippen, als sei es die natürlichste Sache der Welt. »Nein, ich will jetzt nicht reden, Papa. Ich spiele gerade. Kann ich jetzt gehen?« Auch wenn ich fünftausend Meilen entfernt im Dschungel saß und zuvor viele Meilen gewandert war, nur um ein Telefon zu finden und mit ihr zu reden, auch wenn ich es ungefähr ein Dutzend Mal versucht hatte: Ihr Nein war dermaßen natürlich, dass es mich jedes Mal vollkommen entwaffnete. Es war durchsichtig, ungezähmt von Angst, unverdorben durch Zorn. Es war ehrlich, sauber und sachlich.

Je älter wir werden, umso komplexer werden unsere Emotionen und Motivationen. Wir entwickeln ein besseres Gespür für die möglichen Konsequenzen, sodass es uns schwerer fällt, Nein zu sagen. Aber wenn Sie unserer Methode des Positiven Nein bis hierhin gefolgt sind, haben Sie das Schwierigste gewissermaßen schon hinter sich. Sie haben die wichtige Vorbereitungsarbeit bereits geleistet. Sie sind wie ein Leistungssportler, der hart trainiert hat. Und nun, während des Rennens, ist es an der Zeit, den Lohn für diese harte Arbeit zu ernten.

Lassen Sie Ihr Nein fließen. Lassen Sie es aus dem Ja fließen, das Sie offengelegt haben. Lassen Sie es aus der Macht fließen, die Sie entwickelt haben. Lassen Sie es aus dem Respekt fließen, den Sie dem anderen entgegenbringen. Wenn Sie das beherzigen, wird Ihr Nein klar, engagiert und rein sein.

## Lassen Sie es aus Ihrem Ja fließen

Das vielleicht Wichtigste, das Sie im Kopf behalten müssen, wenn Sie Nein sagen, ist Ihr Ja – Ihr Hauptinteresse, Ihr Kernbedürfnis, der Wert, den Sie schützen wollen. Denken Sie daran, *dass Nein nur eine andere Art des Ja-Sagens ist.*

In der folgenden Episode erleben Sie, wie eine Mutter für die besonderen Bedürfnisse ihres Kindes eintritt, als seine Lehrerin verlangt, dass es einen bestimmten Kurs aufgibt:

**Lehrerin**: Tut mir leid, Mrs. Taylor, aber Courtney kann den geisteswissenschaftlichen Kurs nicht länger besuchen. Sie gehört einfach nicht hierher.

**Mutter** *(in sachlichem Ton)*: Nein. Courtney hat das Recht, genauso wenig ausgeschlossen zu werden wie ihre Mitschülerinnen. Wir werden einen Weg finden müssen, damit es funktioniert.

**Lehrerin**: Aber sie kann einfach nicht Schritt halten.

**Mutter**: Sie hat in der Tat einige Schwierigkeiten, aber ich versichere Ihnen, dass sie die anfallenden Aufgaben erledigen wird.

**Lehrerin**: Aber gerade die haben Courtney neulich doch so aus der Fassung gebracht.

**Mutter** *(ruhig und fest)*: Sie hat sich deshalb so aufgeregt, weil ihr gesagt wurde, dass sie in diesem Kurs nichts zu suchen habe.

Courtney blieb in dem Kurs, und sie erledigte ihre Aufgaben.

Das Nein der Mutter floss natürlich aus ihrem Ja – aus ihrem Wunsch, dass ihr Kind sich zugehörig fühlte. Die Mutter griff die Lehrerin nicht an. Sie vermied Äußerungen wie: »Wenn Sie meiner Tochter sagen, dass sie in diesem Kurs nichts zu suchen hat, dann diskriminieren Sie sie!« Stattdessen konzentrierte sie sich darauf, Courtneys Recht zu schützen, genau wie ihre Schulkameraden am Kurs teilzunehmen. Die Mutter sprach kein Machtwort, sie schlug nicht mit der Faust auf den Tisch, sondern trat entschieden für ihr Kind ein.

Wie dieses Beispiel deutlich macht, ist ein natürliches Nein keine rigide und unbeugsame Position, sondern vielmehr eine feste Haltung, die als organische Konsequenz aus Ihren Interessen erwächst. Denken Sie daran: Sie nutzen nur die Klarheit, Genauigkeit und Macht eines Nein, um Ihrem Gegenüber zu vermitteln, was wirklich für Sie zählt und wozu Sie Ja sagen.

Stellen Sie sich Ihr Nein nicht als Mauer, sondern vielmehr als starke, lebendige Grenze vor, die das schützt, was Ihnen am Herzen liegt. Während eine Mauer eine optische Barriere zwischen den Parteien aufbaut, erlaubt es eine Grenzlinie beiden Beteiligten, einander zu sehen und in Verbindung zueinander zu bleiben – und sich trotzdem klar voneinander abzugrenzen.

## Lassen Sie es aus Ihrer Macht fließen

Sprachphilosophen unterscheiden zwischen solchen Botschaften, die eine Situation beschreiben, und jenen relativ seltenen Botschaften, die eine Situation tatsächlich verändern. Sie bezeichnen Letztere als »performative Sprachakte«. Das klassische Beispiel dafür sind zwei Menschen, die vor dem Standesbeamten oder Priester »Ich will« sagen. Hierbei handelt es sich nicht um eine *Beschreibung* ihrer Gefühle, sondern um eine *Handlung*. Es verändert ihren sozialen Status von alleinstehend zu verheiratet.

Auch ein Positives Nein ist ein solcher performativer Sprachakt, denn damit beschreiben Sie nicht nur Ihre Gefühle oder Interessen, sondern Sie zeigen Ihr Engagement für eine zukünftige Vorgehensweise. Sie sind bereit, Ihr Nein durch Ihre persönliche Macht zu stützen. Ihre Absicht ist stark und falls nötig greifen Sie sogar auf einen Plan B zurück. Durch Ihr Engagement schaffen Sie eine neue Grenze, die bislang nicht existierte. Sie verändern Ihre soziale Realität.

Mein Freund David ist ein *Native American*, der die religiösen Traditionen seiner Vorfahren aktiv praktiziert: Er errichtet Schwitzhütten in der Wildnis. Hierbei handelt es sich um saunaähnliche Gebilde, in denen die Menschen beten und durch die Hitze in einen besonderen Zustand der Andacht versetzt werden. Während eines besonders trockenen Sommers verboten die Behörden sämtliche Feuer, um das Ausbrechen von Waldbränden zu verhindern. David geht mit Feuer stets ganz besonders vorsichtig um. Er lässt niemals ein Feuer allein und sorgt immer dafür, dass ein Hüter der Flammen Tag und Nacht darüber wacht. Als der Fire Marshal darauf bestand, dass David seine Feuerzeremonien einstellte, wurde David nicht wütend. Er senkte nur einfach die Stimme und gab ein tiefes, klingendes, lang gezogenes Nein von sich, das aus seinem *Ja!* an seine religiösen Überzeugungen kam. »Neeeiiin. Wir werden unsere Religion auch weiterhin ausüben, wie wir es immer schon getan haben, lange bevor die Europäer auf diesen Kontinent kamen. Es gehört zu unserer heiligen Pflicht, unsere Feuer die ganze Nacht über zu beobachten. Wir haben noch nie einen Waldbrand ausgelöst und werden es auch niemals tun. Ich möchte Sie herzlich einladen, sich unsere Vorsichtsmaßnahmen näher anzusehen, wenn Sie möchten.« Nach dieser Unterhaltung versuchte niemand mehr, David an der Ausübung seiner religiösen Praktiken zu hindern.

Und genau das ist es. Das Nein ist ruhig und fest. Es ist tief und volltönend, es klingt nach, als ob es sich um eine physisch wahrnehmbare Grenze handelte. Sie machen Ihrem Gegenüber keinen Vorschlag, wo eine Grenzlinie zu ziehen sei, sie sprechen noch nicht einmal darüber, sie *ziehen* sie einfach, und zwar durch die Macht, die Ihrem Engagement erwächst. Sie schaffen eine neue Realität.

Folgende Situation zwischen einer Firma und ihrem Hauptkunden mag das veranschaulichen. Eine Führungskraft der Firma berichtete es so: »Die Verhandlungen mit unserem Kunden zogen sich nun schon seit sechs Monaten hin, und wir waren dabei, unser definitiv letztes Angebot zusammenzustellen. Wir gönnten uns drei bis vier Wochen, um es vorzubereiten und die Bedürfnisse des Kunden zu berücksichtigen. Eine unserer Top-Führungskräfte sollte es unterbreiten. ›Dies sind die Unterlagen für unser letztes Angebot!‹, verkündete er, doch der Kunde stellte erneute Forderungen und wollte noch mehr herausschlagen. Unser Mitarbeiter antwortete mit ruhiger, sachlicher Stimme: ›Vielleicht haben Sie mich nicht verstanden. Dies ist unser *letztes* Angebot.‹ Innerhalb von fünf Sekunden nahm das Gespräch eine völlig neue Wendung. Der Repräsentant des Kunden antwortete: ›Lassen Sie mich mit dem zuständigen Kollegen telefonieren, um die Bedingungen mit ihm zu diskutieren.‹ Jetzt hatten sie gelernt, uns und unsere Dienstleistungen zu schätzen.«

Der Mitarbeiter zog eine klare Linie. Es war kein Bluff. Er signalisierte sein Engagement nur bis zu einem bestimmten Punkt. Darüber hinaus war er bereit, sein *BATNA* in Kraft treten zu lassen, das darin bestand, sich von diesem bestimmten Kunden zurückzuziehen und sich neue zu suchen. Natürlich müssen Sie Ihren Plan nicht unbedingt offen ansprechen, aber er ist trotzdem ein impliziter Bestandteil der Verhandlungen und unterstreicht die Grenze, die Sie setzen. Paradoxerweise kann ein Nein für den anderen auch wie ein Geschenk sein. Wenn einmal eine klare Linie gezogen wurde, kann auch Ihr Gegenüber sich entspannen, so seltsam das auch anmuten mag. In dem soeben geschilderten Fall war der Kunde zufriedener, denn er wusste, dass er bei den Verhandlungen nun die bestmöglichen Konditionen erreicht hatte.

Um Ihr Engagement zu zeigen, reicht ein sachlicher Ton, genau wie mein Freund David und die oben beschriebene Führungskraft ihn an den Tag legten. Sie greifen niemanden an, sondern verkünden einfach nur eine neue Tatsache, eine klare Grenze, die Sie als Antwort auf die Forderung oder das Verhalten des anderen setzen.

Damit Ihr Nein gehört wird, ist es nicht notwendig zu schreien. Es besteht weder die Notwendigkeit, aggressiv zu werden noch ein Anlass abzuwiegeln. Ein fester, neutraler Ton ist genau richtig. Paradoxerweise signalisiert ein Nein, das mit leiser Stimme geäußert wird, oft mehr Entschlossenheit als ein lautes, schrilles.

Sie können gleichzeitig höflich und entschlossen sein. Mein Freund Stephen beschreibt, wie er eines Tages ein Telefonat seiner Frau Sandra mit anhören musste. Wieder einmal war sie gebeten worden, ehrenamtlich bei einer Benefizveranstaltung der Gemeinde mitzuarbeiten. In derlei Situationen sind viele Menschen verständlicherweise um Worte verlegen. Sie stammeln ein oder zwei

Entschuldigungen und erklären, dass sie sowieso schon überlastet sind. Wenn der Anrufer sie weiter unter Druck setzt, erscheint es ihnen oft leichter, mit einem resignierten Seufzer doch nachzugeben. Voller Bewunderung hörte Stephen, wie Sandra mit ruhiger, neutraler Stimme sagte: »Dieses Jahr mache ich bei keiner Spendenaktion mit. Aber danke, dass Sie an mich gedacht haben.« Das war alles – höflich, fest und endgültig.

Achten Sie auf einen sachlichen und neutralen Ton und lassen Sie Ihr Nein natürlich aus Ihrer Macht fließen.

## Lassen Sie es aus Ihrem Respekt fließen

Durch ein negatives Nein distanzieren Sie sich von dem anderen. Mit einem Positiven Nein tun Sie das Gegenteil: Sie stellen Nähe her. Sie versuchen, mit dem anderen durch Respekt in Verbindung zu bleiben.

Wenn ein erfolgreiches spanisches Bankhaus einem wichtigen Kunden mitteilen muss, dass man die vorgeschlagene Investition nicht finanzieren wird, wird die Sache nicht einfach nur dem Kreditsachbearbeiter überlassen. Das Nein ist so wichtig, dass es direkt von einem der Geschäftsführer geäußert wird. Manch einer würde das Nein durch einen Brief oder Telefonanruf kommunizieren, weil es ihm unangenehm wäre, einem solch wichtigen Kunden Nein zu sagen, und würde mit diesem Verhalten die Distanz noch vergrößern. Der Vertreter der bewussten spanischen Bank jedoch tut das genaue Gegenteil. Er versucht, Nähe herzustellen und zu intensivieren. Er lädt den Kunden zu einem ausgedehnten Essen auf die Familien-Hacienda ein, die etwa eine Stunde von Madrid entfernt liegt. Sie genießen ein vorzügliches Essen und gute Gespräche. Danach, als Bankier und Kunde am Likör nippen und eine Zigarre rauchen, verkündet der Finanzfachmann: »Wie Sie wissen, ist uns unsere geschäftliche Beziehung zu Ihnen sehr wichtig. Wir bedauern außerordentlich, dass wir Ihnen bei diesem speziellen

Deal nicht stärker von Nutzen sein können. Aber wir würden uns freuen, wenn wir Sie in Zukunft bei vielen anderen Transaktionen unterstützen dürften.« Der Bankier sagt ganz sachlich Nein, ohne höfliche Schnörkel. Gleichzeitig macht er deutlich, wie viel Wert er seinem Kunden beimisst. Dadurch übermittelt er nicht nur die wichtige Botschaft, sondern er sorgt auch für den Erhalt der Beziehung. Zu einem Geschäft Nein zu sagen, ist ein besonderer Anlass, dem die gleiche feierliche Sorgfalt zuteilwerden sollte wie einem erfolgreichen Geschäftsabschluss.

»Es gibt einfach immer wieder Augenblicke im Leben, in denen man Nein sagen muss«, sagt Luiz Inácio Lula da Silva, dessen Leben in extremer Armut begann und der vom Gewerkschaftsführer zum Präsidenten Brasiliens avancierte. »Und dieses Nein muss mit der gleichen Aufrichtigkeit, der gleichen Ehrlichkeit und im gleichen Ton geäußert werden wie ein Ja.«

Versuchen Sie, beim Nein-Sagen mit Ihrem Gegenüber in Verbindung zu bleiben – genau wie der spanische Bankier, um den Weg für ein positives Ergebnis und eine positive Beziehung zu bereiten.

Es ist nicht immer einfach, auf nette Weise Nein zu sagen. Oft befrachten wir unser Nein mit jeder Menge Gefühlsmüll – mit Wut, Furcht, Schuld oder Scham. Diese emotionalen Lasten stehen einer klaren, effektiven Kommunikation im Weg. Versuchen Sie, Ihr Nein so weit wie möglich von Ballast zu befreien. Genau deshalb haben Sie auch die wichtige Vorbereitungsarbeit geleistet, haben negative Emotionen in positive Absicht verwandelt und eine respektvolle Haltung entwickelt. Das hält Ihr Nein rein und klar.

Machen Sie sich nicht zu viele Sorgen darüber, was der andere wohl von Ihnen denken mag. Betrachten Sie es nicht als Ihre Aufgabe, Ihr Nein so zu formulieren, »dass der andere sich nicht aufregt« und Sie »hinterher immer noch mag«, denn damit sind Sie zum Scheitern verurteilt. Wenn Sie versuchen, die Reaktionen Ihres Gegenübers zu beeinflussen, verlieren Sie Ihre eigenen Interessen und

Werte womöglich aus den Augen und versuchen überdies, etwas zu kontrollieren, auf das Sie doch eigentlich gar keinen Einfluss haben. Definieren Sie Ihre Aufgabe stattdessen also folgendermaßen: »Ich muss mein Nein auf klare, ehrliche und respektvolle Weise vorbringen. Die Reaktion meiner Umwelt kann ich nicht beeinflussen.«

Eine große Kunst im Leben besteht darin, zu lernen, wie man Unangenehmes sagt, ohne unangenehm zu sein.

## NEIN SAGEN ZU FORDERUNGEN

Unten habe ich einige Formulierungen aufgelistet, auf die Sie zurückgreifen können, um den Forderungen Ihres Gegenübers mit einem Nein zu begegnen, das natürlich aus Ihrem Ja, Ihrer Macht und Ihrem Respekt fließt. Denken Sie immer daran, dass Ihr Ton und Ihre eigentliche Absicht mit Ihren Worten in Einklang stehen müssen, wenn Sie die richtige Wirkung haben sollen.

### »Nein« oder »Nein danke«

Das einfachste Wort, um eine Grenze zu setzen, ist *Nein*. Dies ist ein Wort der reinen Macht. Für jene Mitmenschen, die eigentlich davor zurückscheuen, ihre Kraft zu nutzen, und eher dazu neigen, sich anzupassen oder zu vermeiden, ist es manchmal nützlich, ihre Sätze mit dem Wort Nein zu beginnen, um ihrem Nein überhaupt erst wieder Macht zu verleihen. »Nein. Ich möchte, dass du zuerst etwas Gesundes isst. Deshalb darfst du vor dem Abendessen kein Eis essen«, sagt die Mutter oder der Vater zum Kind. Das Nein ist klar und direkt.

Direktheit ist wichtig, kann aber mit Anmut vorgebracht werden. In einer Wochenschauaufnahme von Mahatma Gandhi, der nach England kam, um Friedensverhandlungen mit den Briten zu führen, sehen wir ein paar eifrige Reporter, die ihn bitten, ins Mikrofon zu sprechen. Er antwortet nur: »Ich glaube nicht«, und schreitet lächelnd davon.

Wer seinem Nein ein »Danke« hinzufügt, demonstriert Respekt und Interesse an der Beziehung. Das Nein schützt, das Danke verbindet. Ein einfaches, energisches, höflich anerkennendes »Nein danke« ist häufig ausreichend. Wenn Sie mit Telefonverkäufern zu tun haben, die Ihre abschlägige Antwort einfach ignorieren, können Sie zum Beispiel sagen: »Ich sage jetzt Nein. – Danke! Auf Wiederhören.«

### »Ich habe meine Prinzipien«

Eine wirkungsvolle Methode, eine Grenze zu setzen, besteht darin, Ihr Nein zu Ihren persönlichen Prinzipien in Bezug zu setzen. So könnten Sie beispielsweise formulieren: »Ich arbeite grundsätzlich nicht in Ausschüssen mit.« Oder: »Ich verleihe mein Geld grundsätzlich nicht an Freunde.« Oder: »Telefonische Angebote kommen für mich grundsätzlich nicht in Frage.«

Wer sagt, er folge einem Grundsatz, der signalisiert, dass sein Nein keine einmalige Botschaft ist, sondern gängige Praxis, über die er lange nachgedacht hat. Eine solche Äußerung signalisiert Entschlossenheit. Sie ist ein Zeichen, dass Sie Ihre Haltung so schnell nicht aufgeben werden. Natürlich sollte eine solche Aussage nicht leichtfertig gemacht oder irreführend als starre gegnerische Position gekennzeichnet werden; sie funktioniert nur dann, wenn es sich tatsächlich um einen Ihrer Grundsätze handelt, um etwas, das Sie genau durchdacht haben.

Eine Grenze, die Bestandteil Ihrer Prinzipien ist, signalisiert Ihrem Gegenüber, dass Ihr Nein nicht persönlich gemeint ist. Es ist unabhängig von seiner Person und seinem Verhalten. Es ist im Wesen positiv. Sie sagen Nein, weil Sie weiterhin Ja zu Ihren Grundsätzen und Werten sagen. Mit anderen Worten: Eine Aussage wie »Ich habe meine Prinzipien« bekräftigt Ihre Interessen, stützt sie durch Ihre persönliche Macht und lässt Ihre persönliche Beziehung außen vor, weil das Nein unpersönlich bleibt.

Betrachten wir an dieser Stelle das Beispiel eines Textilfabrikanten, der von seinen Kunden ständig unter Druck gesetzt wurde, ihre Bestellungen pünktlich auszuführen. Jahrelang reagierte die Firma mit Anpassung. Wenn ein Kunde aufgrund von Verzögerungen ungehalten wurde, pflegte der Hersteller die Sache zu »eskalieren« – er peitschte den Auftrag durch und stellte derweil alle anderen Bestellungen zurück. Das Ergebnis war ein schlecht funktionierendes System und Unzufriedenheit auf allen Ebenen. Schließlich beschäftigte sich die Firmenleitung mit dem Problem und engagierte ein Team von Beratern, das ein neues und besseres System entwickeln sollte, um eine pünktliche Auslieferung der Produkte zu gewährleisten. Zu diesem Zweck wurde eine neue Firmenpolitik in Bezug auf Kunden formuliert: keine Eskalationen mehr. Diese neue Politik wurde offiziell verkündet und trotz der anfänglichen Ablehnung durch die Kunden auch aufrechterhalten.

Das Endergebnis? Die Komplexität des Fabrikmanagements wurde deutlich reduziert. Dadurch konnten Bestellungen nun innerhalb von zwei Wochen statt der sonst üblichen sechs abgewickelt werden. Es gab deutlich geringere Verzögerungen, und es war gar nicht mehr nötig, Bestellungen zu eskalieren – ein Gewinn für alle Beteiligten.

### »Ich habe andere Pläne« oder »Ich habe andere Verpflichtungen«

Eine konkrete, alltägliche Antwort, die Ihre Interessen bekräftigen und Ihre Macht stärken kann, ohne die Beziehung zu belasten, lautet: »Ich habe andere Pläne.« Oder: »Zu diesem Zeitpunkt habe ich schon andere Verpflichtungen.« Mit anderen Worten: Zeigen Sie dem anderen, dass Sie bereits eine andere Verantwortung übernommen haben.

So könnten Sie dem Freund, der Sie zu einer Party einlädt, sagen: »Es tut mir leid. Ich habe schon andere Pläne für den Abend. Danke!« Dem Kollegen, der Sie bittet, ein eiliges Projekt zu übernehmen, können Sie sagen: »Ich würde dir gern aushelfen, aber ich muss erst noch ein paar andere Projekte fertigstellen, bevor ich wieder neue Aufgaben übernehmen kann.« Wenn Ihr Vorgesetzter Sie bittet, am Wochenende an diesem oder jenem Projekt zu arbeiten, können Sie sagen: »Es tut mir leid. Ich bin an diesem Wochenende mit wichtigen Familienangelegenheiten beschäftigt.« Demjenigen, der Sie bittet, sich ehrenamtlich zu engagieren, können Sie antworten: »Im Augenblick muss ich mich stärker auf meine Familie/mein Privatleben/meine Arbeit/mein Studium konzentrieren.«

Einer meiner Klienten schlug einem neuen Kunden einmal ein richtig gutes Geschäft vor. Die Antwort lautete: »Da wir mit Ihrem Konkurrenten bereits eine Vereinbarung getroffen haben, kann ich Ihr Angebot zum gegenwärtigen Zeitpunkt nicht in Betracht ziehen.« Mein Klient betrachtete dies als eines der effektivsten Nein, das er je erhalten hatte, denn »es demonstrierte moralische Integrität und zeigte, dass sie sich an ihre Vereinbarungen hielten«. Dadurch signalisierte man ihm, dass er, falls man in Zukunft Geschäfte mit ihm machen würde, die gleiche Ehrlichkeit und das gleiche Engagement erwarten konnte, die man jetzt seinem Konkurrenten entgegenbrachte.

### »Nicht jetzt«

Es ist nicht leicht, Nein zu sagen, besonders dann nicht, wenn Ihnen die Beziehung zu dem anderen wichtig ist. Eine Möglichkeit, um die negative Botschaft für Ihr Gegenüber abzumildern und Ihnen Ihr Nein zu erleichtern, besteht darin, es zeitlich zu begrenzen. Anders formuliert: Benutzen Sie die magischen Worte »Nicht jetzt«.

Ein Kunde, der Sie bittet, eine spezielle technologische Lösung für sein Problem zu entwickeln, wird ein »Es tut mir leid, aber im

Moment können wir Ihnen eine solche Lösung nicht anbieten« besser akzeptieren können als ein pauschales Nein. Genauso wird ein Angestellter, der Sie um eine Gehaltserhöhung bittet, besser mit der Ablehnung umgehen können, wenn er hört: »Es tut mir leid, aber unsere wirtschaftliche Situation lässt das momentan nicht zu.« Einer meiner Bekannten, der eine solche Antwort erhielt, formuliert es folgendermaßen: »Ich hatte das Gefühl, dass man meiner Bitte durchaus zugehört hatte und dass die Tür immer noch offen stand. In der Zukunft war ein Ja also keineswegs unmöglich.«

In der Tat lädt ein »Nicht jetzt« zu weiteren Anfragen in der Zukunft ein. Wenn Sie also sicher sind, dass es für den betreffenden Angestellten *niemals* eine Gehaltserhöhung geben wird, dass Sie dem Kunden die betreffende technologische Lösung niemals bieten können oder dass Ihr Kind niemals ein Motorrad haben darf, ist es in der Regel besser, Ihrem Gegenüber das auch zu sagen. »Nicht jetzt« ist ausschließlich jenen Fällen vorbehalten, in denen die reale Möglichkeit besteht, den Bedürfnissen des anderen in Zukunft doch noch gerecht zu werden.

Wenn der andere Sie unter Druck setzt und Sie fragt: »Wenn nicht jetzt, wann dann?« und sie wissen es nicht, können Sie antworten: »Ich weiß es noch nicht. Das müssen wir abwarten.« Oder: »Tut mir leid, aber ich kann Ihnen nicht sagen, was die Zukunft uns bringen wird.«

Wenn Ihr Gegenüber Sie weiter unter Druck setzt und eine sofortige Antwort von Ihnen verlangt, Sie aber nicht zu einer vorschnellen Entscheidung gedrängt werden wollen, können Sie immer noch mit folgenden Worten reagieren: »Wenn Sie *jetzt gleich* eine Antwort benötigen, so lautete sie Nein.« Der andere könnte plötzlich entdecken, dass er *doch* Zeit hat, um auf eine überlegte Entscheidung zu warten.

»Nicht jetzt« ist ein sehr nützlicher Satz, besonders wenn Sie im Zweifel sind. Es ist besser, »Nicht jetzt« zu antworten und später doch Ja zu sagen, als eine einmal gemachte Zusage zurückzuziehen.

### »Ich lehne lieber ab, als schlechte Arbeit zu leisten«

Diese Faustregel nutzt ein Schuldirektor aus meinem Bekanntenkreis, wenn er gefragt wird, ob er einen neuen Verantwortungsbereich übernehmen will: »Kann ich auf diesem Gebiet gute Arbeit leisten?«, fragt er sich dann. »Habe ich genug Zeit, um der Angelegenheit gerecht zu werden? Besitze ich die notwendigen Fähigkeiten?« Wenn die Antwort Nein lautet, lehnt er rundheraus ab. Sein Nein ist in Wirklichkeit ein Ja zu Effektivität und hohen Qualitätsmaßstäben.

Indem Sie ablehnen, statt schlechte Arbeit zu leisten, bekräftigen Sie nicht nur Ihre eigenen Interessen, sondern bemühen sich auch um die Beziehung zu dem anderen. Denn wenn Sie die fragliche Aufgabe übernähmen und nur unbefriedigende Leistungen erbrächten, wären Sie hinterher *beide* schlechter dran – und Ihre Beziehung würde darunter leiden.

Eine Elektronikfirma, die zu meinen Klienten zählte, wurde von einem wichtigen Kunden gebeten, ein neues, anwendungsspezifisches Produkt zu entwickeln. Der Abgabetermin war sehr knapp bemessen. Der stellvertretende Verkaufsleiter war zunächst versucht einzuwilligen, aber er und seine Kollegen erkannten schließlich doch, dass ihre Produktionskapazität fast erschöpft war. Die Chancen, den Abgabetermin und die Qualitätsstandards des Kunden zu erfüllen, standen also nicht besonders gut. Deshalb gaben Sie dem Kunden eine abschlägige Antwort und ersparten dadurch sich und ihm jede Menge Unzufriedenheit. »Wir haben uns die Entscheidung nicht leichtgemacht, aber es war das beste Nein meines Lebens. Auch unser Kunde wusste unser Verhalten und die Ehrlichkeit, die wir von vornherein an den Tag legten, zu schätzen«, sagte der Verkaufsleiter später zu mir.

Oft wird man auch nur deshalb um einen Gefallen gebeten, weil der andere sich nicht sicher ist, ob er die entsprechende Aufgabe bewältigen kann. Stärken Sie das Selbstbewusstsein des anderen und antworten Sie ihm: »*Sie* würden diese Aufgabe doch viel besser erledigen. Ich vertraue da voll Ihren Fähigkeiten.« So hat Ihr Nein sogar noch ermutigende Wirkung.

Kurz gesagt: Seien Sie sich Ihrer Grenzen bewusst, stehen Sie offen dazu, und investieren Sie Ihre Zeit in Dinge, die Sie gut können. Sie selbst und andere sind auf lange Sicht so besser dran.

## NEIN SAGEN ZU VERHALTENSWEISEN

Auf dem internationalen diplomatischen Parkett ist ein Schlüsselbegriff das französische Wort *demandeur*, was so viel heißt wie »der Bittende«. Bei jedem Geschäftsabschluss stellt sich die Frage: »Wer bittet um etwas?« Wenn Sie derjenige sind, der Forderungen seines Gegenübers abschlägig beantwortet, so ist der *andere* in der Rolle des Bittenden. Wenn Sie aber Nein zum Verhalten des anderen sagen, dann sind *Sie* in der Rolle des Bittenden. Mit anderen Worten: Wenn *Sie* Ihr *Gegenüber* um etwas bitten, so nimmt Ihr Positives Nein eine etwas andere Form an.

Im Folgenden gebe ich Ihnen ein paar nützliche Formulierungen an die Hand, die Ihnen bei Ihrem Nein zu unangemessenem Verhalten eine Hilfestellung bieten können.

### »Stop / Nein!«

Wenn Sie sich bestimmten Verhaltensweisen gegenüber abgrenzen wollen, so heißen die mächtigsten Worte *Stop* und *Nein*. Im Falle sexueller Belästigung zum Beispiel hat sich der Ausruf *Stop* als besonders wirkungsvoll erwiesen: »Stop! Hör sofort auf! Ich bin nicht interessiert, und ich will nicht, dass du weitermachst.«

Das oberste Gebot hier ist Klarheit. Sie wollen keinerlei Zweifel beim anderen darüber aufkommen lassen, wozu Sie da gerade Nein sagen. »Hör damit auf!«, sagt ein Partner verärgert zum anderen.

»*Womit* soll ich aufhören?«, lautet die Antwort. »Hör mit dem auf, was du da tust. Du weißt doch genau, was ich meine.« – »Nein, weiß ich nicht.« Das Einzige, was uns weiterbringt, ist eine präzise und sachbezogene Sprache. Sagen Sie: »Bitte hör auf, Zeitung zu lesen, wenn ich mit dir rede.« Der andere muss genau verstehen, womit er Ihrer Ansicht nach aufhören soll.

Seien Sie fest *und* höflich. »Bitte hör auf, mich zu ärgern«, sagte die siebenjährige Emma zu ihrer Klassenkameradin Izzy, die sie verspottete. Ihre Stimme klang ernst. Und sie hatte eine unmittelbare Wirkung. Ich habe selbst erlebt, wie Izzy zu Emma hinüberging, sich entschuldigte und sie in den Arm nahm. Wenn Siebenjährige zu so etwas in der Lage sind, dann können wir es auch.

Mit dem Wörtchen *Nein* können wir auch beleidigenden Verhaltensweisen Einhalt gebieten. Wenn wir im Falle eines Angriffs nicht *»Hilfe!«*, sondern *»Nein«* rufen, greifen Umstehende interessanterweise oft eher ein. Das jedenfalls behaupten die Trainer der Impact Bay Area, die Frauen in Selbstverteidigung schulen. Mit einem »Nein!« ziehen wir auf ganz natürliche Weise die Aufmerksamkeit unserer Umwelt auf uns und alarmieren jeden in Hörweite. Außerdem weisen die Experten auf eine weitere positive Wirkung hin: »Durch Ihr deutlich artikuliertes Nein kommunizieren Sie auch mit sich selbst. Es zwingt Sie zum Atmen und verhindert, dass Sie vor Angst wie gelähmt sind. Es verleiht Ihnen Energie. Es setzt Adrenalin frei. Es erinnert Sie an diesen Kurs, daran, was Sie hier an körperlichen Techniken gelernt haben, an die Unterstützung durch Ihre Gruppe und an die Tatsache, dass Sie das Recht haben, für Ihre eigene Sicherheit zu kämpfen. Die meisten Angreifer suchen leichte Beute. Sie haben kein Interesse an einer Auseinandersetzung, nicht einmal auf verbaler Ebene. Wer Nein sagt, ist ein weniger attraktives Opfer. Die Strategie, sich zu unterwerfen und nett zu dem Angreifer zu sein in der Hoffnung, dass er dann auch nett zu Ihnen ist, ist meist wenig Erfolg versprechend.«

»Nein!« zu rufen, hilft Ihnen, Ihre Energie zu sammeln, erinnert Sie daran, dass Sie das Recht dazu haben, zieht die Aufmerksamkeit Ihrer Umwelt auf sich und ist Ausdruck Ihrer Macht.

### »Warten Sie / Nun mal langsam / Augenblick mal!«

Die Worte *Nein* oder *Stop* sind manchmal zu abrupt und barsch. Um auf unangemessene Verhaltensweisen zu reagieren und das Verhältnis nicht ganz so zu belasten, gibt es weitere Formulierungsmöglichkeiten, wie »Warten Sie!«, »Nun mal langsam!« oder »Augenblick mal!«. Manchmal müssen Sie dem anderen einfach nur Einhalt gebieten und eine Pause einfordern, sodass er sein Verhalten noch einmal überdenken kann. »Gebt mal einen Augenblick Ruhe!«, sagt der Vater zu den beiden streitenden Geschwistern. »Wie können wir eine bessere Lösung für euch beide finden?«

Manchmal genügt auch eine einfach Geste, um den anderen zum Innehalten zu bewegen. Dazu ein Beispiel: Eines Tages ging mein Freund Herman mit seiner Frau im südlichen Manhattan spazieren. Als das Paar an der Ecke die Straße überquerte, bremste ein Auto mit quietschenden Reifen dicht vor ihnen. Es hatte sie um wenige Zentimeter verfehlt. Vor Schreck und Zorn schlug Herman mit der Faust auf die Motorhaube des Autos. Wütend stieg der junge Fahrer aus und schrie: »Warum hämmern Sie auf mein Auto ein?«

Herman entgegnete heftig: »Sie hätten meine Frau und mich beinahe umgebracht!«

Schnell versammelte sich eine Menge Schaulustiger um die drei. Herman ist weiß, der Fahrer war schwarz, und plötzlich bekam die ganz Szenerie einen rassistischen Unterton. Die Zuschauer begannen bereits, Partei zu ergreifen, und es fehlte nicht viel, um die ganze Situation zu einer handfesten Prügelei eskalieren zu lassen.

Dann bemerkte Herman hinter sich einen älteren schwarzen Mann, der die Auseinandersetzung ebenfalls beobachtet hatte. Der

Mann bewegte seine Hand mit nach unten zeigender Innenfläche auf und ab, als ob er dem jungen Fahrer sagen wollte: »Nun mal langsam … denk doch mal darüber nach, was du hier tust.« Der Mann bemerkte die Geste des Älteren, bemühte sich sichtlich um Selbstbeherrschung, kehrte dann plötzlich zu seinem Auto zurück, stieg ein und fuhr ohne ein weiteres Wort davon.

In unserer heutigen, schnelllebigen Welt ist die Aufforderung zur Langsamkeit eine Variante des Nein, die ich persönlich sehr nützlich finde. Sobald ich merke, dass ich mir zu viel zumute oder mich überfordere, rufe ich sie mir ins Gedächtnis.

### »Das ist nicht okay / nicht richtig / nicht erlaubt«

Manchmal müssen wir auch einfach nur in neutralem Ton darauf hinweisen, dass das Verhalten des anderen nicht angemessen ist. »Das ist nicht okay«, ist eine sachliche Aussage, die gleichzeitig eine klare Grenze zieht zwischen dem, was okay, und dem, was nicht okay ist, und trotzdem den Menschen von seinem Verhalten unterscheidet. Die Person ist okay, ihr Verhalten nicht. Sich auf einen bestimmten Verhaltenskodex zu beziehen, entpersonalisiert das Nein. Eine Formulierung wie: »Ich bedaure, aber Handys sind in diesem Teil des Krankenhauses nicht gestattet«, nimmt dem Tadel den Stachel.

Celia Cerrillo, die Lehrerin, deren Schule in einem sozialen Brennpunkt liegt und die jene bereits zitierte Regel aufstellt, dass niemand in ihrem Klassenzimmer den anderen beschimpfen darf, beschreibt, was, etwa einen Monat nachdem sie diese Regel verkündet hat, unter den Kindern passiert: »Eh man es sich versieht, sagen die Kinder zueinander: ›Dieses Verhalten ist nicht richtig. Das ist hier nicht erlaubt.‹ Es ist ein schöner Erfolg, wenn man solche Äußerungen hört.« Und es funktioniert, wie Ms. Cerrillo hinzufügt: »In meinem Klassenzimmer habe ich kaum Disziplinprobleme.«

### »Ich finde das nicht in Ordnung« / »Das kann ich nicht akzeptieren«

Wenn Sie befürchten, dass Ihr Gegenüber sich gemaßregelt fühlen könnte, wenn Sie ihn über richtige Verhaltensweisen aufklären, können Sie die Nicht-okay-Formulierung in eine Ich-Aussage verwandeln, wie zum Beispiel: »Ich finde das nicht in Ordnung.« Wenn Ihr Kollege Ihnen Beleidigungen an den Kopf wirft, schauen Sie ihm in die Augen, senken Sie die Stimme, sprechen Sie langsam und deutlich und sagen Sie: »Bitte hören Sie auf damit! Ich kann gut mit Kritik umgehen, aber diese Art der Rede kann ich nicht akzeptieren. Wenn Sie ein Problem mit meiner Arbeitsweise haben, dann lassen Sie uns professionell und sachlich darüber reden.« Durch die Verwandlung der Nicht-okay-Botschaft in eine Ich-Aussage können Sie dem anderen Ihr Nein übermitteln, ohne der Beziehung zu schaden.

### »Das ist genug«

*Genug* ist ebenfalls ein interessantes Wort. Sie verurteilen den anderen nicht wegen seines Verhaltens, sondern erwähnen einfach nur, dass es jetzt reicht. Es ist Zeit aufzuhören. Die Grenze ist erreicht und wird als solche deutlich gemacht. Inmitten eines Bürgerkrieges in Asien, bei dem ich als Vermittler fungierte, hatte die demokratische Bewegung die Notstandsregelungen des autoritären Regimes satt und machte sich das Motto »Genug ist genug« zu eigen. *Genug* signalisiert Ihr Engagement, ohne anzugreifen.

## NEIN SAGEN, OHNE »NEIN« ZU SAGEN

Ein unverblümtes *Nein* kann bei Ihrem Gegenüber Gefühle der Scham und Zurückweisung auslösen. Es ist ein kämpferisches Wort, das oft Widerstand und Gegenreaktionen provoziert. Wer das *Nein* missbraucht – insbesondere bei Kindern –, riskiert, dass es Macht und Glaubwürdigkeit einbüßt. Irgendwann fangen Ihre Kinder an, es einfach zu ignorieren oder es mit »vielleicht« gleichzusetzen.

Gerade weil *Nein* ein solch mächtiges Wort ist, sollte man es sorgfältig, absichtsvoll und sparsam einsetzen. Oft kann man die gleiche Botschaft auch durch andere Formulierungen vermitteln, ohne das Wort tatsächlich auszusprechen. Zum Beispiel in den folgenden Fällen:

- Mitten in der ärztlichen Untersuchung besteht eine Fünfjährige darauf, die Praxis zu verlassen. »Liebling, wir bleiben«, antwortet der Vater ruhig.
- Um den Preis zu drücken, verlangt der Kunde, das Produkt, das die Reinigungsfirma anbietet, zu entbündeln: die Reinigungsprodukte sollen vom Service getrennt werden. »Wir bieten dieses Produkt nur als Paket an«, antwortet der Vertreter der Firma.
- Angesichts eines Trommelfeuers aus wütenden Beleidigungen, das ein wichtiger Investor am Telefon loslässt, sagt der Hotelmanager ruhig: »Wir rufen Sie morgen zurück, Peter« und legt auf – womit er in der Tat Nein zum Verhalten des anderen sagt.

In jedem dieser Fälle werden die Bedeutung und die Macht des Nein deutlich vermittelt, allerdings ohne das Wort tatsächlich zu benutzen. Das Nein ist impliziert, bleibt aber unausgesprochen.

Es besteht auch die Möglichkeit, sich ausschließlich auf das ursprüngliche und das abschließende Ja zu konzentrieren und das Nein lediglich mitschwingen zu lassen. Sie haben eine lange Fahrt mit einer Freundin vor sich, deren Geschwätzigkeit Ihnen auf die Nerven geht, weshalb Sie verkünden: »Nach diesem anstrengenden Tag habe ich das Bedürfnis nach Ruhe und Frieden. Hast du etwas dagegen, wenn wir auf der Fahrt hören und ansonsten schweigen?« Mit anderen Worten: Machen Sie eine Ich-Aussage, und unterbreiten Sie anschließend einen konstruktiven Vorschlag.

Eine weitere Alternative besteht darin, Ihr Nein als Ja zu formulieren. Statt zu Ihrem Kind zu sagen: »Du darfst nicht spielen, bevor du deine Hausaufgaben nicht erledigt hast«, sagen Sie: »Sobald du deine Hausaufgaben erledigt hast, darfst du spielen.« Statt zu Ihrem Kollegen zu sagen: »Ich kann Ihnen nicht helfen, solange ich diese Aufgabe hier nicht erledigt habe«, sagen Sie: »Ich würde mich freuen, Ihnen helfen zu können, nachdem ich diese Aufgabe hier erledigt habe.« Statt zu Ihrem Freund zu sagen: »Ich gehe mit dir nicht zu dem Spiel«, sagen Sie: »Ich hole dich nach dem Spiel ab.« Mit anderen Worten: Konzentrieren Sie sich auf das Positive, während Sie die für Sie notwendige Grenze ziehen.

Viele Kulturen in Ostasien kennen mannigfaltige Wege, Nein zu sagen, ohne das Wort tatsächlich auszusprechen. Man will den anderen nicht beschämen und ihm helfen, das Gesicht zu wahren. Um Nein zu sagen, finden die Menschen indirekte Mittel und Wege, wie zum Beispiel die Vermittlung eines Dritten oder subtile Gesten. Bei Personen, die mit der Semiotik anderer Kulturen nicht vertraut sind, kann dies zu Verwirrung führen.

Dazu noch eine kleine Anekdote: Während meiner Arbeit für einen größeren amerikanischen Automobilkonzern berichtete mir einer der leitenden Manager über seine Verhandlungen mit dem Geschäftsführer eines südkoreanischen Automobilherstellers. Zu diesem Zeitpunkt besaß die amerikanische Firma 10 Prozent des koreanischen Unternehmens. Der Manager schlug seinem Verhandlungspartner vor, diesen Anteil auf 50 Prozent zu erhöhen. »Das ist nicht unmöglich«, antwortete der Koreaner höflich.

Der US-Manager analysierte diese Antwort und dachte: »Eine Aussage wie ›Das ist nicht unmöglich‹ bedeutet, dass es *möglich ist.*« Nach seiner Rückkehr nach Detroit schickte er ein hochkarätiges Team nach Seoul, um die Vertragsmodalitäten auszuarbeiten. Zwei Wochen lang saß das Team dort herum: Jedes Meeting, das sie mit den Koreanern vereinbarten, wurde aus unerklärlichen Gründen verschoben. Schließlich nahm ein koreanischer Manager seinen amerikanischen Kollegen beiseite und erklärte ihm leise, dass eine Aussage wie »Das ist nicht unmöglich« nur eine höfliche Form von »Nur über meine Leiche« ist.

Folgende wichtige Botschaft sollten Sie aus all dem im Kopf behalten: Während das Wort *Nein* manchmal unausgesprochen bleiben kann, sollte die *Intention* stets klar und machtvoll vermittelt werden.

## EIN SCHUTZSCHILD

Wenn ich ein Symbol für das Positive Nein finden müsste, so würde ich den Schutzschild wählen. Ein Schild schützt Sie und Ihr Ja, ohne andere zu verletzen. Im Gegensatz dazu ist ein negatives Nein ein Schwert – ein Schwert der Zurückweisung. Es greift den anderen an, ohne für die Beziehung Sorge zu tragen.

Wie groß die Versuchung auch sein mag, den anderen zurückzuweisen und anzugreifen, wenn Sie Nein sagen, denken Sie immer daran, dass Ihr wirkliches Ziel darin besteht, zu schützen und zu verteidigen. Sie wollen dem anderen keinen Schaden zufügen, sondern sich selbst vor Schaden bewahren. Zu schützen ohne zurückzuweisen – dies ist eine Eigenschaft des Positiven Nein.

Ein Positives Nein hört jedoch nicht beim Nein auf. Es gibt ein drittes grundlegendes Element: den positiven Vorschlag. Und dieses Thema behandeln wir im folgenden Kapitel.

# 6 SCHLAGEN SIE EIN JA VOR

*Hab keine Angst, dich aus dem Fenster zu lehnen … Nur dort findest du reiche Frucht.*

ALTES ENGLISCHES SPRICHWORT

Wenn Sie einmal Nein gesagt haben, ist die Versuchung groß, es dabei zu belassen und die Sache als erledigt zu betrachten: »Toll! Ich habe Nein gesagt.« Aber das reicht nicht. Es gibt noch einen dritten, äußerst wichtigen Teil des Positiven Nein: Der Vorschlag eines *Ja?*

Der vielleicht häufigste Fehler besteht darin, die Sache als erledigt zu betrachten und dadurch die Gelegenheit zu verpassen, ein positives Ergebnis vorzuschlagen. Auf die Anfrage des anderen hin sagen wir zwar, was wir *nicht tun* wollen, aber wir sagen nicht, was wir *tun werden.* In Bezug auf seine Verhaltensweisen sagen wir ihm, was er unserer Ansicht nach *nicht tun* soll, aber wir vergessen, ihm zu sagen, was er unserer Ansicht nach *tun* soll.

Denken Sie daran, dass Nein-Sagen nicht nur ein Kommunikationsakt, sondern auch eine Übung in der Kunst der Überredung ist.

Sie wollen, dass der andere Ihr Nein akzeptiert. Sie wollen, dass er sein Verhalten ändert. Und in der Regel wollen Sie auch die Beziehung aufrechterhalten. Hier bietet sich Ihnen die Gelegenheit, den anderen durch Ihr Nein zu überreden: Erleichtern Sie ihm, das zu tun, was Sie von ihm wollen.

Der dritte, wesentliche Bestandteil des Positiven Nein ist ein *Ja?*. Das Positive Nein beginnt mit einem *Ja!* und endet mit einem *Ja?*. Das erste Ja ist eine Bestätigung Ihrer persönlichen Hauptinteressen, das zweite Ja ist die Einladung an den anderen, gemeinsam ein positives Ergebnis zu erzielen. Während eine Tür sich durch Ihr Verhalten schließt, öffnen Sie eine andere und fragen Ihr Gegenüber: »Möchtest du mit mir zusammen durch diese Tür gehen?«

## WER EINE TÜR SCHLIESST, SOLLTE EINE ANDERE ÖFFNEN

Eines Tages sah ich mir zusammen mit meiner damals fünf Jahre alten Tochter Gabriela den Film *Hook* an. In einer Szene sagt Captain Hook in heftigem Ton zu Peter Pan: »Ich hasse dich! Ich hasse dich! Ich hasse dich!« Meine Tochter sah mich an und sagte: »Das hätte er nicht sagen dürfen. Es wäre viel besser, wenn er sagen würde: ›Ich mag dich zwar nicht, aber manchmal spiele ich trotzdem mit dir.‹« Fünfjährige wissen also, wie klug es ist, seinem Gegenüber eine Tür zu öffnen. Aber wir Erwachsene vergessen es leicht.

Eine Tür zu schließen und sie anschließend wieder zu öffnen, kann Ihre Botschaft verwässern und Ihr Nein schwächen. Aber eine Tür zu schließen und eine zweite Tür zu öffnen, wobei die erste weiterhin geschlossen bleibt, vermag Ihr Nein sogar zu klären und zu stärken.

In der Bürgerrechtsbewegung gab es seinerzeit einen wichtigen Wendepunkt, der genau illustriert, wie ein solcher Prozess vonstattengehen soll. In Nashville, Tennessee, im Winter und Frühjahr 1960 saßen schwarze Studenten an Mittagstischen in Kaufhäusern der Innenstadt, die bis dahin nur für Weiße reserviert gewesen waren. Nachdem im Haus eines führenden schwarzen Anwalts eine Bombe explodiert war, die ihn und seine Familie fast getötet hätte, begannen Hunderte von Studenten und Bürgern einen Protestmarsch zum Rathaus. Auf der Rathaustreppe, im Angesicht der Menge, trafen die Repräsentanten der Protestierenden mit dem Bürgermeister, Ben West, zusammen. Einer der schwarzen Sprecher konfrontierte Bürgermeister West mit zornigen Vorwürfen, woraufhin West seinen guten Ruf wütend verteidigte.

Dann trat eine zweiundzwanzigjährige Frau, Diane Nash, vor und fragte ihn, ob er es nicht auch für falsch hielt, »einen Menschen nur wegen seiner Rassenzugehörigkeit oder seiner Hautfarbe zu diskriminieren«. West antwortete, dass »es seiner Ansicht nach moralisch nicht vertretbar war, Menschen schwarzer Hautfarbe zwar Waren zu verkaufen, ihnen aber Dienstleistungen zu verweigern«. Nash hakte nach. Sie fragte ihn, ob die Rassentrennung an den Mittagstischen seiner Ansicht nach aufgehoben werden sollte. West zögerte und reagierte ausweichend, aber Nash blieb hartnäckig: »Also, Herr Bürgermeister. Würden Sie *empfehlen*, dass die Rassentrennung an Mittagstischen aufgehoben werden sollte?« Als West mit »Ja« antwortete, erhob sich lauter Applaus, und die Protestierenden konnten sich einfach nicht zurückhalten und umarmten den Bürgermeister. Seine positive Antwort führte direkt zur Aufhebung der Rassentrennung an den Mittagstischen – ein großer Sieg im Kampf um die bürgerlichen Rechte.

Während alle anderen es bei ihrem Nein zu der Haltung der Weißen und zum Bürgermeister im Besonderen bewenden ließen, ging Diane Nash einen Schritt weiter und lud ihn zum Ja-Sagen ein. Sie öffnete ihm eine Tür, und Bürgermeister West ging hindurch.

Ein Nein allein löst oft ein hohes Maß an Frustration aus: Ihre Umwelt reagiert zornig, und Sie haben unter den Folgen zu leiden.

Das gilt insbesondere, wenn die anderen das Gefühl haben, ohne jede Rückzugsmöglichkeit mit dem Rücken zur Wand zu stehen – ähnlich wie sich wahrscheinlich Bürgermeister Ben West fühlte, als er von dem studentischen Sprecher attackiert wurde. Wenn Sie jedoch – wie Diane Nash mit ihren beharrlichen Fragen – eine Tür öffnen, zeigen Sie Ihrem Gegenüber einen Ausweg. Ihre Macht kann sich entfalten, indem Sie Ihr Gegenüber überreden, diesen Ausweg zu nutzen. Kurz gesagt: Statt den anderen zu frustrieren, sollten Sie sich darauf konzentrieren, seine Aufmerksamkeit auf ein positives Ergebnis *umzuleiten*.

Ein positiver Gegenvorschlag hat einen weiteren großen Vorzug: Er demonstriert Respekt für den anderen. Wenn Sie einen Weg finden, sich auf seine Bedürfnisse einzustellen, ist er wahrscheinlich viel eher bereit, Ihr Nein zu akzeptieren und seinerseits auch Ihre Interessen zu respektieren. Genau darin liegt das Geheimnis der Überredungskunst.

Und schließlich – obwohl Ihnen das jetzt vielleicht komisch vorkommen mag – gibt ein Vorschlag dem *anderen* Gelegenheit, seinerseits *Ihnen* ein Nein entgegenzusetzen. Statt ihn in der unangenehmen Position des Zurückgewiesenen zu belassen, können Sie das Blatt wenden und ihm die Gelegenheit bieten, Ihnen Ihre Bitte abzuschlagen. Das reduziert den Stachel der Ablehnung, der oft zu destruktiven Gegenreaktionen führt. Aus psychologischer Sicht wird dadurch ein gewisses Gleichgewicht hergestellt, eine Symmetrie, die die gesunde Beziehung zum anderen wiederherstellt. Dadurch, dass Sie Ihrem Gegenüber die Möglichkeit geben, Nein zu sagen und sein Recht auf eigene Entscheidungen respektieren, erleichtern Sie ihm, so paradox das klingen mag, ein Ja. Und wenn er Ihren positiven Vorschlag letztlich doch ablehnt, dann betrachten Sie es einfach als Teil der Herausforderung; schließlich behandeln wir in den nächsten drei Kapiteln verschiedene Möglichkeiten, wie man den Widerstand des anderen in Akzeptanz verwandeln kann.

Ein positiver Vorschlag stellt keineswegs eine Schwächung Ihres Nein dar. Wie Diane Nashs Beispiel zeigt, ist das Gegenteil der Fall: ein guter Vorschlag vermag Ihr Nein zu stärken und effektiver zu machen. Dabei ist es besonders wichtig, dass Ihre Signale eindeutig sind und dass Sie Ihrem Gegenüber keine falschen Hoffnungen machen. Ihr Vorschlag muss hundertprozentig mit Ihrem Nein in Einklang stehen: Genau wie Ihr Nein sollte Ihr Vorschlag in Ihrem ursprünglichen *Ja!* verwurzelt sein.

Ein positiver Vorschlag ist eine praktische Lösung – spezifisch, realistisch und konstruktiv. Er kann verschiedene Formen annehmen. Wenn Sie zu einer Forderung Nein sagen, kann Ihr Vorschlag eine dritte Alternative sein. Wenn Sie Nein zu einer unerwünschten Verhaltensweise sagen, kann er in Form der konstruktiven Bitte daherkommen, das fragliche Verhalten zu verändern. Oder, wenn ein Nein vollständig und ausreichend ist, kann er ganz minimalistisch sein: Dann bitten Sie den anderen einfach nur, Ihr Nein zu akzeptieren. Diese drei Varianten wollen wir uns im Folgenden etwas detaillierter ansehen.

## NEIN ZU FORDERUNGEN: EINE DRITTE ALTERNATIVE ANBIETEN

Wenn Ihr Gegenüber eine unangemessene oder unerwünschte Forderung stellt, kommt ein Ja nicht in Frage. Doch die Beziehung ist Ihnen wichtig, weshalb Sie auch nicht einfach nur Nein sagen wollen. In einem solchen Fall könnten Sie es folgendermaßen formulieren: »Gibt es für uns beide nicht noch eine dritte Möglichkeit?« Mit anderen Worten: Kombinieren Sie Ihr Nein mit einer positiven Lösung, die sich an den Bedürfnissen *Ihres Gegenübers* ebenso orientiert wie an *Ihren eigenen*.

Vergleichen Sie, wie zwei verschiedene Menschen in meinem

Bekanntenkreis mit dem Wunsch ihrer Familie umgingen, einen Hund anzuschaffen. Im ersten Fall sagte ein Familienvater Nein zu seiner Frau und seinen Kindern, die sich sehnlich einen Hund wünschten. Er selbst gibt seine Worte folgendermaßen wieder: »Ich sagte: ›Ich *mag* keine Hunde! Ich will keine Hunde im Haus haben! In *unserer* Familie *brauchen* wir keinen Hund.‹ Darauf antworteten meine Kinder: ›Wir brauchen einen neuen Vater.‹ Am Ende bekamen wir *zwei* große Hunde. Obwohl ich mich letztlich problemlos damit arrangierte, war es wahrscheinlich das ineffizienteste Nein meines Lebens.«

Im zweiten Fall widersetzte sich eine Frau den Plänen ihres Mannes, einen Hund zu kaufen. Ihr Nein enthielt eine klare Schilderung der Bedingungen, die ihr Mann würde akzeptieren müssen: »Wir können uns nur dann einen Hund anschaffen, wenn du erstens dafür sorgst, dass er nicht die Möbel anknabbert, zweitens einen Zaun anbringen lässt und dir drittens eine Lösung überlegst, wo wir den Hund unterbringen, wenn wir in Urlaub sind.« Sie übertrug ihrem Mann die Verantwortung, eine Lösung auszuarbeiten. Am Ende zog auch in dieser Familie ein Hund ein, aber die Vereinbarung funktionierte.

## Finden Sie Alternativen, von denen beide Parteien profitieren

Seien Sie also kreativ und überlegen Sie sich – genau wie die eben zitierte Ehefrau – eine Alternative, von der beide Beteiligte profitieren können. Die Lösung lautet nicht automatisch Entweder-oder, also »Entweder sind Sie selbst zufrieden *oder* der andere«. Häufig können Sie auch eine Möglichkeit entwickeln, die beide Parteien befriedigt.

Stellen Sie sich folgende Situation vor: Eine Ihrer wichtigsten Angestellten kommt eines Tages in Ihr Büro und bittet um eine Beförderung. Sie gehen davon aus, dass sie mehr Geld will. Da Ihr Budget aber ohnehin schon ziemlich belastet ist, lautet ihre unmittelbare Antwort auf ihre Anfrage Nein. Sie antworten ihr, dass Ihnen die finanziellen Mittel fehlen. Als sie Ihr Büro verlässt, sieht sie unglücklich aus. Und wenn Sie länger darüber nachdenken, wird Ihnen klar, dass Sie selbst mit dieser Lösung ebenfalls nicht glücklich sind. Sie wollen keine entmutigte Mitarbeiterin, die sich über kurz oder lang vielleicht nach einem anderen Job umsieht. Also denken Sie über mögliche Alternativen nach, die mit Ihrem knappen Budget vereinbar sind, die die Bedürfnisse Ihrer Mitarbeiterin aber trotzdem berücksichtigen.

Sie wissen, dass sie mehr Anerkennung, Verantwortung und größere Herausforderungen sucht, die letztlich in einer erheblichen Beförderung münden. Außerdem möchte sie sich finanziell verbessern – schließlich wird ihr Sohn bald aufs College gehen, sodass hohe Kosten auf sie zukommen. Aus diesen Überlegungen ergeben sich ein paar interessante Alternativen:

- *Anerkennung.* Wie wäre es mit einem neuen Titel, der ihr Bestätigung und Anerkennung gibt? Vielleicht könnte man ihr ja die Aufgabe übertragen, die Firma bei einer wichtigen Konferenz zu repräsentieren?
- *Mehr Verantwortung.* Könnte die Mitarbeiterin nicht an einem neuen Projekt teilnehmen, das nicht nur über eine hohe Sichtbarkeit verfügt, sondern auch bedeutsam für die Zukunft des Unternehmens ist?
- *Maßnahmen zur Studienförderung.* Könnten Sie sich nicht an die Personalabteilung wenden und überprüfen, ob man ein preiswertes Studiendarlehen arrangieren könne? Vielleicht können Sie Ihrer Mitarbeiterin ja auch helfen, Stipendienmöglichkeiten für ihren Sohn auszuloten.

Abhängig von den persönlichen Verhältnissen Ihrer Mitarbeiterinnen und den Ressourcen Ihres Unternehmens bieten sich vielleicht noch andere Alternativen an. Wer auf diese Weise eine dritte Alternative schafft, durchbricht den falschen Dualismus von Ja und Nein. Es zeigt, dass Sie dem anderen genug Wertschätzung entgegenbringen, um seinen Sorgen so gut es geht zu begegnen. Es verschiebt das Schwergewicht vom Negativen zum Positiven, von dem, was nicht getan werden kann, hin zu dem, was getan werden kann. Es demonstriert Ihren guten Willen und Ihr Interesse daran, dem anderen bei der Befriedigung seiner Bedürfnisse zu helfen – freilich nicht auf Kosten Ihrer eigenen.

Wenn Sie persönlich nicht helfen können, schlagen Sie jemand anderen vor, der vielleicht in die Bresche springen könnte. Wenn ein Kollege Sie dringend bittet, ein bestimmtes Projekt zu übernehmen, können Sie Ihrem Nein vielleicht die Frage hinzufügen: »Haben Sie schon einmal darüber nachgedacht, einen Freiberufler zu engagieren, der Ihnen aus der Patsche hilft? Ich könnte Ihnen die Namen und Adressen einiger sehr guter Kräfte geben.« Eine Empfehlung auszusprechen oder einen Kontakt herzustellen, kann oft eine sehr wertvolle Hilfe sein.

### »Später«

Manchmal ist die Haupteinschränkung das richtige Timing. In diesem Fall besteht die dritte Alternative darin, der Forderung des anderen zwar zuzustimmen, den Zeitplan jedoch zu ändern. Wenn ein Kunde Sie zum Beispiel drängt, sich sofort mit seinem Problem zu befassen, könnten Sie folgendermaßen reagieren: »Unglücklicherweise habe ich heute andere Verpflichtungen, aber wenn Sie wollen, kann ich Ihre Unterlagen heute Nachmittag schnell einmal überfliegen und Ihnen meine Eindrücke telefonisch übermitteln. Morgen Abend könnte ich dann einen detaillierten, schriftlichen Bericht fertig haben. Wäre Ihnen damit gedient?«

Eine Mutter schildert folgendes Beispiel: »Beim Einkauf mit meiner zweijährigen Tochter landeten wir irgendwann in dem Gang mit den Keksen. Meine Tochter fragte mich: ›Mama, können wir heute Kekse kaufen?‹ Ich studierte aufmerksam meine Einkaufsliste, sah sie an und antwortete: ›Kekse stehen nicht auf meiner Liste.‹ Meine Tochter dachte einen Augenblick lang nach, zog dann ihrerseits einen imaginären Einkaufszettel hervor und sagte: »Aber auf *meiner*!« Nach einem Augenblick der Überlegung antwortete ich: ›Das *nächste* Mal kaufen wir ein, was auf *deinem* Einkaufszettel steht.‹ Mein Nein war, glaube ich, deshalb so effektiv, weil es respektvoll war und ihr Hoffnung machte.«

Genau wie das »Nicht jetzt« muss man das »Später« sorgfältig behandeln. Es darf keine schuldbewusste Ausflucht sein, wenn die angemessene Antwort eigentlich ein direktes Nein wäre. Wenn Sie es nicht ernst meinen, dürfen Sie auch nicht versprechen, es später oder beim nächsten Mal zu tun.

### »Wenn ... dann«

Wenn Sie eigentlich Ja sagen wollen, von veränderlichen Umständen aber wieder behindert werden, haben Sie die Möglichkeit, ein an bestimmte Bedingungen gebundenes Angebot zu machen. Mit anderen Worten: Schildern Sie, unter welchen Umständen Sie Ja sagen würden.

Nehmen wir zum Beispiel Dave, den Präsidenten eines aufstrebenden Beratungsunternehmens, der davon überzeugt war, einem voraussichtlichen neuen Fortune-500-Kunden, also einem besonders erfolgreichen und wohlhabenden Unternehmen, eine abschlägige Antwort erteilen zu müssen, obwohl seine eigene Firma ein paar lukrative Geschäfte dringend nötig gehabt hätte. Erste Nachforschungen seines Teams über den betreffenden Kunden hatten ergeben, dass dessen schlechte Organisationsstruktur fast sicher jede Erfolgsaussicht für eine Verbesserung von Arbeitsabläufen zunichtegemacht hätte. Dave informierte also den Kunden, dass seine Firma nicht zur Verfügung stand, solange Letzterer seine organisatorischen Probleme nicht gelöst hatte. Tatsächlich lehnte er den Auftrag ab – nicht mit einem ausdrücklichen Nein, aber mit einem durchdachten, klaren Vorschlag: »*Wenn* Sie Ihre organisatorischen Probleme lösen, *dann* werde ich Ihnen helfen.« Als er das Meeting verließ, fragte Dave sich, wie der Geschäftsführer seines *eigenen* Unternehmens wohl reagieren würde, wenn er ihm berichtete, dass er diesen Auftrag abgelehnt hatte. Aber er wusste, dass es klare wirtschaftliche Gründe für seine Entscheidung gab, und schließlich wollte er den jungen Beratern, die er in seinem Team betreute, den richtigen Weg weisen.

Ein paar Monate später bekam er einen Anruf von dem gleichen Kunden. Man habe sich den Rat zu Herzen genommen und das Unternehmen komplett reorganisiert. Dann äußerte der Kunde eine Bitte, die sich vornehmlich an Dave richtete: »Bitte besuchen Sie uns ein zweites Mal mit Ihrem Team, und helfen Sie uns bei der Optimierung unserer Arbeitsabläufe.« Ich brauche wohl nicht zu betonen, dass sich Dave das kein zweites Mal sagen ließ.

### Schlagen Sie eine Strategie zur Problemlösung vor

Wenn Ihnen nichts einfällt, um Ihren eigenen Interessen und denen der Gegenseite gleichermaßen gerecht zu werden, sollten Sie sich eine Strategie zur Lösung des Problems überlegen und sie zur Sprache bringen. Daraus entwickeln sich oft ganz neue Diskussionsansätze und Perspektiven – und positive Handlungsalternativen.

Einer meiner Seminarteilnehmer wusste Folgendes zu berichten. Als er einen Kunden um eine garantierte Abnahmeverpflichtung von Produkten in Höhe von 10 Millionen Dollar bat, antwortete der Kunde in neutralem Ton: »Darauf werden wir uns nicht einlassen. Trotzdem sollten wir uns zusammensetzen und die Bedingungen noch einmal überarbeiten. Ich bin sicher, dass wir einen Vertrag ausarbeiten können, der für beide Seiten befriedigend ist.« Mein Seminarteilnehmer sagte hierzu: »Das Nein war direkt und unumwunden und weckte keine unrealistischen Erwartungen, aber ihm folgte eine Einladung zu neuen Verhandlungen.« Er betrachtete diese Antwort als das effektivste Nein, mit dem er jemals konfrontiert worden war.

Ich selbst habe es bei zahlreichen politischen und geschäftlichen Konflikten am eigenen Leib erfahren: Durch die intensive gemeinsame Entwicklung von Problemlösungsstrategien können sogar scheinbar festgefahrene Konflikte bewältigt werden. Natürlich kann man nicht wissen, ob es wirklich gelingt, eine Einigung zu erzielen, aber der ein oder andere kleinere Durchbruch ist immer möglich. Und diese kleinen Fortschritte wiederum sind es, die uns den Weg zu größeren Lösungen ebnen. Von Südafrika bis Nordirland wurden zahlreiche Nein in schweren Konflikten durch Geduld und Beharrlichkeit schrittweise in ein Ja verwandelt, das beide Seiten akzeptieren konnten.

## NEIN ZU VERHALTENSWEISEN DURCH EINE KONSTRUKTIVE BITTE

Wenn Sie zum Verhalten Ihres Gegenübers Nein sagen, ist es oft hilfreich, detaillierte Angaben über die genaue Veränderung zu machen, die Sie sich wünschen.

Auch wenn es Ihnen noch so offensichtlich erscheint: Ihrem Gegenüber ist oft nicht klar, was Sie wollen. Mein Freund Marshall erzählte mir die Geschichte von einer Frau, die sich eines Tages bei ihrem Mann beklagte, dass dieser zu viel Zeit im Büro verbrachte. Am darauffolgenden Tag meldete er sich gleich zu einem Golfturnier für das Wochenende an! Sie war darüber sehr unglücklich, denn ihr Mann hatte sie vollkommen missverstanden: Sie wollte, dass er mehr Zeit zu Hause mit ihr und den Kindern verbrachte. Sie hatte ihr Nein zwar geäußert, aber ohne eine positive, konstruktive Bitte hinzuzufügen, die deutlich gemacht hätte, was genau sie sich wünschte.

Betrachten wir als positives Gegenbeispiel den Fall einer Bürgerinitiative, die sich bildete, um einer unerwünschten Entwicklung in ihrem Stadtteil Einhalt zu gebieten. Die Initiative überredete unzählige Anwohner dazu, bei der Bauaufsichtsbehörde anzurufen oder an den Sitzungen der entsprechenden Kommissionen teilzunehmen. Die Bauaufsichtskommission war frustriert und beklagte sich darüber, dass die Protestierenden – wie schon andere vor ihnen – zwar artikulierten, was sie *nicht* wollten, dem Ausschuss jedoch keinerlei Hilfestellung boten, indem sie mögliche Veränderungen vorschlugen, die das verwirklichten, was sie *wollten*. Daraufhin machten sich die Bürger an die Arbeit: Sie wälzten Literatur zum Thema Stadtplanung, nahmen an entsprechenden Kursen teil und wurden ihrerseits zu Experten. Dann wandten sie sich erneut an die Bauaufsichtsbehörde mit konkreten Vorschlägen für Veränderungen, was letztlich zu einer befriedigenden Überarbeitung der Baupläne führte.

So wie die wichtigste Regel bei Spendenaktionen lautet: »Vergiss nicht, um Geld zu bitten«, heißt die wichtigste Regel beim Verkaufen: »Vergiss nicht, um das gute Geschäft zu bitten.« Und genau so können wir die wichtigste Regel für ein Nein zu bestimmten Verhaltensweisen formulieren: »Vergiss nicht, um das zu bitten, was du willst.« Dieser letzte, aber entscheidende Teil des Positiven Nein gerät nur allzu häufig in Vergessenheit.

Ein konstruktives Ansinnen hat vier Charakteristika. Es ist klar, realistisch, positiv formuliert und sollte respektvoll hervorgebracht werden.

### Formulieren Sie Ihre Bitte klar und deutlich

Eine Bitte um eine Verhaltensänderung klingt häufig folgendermaßen:

- »Ich möchte, dass du dich rücksichtsvoller verhältst.«
- »Ich möchte, dass du mehr Verantwortung übernimmst.«
- »Bitte sei nicht so mürrisch.«

Mit anderen Worten: Die Bitten sind vage, unklar und schwer umzusetzen.

Statt den anderen aufzufordern, seine *Einstellung* oder seine *Gefühle* zu verändern, was nur selten funktioniert, ist es effektiver, explizit um bestimmte *Verhaltensweisen* zu bitten. Statt zu verlangen: »Ich möchte, dass du mehr Verantwortung übernimmst«, sagen Sie lieber: »Könntest du das Geschirr, das du benutzt hast, bitte selbst abspülen?« Statt jemanden, der ständig nach unten blickt, aufzufordern, »nicht so mürrisch« zu sein, versuchen Sie, ihm in freundlichem Ton zu sagen: »Kannst du mich bitte anzusehen, wenn ich mit dir rede? Dann kann ich mich besser auf dich konzentrieren.« Definieren Sie Ihre Bitte nicht im Hinblick auf das, was der andere *fühlen*, *sehen* oder *sein* soll, sondern formulieren Sie konkret, was er Ihrer Ansicht nach *tun* soll.

Seien Sie dabei so genau wie möglich. Statt zu sagen: »Ich möchte, dass du mehr Zeit mit der Familie verbringst«, was man vielfältig interpretieren kann, formulieren Sie es lieber folgendermaßen: »Ich möchte, dass du am Sonntag zu Hause bleibst, dass du mit den Kindern spielst und ihnen bei den Hausaufgaben hilfst.« Ein Nein erhält seine Macht nicht nur dadurch, dass es stark ist, sondern auch durch die Genauigkeit des Gegenvorschlags.

Kurz gesagt: Bieten Sie dem anderen eine positive, verhaltensorientierte Lösung für Ihr Problem an. Nutzen Sie den Vorteil, dass sein Verhalten objektivierbar ist: Sie und Ihr Gegenüber können genau beurteilen, ob Ihre Bitte erfüllt wurde oder nicht. Außerdem konzentriert sich der verhaltensorientierte Ansatz auf das, was der andere Ihrer Ansicht nach *tun* soll, und nicht auf das, was er Ihrer Meinung nach *sein* soll.

### Formulieren Sie Ihre Bitte realistisch

Der zweite Prüfstein für Ihre Bitte besteht in der Realisierbarkeit. Ein Ansinnen wie »Hör auf, so wütend zu sein«, konzentriert sich zum einen nicht auf das Verhalten des anderen und ist zum anderen auch kaum umsetzbar. Oft ist es Ihrem Gegenüber nämlich gar nicht möglich, seinen Zorn in diesem Augenblick zu überwinden. Konstruktiver ist es, einen ersten Schritt in puncto Verhaltensänderung zu erbitten: »Würdest du dich jetzt bitte erst einmal hinsetzen und mir erklären, warum du so wütend bist?« Diese Bitte ist realisierbar. Sie gibt dem anderen das Gefühl, dass man ihm respektvoll zuhört, und kann ein erster Schritt sein, damit seine Wut verraucht.

In einem schon früher zitierten Beispiel versuchten von Forest Ethics und der Dogwood Alliance rekrutierte Umweltaktivisten, die Firma Staples dazu zu bewegen, keine aus gefährdeten Waldbeständen gewonnenen Produkte mehr zu verkaufen. Bei einer Aktionärshauptversammlung richteten sie also eine realistische Bitte an den Geschäftsführer. Dieser war alles andere als überzeugt davon, dass seine Firma derlei Produkte künftig nicht mehr einkaufen und vertreiben konnte. Deshalb luden ihn die Umweltaktivisten öffentlich zu einer Rundreise in die gefährdeten Gebiete ein, damit er selbst mehr über dieses kritische Thema lernen konnte. Und tatsächlich betraute der CEO einige Mitarbeiter damit, sich die Sache genauer anzusehen. Deren Reise trug maßgeblich dazu bei, dass die Verantwortlichen mehr über das Problem erfuhren. Zwischen der Geschäftsführung und den Umweltaktivisten entstand eine konstruktive Beziehung, was nicht zuletzt die Voraussetzung für die bahnbrechende Vereinbarung war, die letztlich zustande kam: Staples erklärte sich bereit, keine Produkte mehr einzukaufen, die aus dem Holz gefährdeter Waldbestände hergestellt wurden.

Eine realistische Bitte übt stärkeren, konstruktiveren Druck auf Ihr Gegenüber aus als eine unrealistische. Diese Lektion lernte in den Achtzigerjahren auch die Anti-Apartheid-Bewegung in Südafrika. Ihr mächtigster Slogan lautete nicht: »Keine Apartheid mehr«, sondern »Free Mandela«. Diese simple, spezifische und realistische Forderung trug dazu bei, Menschen auf der ganzen Welt zu mobilisieren, Druck auf das weiße südafrikanische Minderheitenregime auszuüben und schließlich Mandelas Freilassung zu bewirken.

Je mehr Beachtung Sie den Bedürfnissen und Einschränkungen Ihres Gegenübers schenken, umso größer sind die Chancen, dass der Betreffende Ihrer Bitte nachkommt. Achten Sie bei der Berücksichtigung Ihrer eigenen Belange also darauf, dass Ihr Verhalten möglichst wenig negative Auswirkungen auf andere hat. Je stärker Sie die legitimen Interessen des anderen respektieren, umso mehr respektiert dieser auch die Ihrigen.

### Formulieren Sie Ihre Bitte positiv

Auch die Anti-Apartheid-Bewegung hatte also gelernt, dass es einen großen Unterschied macht, wenn man sein Ansinnen – »Free Mandela« – positiv formuliert.

Woran denken Sie zuerst, wenn ich Sie auffordere, nicht an Elefanten zu denken? Mit anderen Worten: Wenn Sie Ihrem Gesprächspartner ein »Schrei mich nicht an!« entgegenschleudern, so formulieren Sie die Lösung negativ, und seine Aufmerksamkeit richtet sich automatisch auf das unerwünschte Verhalten und trägt unbewusst zu seiner Verstärkung bei – besonders, wenn Sie selbst ebenfalls schreien. Es ist also viel effektiver, mit normaler Stimme zu sagen: »Bitte sprich in ruhigem Ton mit mir.« Lenken Sie die Gedanken des anderen eindeutig auf die positive Handlungsweise, die Sie von ihm verlangen.

Ein Mann aus meinem Bekanntenkreis machte sich Sorgen um seine alte Mutter, die ganz allein in einem großen Haus lebte. »Es war schwer, Nein zu ihrem Lebensstil zu sagen, aber sie war in dem alten Haus einfach nicht mehr sicher. Eines Tages stürzte sie und lag ganze sechs Stunden auf dem Boden, bevor zufällig jemand vorbeikam. Doch trotz meiner wiederholten Bitten weigerte sie sich, umzuziehen. Schließlich machte ich ihr ein Angebot. ›Probiere für sechs Wochen das betreute Wohnen in einer Appartement-Anlage aus. Wir behalten das Haus, wir rühren nichts an, und wenn dir das neue Arrangement nicht gefällt, kannst du ja wieder zurück nach Hause ziehen. Wie wäre das?‹« Es fiel ihr deutlich leichter, versuchsweise umzuziehen, als gleich das ganze Haus aufzugeben. Schließlich gefiel es ihr so gut in ihrer neuen Wohnung, dass der Verkauf des alten Hauses kein Problem mehr darstellte.« Der Sohn veränderte den Fokus vom Negativen (»Du musst das Haus verkaufen.«) zum Positiven (»Probier doch dieses neue Arrangement sechs Wochen lang aus.«).

Mit anderen Worten: Sagen Sie dem anderen nicht einfach nur, dass er mit der Verhaltensweise *aufhören* soll, die Sie *nicht* wollen, sondern bitten Sie ihn, etwas zu *tun*, was Sie *wollen*.

## Formulieren Sie Ihre Bitte respektvoll

Auch wenn Ihr Vorschlag durchaus realistisch ist, ist es möglich, dass der andere ablehnend reagiert. Dann sollten Sie sich Gedanken über Ihren *Ton* machen. Vielleicht haben Sie Ihr Ansinnen ja auch auf eine Weise vorgebracht, der ihn zu einem Machtkampf herausfordert oder ihn befürchten lässt, das Gesicht zu verlieren. Ihre Art kann den Unterschied zwischen Akzeptanz und Weigerung bedeuten.

Nur allzu oft kommt ein Vorschlag in Gestalt einer *Forderung* oder eines *Befehls* daher: »Hör damit auf, sonst …!« Eine Forderung zielt darauf ab, den anderen zu kontrollieren, und missachtet typischerweise sein Recht auf eine eigene Entscheidung. Das erschwert es ihm, das zu tun, was Sie gern von ihm hätten. »Hör auf, mit mir zu reden, während ich telefoniere!« hört sich anders an als: »Könntest du bitte warten, bis ich mit dem Telefonat fertig bin? Dann können wir uns unterhalten.« Die grundsätzliche Botschaft ist die gleiche, aber in der ersten Variante kommt sie als Befehl herüber, in der zweiten als Bitte. Der wahre Unterschied liegt nicht so sehr in den Worten, sondern in der respektvollen Grundhaltung dem anderen gegenüber.

## DAS ERGEBNIS IHRES VORSCHLAGES SOLLTE GEGENSEITIGER RESPEKT SEIN

Manchmal gibt es einfach keine andere Lösung als ein einfaches Nein. In einem solchen Fall kann das von Ihnen vorgeschlagene Ja minimalistisch ausfallen: Sie bitten Ihr Gegenüber implizit oder explizit, Ihr Nein zu akzeptieren und Ihre Bedürfnisse zu respektieren. Das Ergebnis, auf das Sie abzielen, lautet: »Leben und leben lassen, respektieren und respektiert werden.«

So sagt nach einem heftigen Streit ein Partner zum anderen: »Ich möchte jetzt eine Zeit lang allein sein. Bitte respektiere das. Danke!« Zu einem beharrlichen Vertreter an der Tür kann der Hausherr sagen: »Bitte respektieren Sie unsere Privatsphäre, und klingeln Sie nicht noch einmal hier. Seien Sie so freundlich!« Nachdem ein Freund die Einladung des anderen ausgeschlagen hat, sagt er: »Ich bitte um dein Verständnis.«

Eines Tages beobachtete ich folgende Situation: Der zehnjährige Ty tobte ausgelassen herum und machte jede Menge Lärm, während sein Vater sich mit ein paar Freunden unterhielt. Nachdem Ty das erste Nein seines Vaters ignoriert hatte (»Ty, bitte lass das Toben.«), sagte sein Vater: »Ty, ich rede mit dir. Bitte hilf mir. Wir versuchen uns zu unterhalten, und es ist mir wichtig, dass du das respektierst.« Diesmal fügte sich Ty.

Was immer Sie auch an positiven Vorschlägen machen, das Endergebnis sollte immer das gleiche sein: Sie verhalten sich dem anderen gegenüber respektvoll und bitten um die gleiche Behandlung. Tatsächlich ist gegenseitiger Respekt sogar das Ziel des Positiven Nein.

## SETZEN SIE ZUM SCHLUSS EINEN POSITIVEN AKZENT

Wie bereits geschildert, ist es der Beziehung äußerst förderlich, das Positive Nein mit einer freundlichen Bemerkung einzuleiten. Genauso hilfreich kann es sein, auch am *Ende* einen positiven Akzent zu setzen. Das kann ein positiver Vorschlag sein, aber auch eine einfache, respektvolle Geste: »Vielen Dank, aber wir nehmen keine telefonischen Bewerbungen entgegen. Ich wünsche noch einen schönen Tag.« Es kostet Sie nichts, Ihre Mitmenschen respektvoll zu behandeln, trotzdem kann es irgendwann Früchte tragen.

Nach einem Nein ist es oft nützlich, die Möglichkeit einer späteren Einigung zu avisieren und zu betonen, dass Sie auf eine gute Beziehung in der Zukunft vertrauen. »Ich bin sicher, dass wir mit diesem Ansatz auf dem Weg sind, unser Problem zu lösen und den Grundstein für eine starke Partnerschaft zu legen.« Wer eine Einladung zur Mitarbeit in einem ehrenamtlichen Komitee ablehnt, könnte es zum Beispiel folgendermaßen formulieren: »Ich weiß es zu schätzen, dass Sie an mich gedacht haben, aber durch meine momentanen Verpflichtungen ist es mir leider nicht möglich, mich bei Ihnen zu engagieren. Ich würde mich freuen, wenn ich Ihnen vielleicht auf informellem Wege irgendwann von Nutzen sein könnte, und hoffe, dass sich uns andere Gelegenheiten zur Zusammenarbeit bieten werden.« Mit anderen Worten: Entwerfen Sie das Bild einer positiven Zukunft.

Im Zuge seines Nein zur Kolonialherrschaft liebte Gandhi es, die britische Kolonialregierung bei Verhandlungen immer wieder daran zu erinnern, dass er nach der Erklärung der indischen Unabhängigkeit auf eine für beide Seiten Profit bringende Beziehung zwischen seinem Land und Großbritannien hoffte. Er tat das mit einem Augenzwinkern, denn er wusste, dass seine Gesprächspartner nicht daran glaubten, dass Indien jemals ein souveräner Staat sein würde. Doch Gandhi sollte recht behalten – Indien wurde nicht nur unabhängig, sondern die beiden Länder unterhalten bis zum heutigen Tag eine enge und für beide Seiten gewinnbringende Beziehung.

## SAGEN SIE NICHT EINFACH NEIN. SAGEN SIE *JA! NEIN. JA?*

Wir sind nun am Ende der zweiten Phase angelangt – Sie haben das Positive Nein übermittelt: Sie beginnen mit einem Ja zu Ihren eigenen Interessen, dann lassen Sie Ihr Nein natürlich und eindeutig aus Ihrem Ja hervorgehen, und schließlich machen Sie einen positiven Vorschlag. Sie beginnen mit einem affirmativen *Ja!*, lassen ein sachliches *Nein* folgen und schließen mit einem einladenden *Ja?*.

So wie Sie lernen, aus einzelnen Worten grammatikalisch korrekte Sätze zu bilden, können Sie lernen, Ihr eigenes Nein aus den genannten Elementen zu einem sorgfältigen Gebilde zusammenzusetzen. Betrachten wir abschließend das Beispiel eines sechzehnjährigen Jungen, den sein Großvater drängte, Einzelheiten über sein Sexualleben preiszugeben. »Hör zu, Großvater«, antwortete der junge Mann. »Es macht mich wirklich verlegen, wenn du so intime Fragen stellst. Könntest du das bitte unterlassen? Wenn ich bereit bin, darüber zu reden, sage ich dir bestimmt Bescheid, okay?« Der Großvater respektierte seine Wünsche.

Führen wir uns die einzelnen Einheiten des Positiven Nein anhand dieses Beispiels noch einmal vor Augen:

- »Es macht mich wirklich verlegen, wenn du so intime Fragen stellst.« = Artikulieren Sie Ihr *Ja!*.

- »Könntest du das bitte unterlassen?« = Bekräftigen Sie Ihr *Nein*.
- »Wenn ich bereit bin, darüber zu reden, sage ich dir bestimmt Bescheid.« = Schlagen Sie ein *Ja?* vor.

Natürlich können Sie die drei Elemente auch in eine andere Reihenfolge bringen oder eines lediglich andeuten wie beispielsweise bei folgender Bitte: »Könnten Sie bitte das Rauchen einstellen? Ich habe Asthma.« Wichtig dabei ist nur, dass Sie vorbereitet sind und alle drei Einheiten stets im Kopf behalten. Solange Sie fest entschlossen bleiben und sich nicht auf Vermeidungsstrategien einlassen, können Sie bei der Äußerung jedes einzelnen Elements flexibel sein.

Nachdem Sie Ihr Positives Nein geäußert haben, müssen Sie sich immer noch mit der Reaktion Ihres Gegenübers auseinandersetzen. Oft fällt es den anderen schwer, ein Nein zu akzeptieren, und sei es noch so positiv. Ihre nächste Herausforderung besteht also darin, den Widerstand des anderen in Akzeptanz zu verwandeln. Genau darum geht es in der dritten und letzten Phase der Methode des Positiven Nein.

PHASE 3

# MANIFESTATION

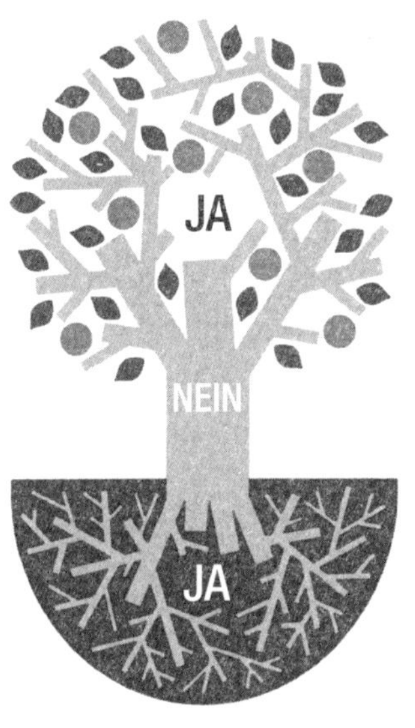


9. Handeln Sie ein Ja aus

8. Unterstreichen Sie Ihr Nein

7. Bleiben Sie Ihrem Ja treu

# 7 BLEIBEN SIE IHREM JA TREU

*Zuerst ignorieren sie dich.*
*Dann lachen sie über dich.*
*Dann bekämpfen sie dich.*
*Und dann gewinnst du.*

MAHATMA GANDHI

Nachdem Sie Ihr Positives Nein übermittelt haben, liegt der Schluss nahe, dass der harte Teil der Arbeit damit vorbei ist. Doch dies ist ein Trugschluss. Sie haben zwar Nein gesagt, sind aber immer noch weit von einem gemeinsamen Ja entfernt. Jetzt stellt sich die Frage, wie Sie mit der Reaktion Ihres Gegenübers auf Ihr Nein umgehen und ihm dabei helfen, Ja zu Ihrem Vorschlag zu sagen. Sie haben Ihr *Ja! Nein. Ja?* vorbereitet und übermittelt und müssen es nun manifestieren.

Der erste Schritt dieser Manifestationsphase besteht darin, Ihrem zugrunde liegenden, eigentlichen Ja treu zu bleiben.

## DIE HERAUSFORDERUNG: DER UMGANG MIT DER REAKTION DES ANDEREN

Auf einer Reklametafel las ich einmal die Worte: »Das *einzige* Wort, das ich hören will, ist Ja.« So empfinden wahrscheinlich viele Menschen. Es ist nicht leicht, mit einem Nein konfrontiert zu werden. Vielleicht ist Ihr Nein deshalb schmerzhaft für den anderen, weil er seine Erwartungshaltung ändern muss. Möglicherweise glaubt er, dass es wichtige Wertvorstellungen und Bedürfnisse gefährdet. Unter Umständen empfindet er Ihr Nein sogar als Bedrohung der eigenen Identität.

Natürlich werden Sie auf Widerstand stoßen. Vielleicht ignoriert der andere Ihre abschlägige Antwort; vielleicht bettelt, bittet oder fleht er sie an, reagiert mit Schmollen oder holt zum Gegenschlag aus, indem er Ihnen droht oder Sie erpresst. Es ist durchaus denkbar, dass Ihr Vorgesetzter Ihnen antwortet: »Ein Nein akzeptiere ich nicht!« Oder Ihr Kunde reagiert mit einer Drohung: »Wollen Sie jetzt, dass unser Geschäft zustande kommt oder nicht? Sonst kann ich mich auch an Ihre Konkurrenz wenden!« Oder Ihr Partner erwidert: »Das meinst du wohl nicht ernst! Nach allem, was ich für dich getan habe, weigerst du dich, mir diesen kleinen Gefallen zu tun?« Und genau solche Reaktionen sind es, vor denen Sie vielleicht Angst haben. Sie sind der Grund, warum Sie anfänglich mit Ihrem Nein gezögert haben.

Was schwierige Reaktionen auf ein Nein angeht, so ist die in dem Fernsehfilm *Path to War* dargestellte Unterhaltung zwischen Präsident Lyndon Baines Johnson und seinem Redenschreiber Richard Goodwin kaum zu überbieten. Goodwin kommt ins Oval Office, um LBJ sein Rücktrittsgesuch einzureichen. Er will nicht weiter für den Präsidenten arbeiten. LBJ jedoch weigert sich, Goodwins Nein zu akzeptieren.

**LBJ** *(sitzt an seinem Schreibtisch und unterzeichnet Kondolenzbriefe an Familien von in Vietnam gefallenen Soldaten)*: Ja, Dick?

**Goodwin:** Mr. President, wie Ihnen Bill Moyers bereits mitgeteilt hat, wurde mir ein Stipendium an der Wesleyan University in Connecticut angeboten.

**LBJ:** Schön für Sie. Ha, das bekommt man nicht alle Tage.

**Goodwin:** Nein, nein, ich habe großes Glück gehabt.

**LBJ:** Aber zögern Sie Ihre Absage nicht zu lange heraus, damit die Verantwortlichen das Stipendium anderweitig vergeben können.

**Goodwin:** Mr. President, ich habe das Angebot bereits angenommen.

**LBJ:** Kein Problem. Sie konnten ja nicht wissen, dass Sie hier unabkömmlich sind. Rufen Sie die Universität an, berufen Sie sich auf mich, und man wird Ihnen sicher keine Steine in den Weg legen.

**Goodwin:** Was meinen Sie mit unabkömmlich?

**LBJ:** Ich meine, dass Sie nicht gehen können! Ich komme nicht ohne Sie klar! Sie sind hier eine ziemlich wichtige Persönlichkeit. Und wie wichtig können Sie durch dieses komische Stipendium werden?

**Goodwin** *(der unbehaglich auf seinem Stuhl hin und her rutscht)***:** Nun, Sie sind doch auch zurechtgekommen, bevor ich für Sie gearbeitet habe.

**LBJ:** Sie wollen mehr Geld? Ich habe jede Menge Geld. Ich werde eine Sonderzahlung durch die Johnson Foundation veranlassen.

**Goodwin:** Geld ist nicht das Thema, Mr. President – ich will dieses Stipendium einfach annehmen.

**LBJ:** Das können Sie nun mal nicht! Und jetzt machen Sie Ihren Anruf!

**Goodwin** *(steht auf)***:** Mr. President, äh, es tut mir sehr leid.

**LBJ:** Also Dick: Entweder bleiben Sie hier bei mir, oder Sie gehen jetzt rüber ins Pentagon und holen sich ein Paar glänzende, schwarze Stiefel. Es gibt ein Gesetz – ich habe McNamara gefragt –, das besagt, dass wir Spezialisten einberufen können, die für das nationale Interesse von großer Bedeutung sind. Und genau das werde ich tun! Wenn Sie mir hier nicht dienen wollen, dann wissen Sie, wohin ich Sie schicken kann.

**Goodwin:** Sie würden mich zum General machen?

**LBJ:** Oh, Sie wollen doch gar kein General sein. Sie wollen ein Gefreiter sein, ein Marinesoldat … denn auf See findet der wahre Kampf statt. Ich weiß, dass Sie dort sein wollen, wo wirklich etwas passiert! Deshalb sind Sie doch so lange hier bei mir geblieben! Und jetzt hören Sie mir genau zu, Dick. Gehen Sie und nehmen Sie Ihr Stipendium an, aber an dem hier *[hält die Briefe in die Höhe]* haben auch Sie sich die Hände schmutzig gemacht. Sie und Moyers und Bundy und alle anderen wollen das Schiff verlassen! Und *Sie* ganz besonders! Aber auch wenn Sie sich in der Großen Gesellschaft einen Namen machen, haben Sie Ihren Anteil an diesem Krieg! Sie können sich tausendmal auf einem Campus oder sonst wo verstecken, das ist eine Tatsache, die Sie nicht ändern können! *Wegtreten!*«

LBJ setzt eine wirkungsvolle Kombination aus Schmeichelei, Komplimenten und Bestechung ein. Als seine Maßnahmen keine Wirkung zeigen, bedroht er Goodwins persönliches Überleben. Glücklicherweise sind die meisten Situationen nicht so problematisch wie diese, aber oft setzt sich die Reaktion auf eine abschlägige Antwort aus ähnlichen Elementen zusammen. Die Stärke des Nein wird auf die Probe gestellt, sodass man an dieser Stelle gern einen Rückzieher macht.

Wie können Sie verhindern, dass Ihr Gegenüber allzu heftig auf Ihr Nein reagiert, und wie bewerkstelligen, dass er es letztlich sogar akzeptiert?

## DURCHSCHAUEN SIE DIE STADIEN DER AKZEPTANZ

Zunächst einmal müssen Sie verstehen, dass der andere eventuell Zeit braucht, um Ihr Nein zu verarbeiten. Sie haben ihn durch Ihre Reaktion mit einer neuen und unangenehmen Realität konfrontiert. Ihre Ablehnung ist eine schlechte Nachricht für ihn. Sie können nun Ihrerseits mit seiner Reaktion viel besser umgehen, wenn Sie sich vor Augen führen, dass es verschiedene emotionale Stadien gibt, die Menschen bei der Verarbeitung schlechter Nachrichten in der Regel durchmachen.

In den Siebzigerjahren veröffentlichte die Schweizer Psychiaterin Elisabeth Kübler-Ross ihre Studien zur Abfolge der emotionalen Reaktionen, die Menschen typischerweise erleben, wenn sie mit katastrophalen Neuigkeiten wie ihrem bevorstehenden Tod konfrontiert werden. Verglichen mit einer solchen Nachricht, ist ein Nein natürlich eine Kleinigkeit, trotzdem konfrontiert es uns ebenfalls mit potentiellem Verlust und den dazugehörigen Gefühlen. Kübler-Ross' Ergebnisse können wir deshalb auch in etwa auf unsere Situation anwenden. Natürlich gibt es keine feststehende Reihenfolge, und das Muster variiert von Mensch zu Mensch. Die emotionalen Phasen sind Vermeidung, Leugnung, Angst, Zorn, Verhandeln, Trauer und Akzeptanz.

### Die Akzeptanz-Kurve

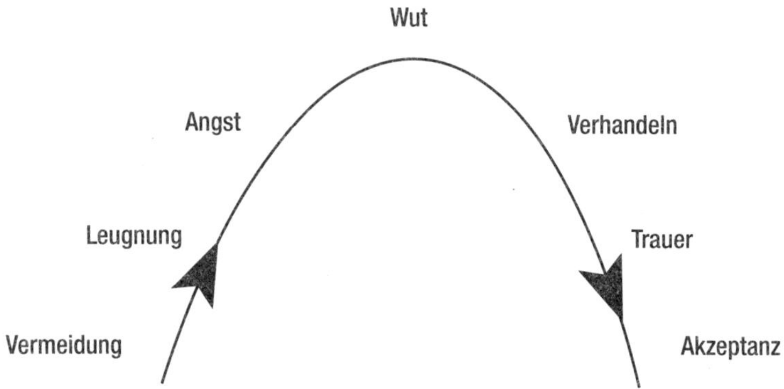


Denken Sie einen Augenblick über LBJs Verhalten nach. Am Anfang ignoriert er Goodwins Rücktrittsgesuch einfach: »Aber zögern Sie Ihre Absage nicht zu lange heraus, damit die Verantwortlichen das Stipendium anderweitig vergeben können.« Als Goodwin sich dadurch nicht abwimmeln lässt, verlegt er sich auf aktive Leugnung: »Kein Problem. Sie konnten ja nicht wissen, dass Sie hier unabkömmlich sind. Rufen Sie die Universität an, berufen Sie sich auf mich, und man wird Ihnen sicher keine Steine in den Weg legen.« Doch Goodwin beharrt weiter auf seinem Ansinnen, sodass LBJ die Stadien der Angst und des Zornes durchläuft: »Ich meine, dass Sie nicht gehen können! Ich komme nicht ohne Sie klar!« Dann beginnt LBJ zu verhandeln: »Sie wollen mehr Geld? Ich habe jede Menge Geld.« Als auch das nicht die gewünschte Wirkung zeigt, platzt LBJ vor Wut.

Stellen Sie sich folgende geschäftliche Situation vor. Ein wichtiger Kunde möchte, dass Sie ein Projekt in einem Zeitrahmen abwickeln, den Sie für unrealistisch halten. Sie erklären ihm, dass Sie das unmöglich schaffen können. Diese schlechten Nachrichten möchte Ihr Kunde nicht hören.

Zuerst leugnet er vielleicht das Problem: »Ich weiß gar nicht, was daran so problematisch sein soll. Sie schaffen das schon! Da bin ich ganz sicher!« Sie aber bleiben beharrlich und erklären ihm noch einmal, warum die Deadline nicht zu halten ist. Diesmal reagiert Ihr Kunde mit sichtbarer Angst: »Es muss aber bis dahin fertig sein, sonst komme ich in Teufels Küche.« Seine Angst verwandelt sich in Verärgerung: »Wenn Sie nicht so lange für Ihr Angebot benötigt hätten, wäre genug Zeit gewesen!« Und der Ärger mündet in Drohungen: »Wenn Ihnen unsere Geschäftsbeziehung lieb ist, dann sollten Sie eine Möglichkeit finden, um das Projekt doch noch termingerecht abzuwickeln!« Sie sind der Überbringer schlechter Nachrichten, deshalb heißt das Spiel vielleicht bald: »Wenn dir die Botschaft nicht gefällt, töte den Boten!«

Ihnen wäre es verständlicherweise lieber, wenn Ihr Gegenüber die schlechten Nachrichten einfach und direkt akzeptieren würde. Aber menschliche Wesen sind keine Maschinen; sie haben emotionale Reaktionen, und brauchen Zeit, um diese Reaktionen zu verarbeiten.

Vielleicht sind Sie ja nicht in der Lage, die natürliche Folge der Emotionen zu stoppen, aber Sie können dem anderen helfen, sie zu durchleben, damit er sich letztlich leichter damit tut, Ihr Nein zu akzeptieren.

Die einfachste Maßnahme, um dies zu bewerkstelligen, besteht darin, Ihre eigenen natürlichen Reaktionen zu kontrollieren. Denken Sie daran: Solange Sie nicht in der Lage sind, Ihr eigenes Verhalten zu beeinflussen, können Sie auch keinen Einfluss auf das Verhalten des anderen nehmen.

## GEBEN SIE NICHT NACH UND GREIFEN SIE NICHT AN

Am anfälligsten für Zweifel und Rückzug sind wir sicherlich, kurz nachdem wir Nein gesagt haben. Oft plagen uns Schuldgefühle, und wir befürchten, die Gefühle des anderen zu verletzen. Unter solchen Umständen ist es gar nicht so einfach, bei seinem Nein zu bleiben.

Mir selbst geht es da nicht anders. Wenn ich auf Dienstreise bin, pflege ich meiner Tochter Gabriela am Telefon eine Gutenachtgeschichte vorzulesen. Wie die meisten kleinen Kinder ist sie eine hervorragende Verhandlungsführerin und lässt sich in keiner Weise davon beeindrucken, dass sie es mit einem Spezialisten auf diesem Gebiet zu tun hat.

»Noch eine Seite, und dann ist es Zeit zum Schlafen. Okay?«, sage ich.
»Oooooh … noch drei mehr«, antwortet sie.
»Okay, noch zwei«, sage ich.
»Okay.«
Nach den zwei Seiten sage ich: »Das war's.«
»Warte, das waren doch im Leben keine zwei Seiten«, sagt sie.
»Doch«, sage ich. »Wir haben gerade die Seiten zehn und elf gelesen.«
»Ich meinte zwei ganze Seiten, also Vorder- und Rückseite.«
»Moment mal.«
»Ooooooh, nur dies eine Mal, och bitte, lieber Papi.«

Und so geht es weiter. Natürlich durchschaue ich ihre Strategie. Trotzdem fällt es mir schwer, Nein zu sagen, denn ich fühle mich schuldig, weil ich so oft von zu Hause weg bin.

Auch wenn der andere – wie LBJ – mit Zorn reagiert, ist die Versuchung groß, doch wieder einzulenken. Vielleicht befürchten wir, dass die Wut des anderen sich so sehr steigert, dass eine Einigung oder jede weitere Beziehung unmöglich werden. Wir hören also auf, unser Nein zu bekräftigen, und wechseln in den Anpassungsmodus, allerdings auf Kosten unserer Bedürfnisse und Werte. *Aber es ist unklug, seine Prinzipien aufzugeben, nur weil man unter Druck gesetzt wird.*

Eines der tragischsten Beispiele dieser Art von Anpassung war die Telefonkonferenz, die am Abend des 27. Januar 1986 vor dem Start des Space Shuttle *Challenger* stattfand. Auf Anfrage der NASA empfahlen die Ingenieure der Firma, die die Startraketen herstellten, den Flug zu verschieben. Sie befürchteten, dass die O-Ringe an den Dichtungen angesichts der zu erwartenden niedrigen Temperaturen porös würden. Als die NASA ihren Unmut darüber offiziell zum Ausdruck brachte, beriefen die Manager hastig einen Ausschuss ein und verwandelten das Nein in ein Ja. Der Start wurde nun doch befürwortet. Das Endergebnis kennen wir: Die *Challenger* startete am 28. Januar, die O-Ringe an den Feststoffraketen wurden porös, es entstand ein Leck, und die Rakete explodierte, wobei sieben Menschen ums Leben kamen, genau wie die Ingenieure es anfänglich befürchtet hatten.

Wenn wir dem Druck von außen nicht nachgeben, besteht die Alternative im Gegenangriff. Wie leicht bekämpfen wir Feuer mit Feuer! »Sie sind zu spät gekommen!«, tadelt der Lieferant den Kunden. Doch ein Gegenangriff macht den anderen nur noch wütender und steigert die Wahrscheinlichkeit, dass unser Nein zurückgewiesen wird. Wir liegen im Clinch miteinander, und unser positiver Vorschlag gehört der Vergangenheit an. Gandhi sagt hierzu: »Auge um Auge, und wir alle werden blind.«

Außerordentlich aufschlussreich ist dabei die Legende von Herkules. Eines Tages machte er sich daran, eine seiner zwölf Arbeiten zu erfüllen, und wurde auf seinem Weg von einem seltsam aussehenden Tier überrascht, das sich plötzlich aufbäumte und ihn angriff. Herkules schlug das Tier mit seiner Keule. Zu Herkules' Überraschung rannte das Tier nicht davon, sondern wuchs um die dreifache Größe an und wurde noch bedrohlicher. Herkules verdoppelte seine Anstrengungen und schlug das Tier erneut. Aber je stärker er zuschlug, umso größer wurde das Wesen, bis das Untier den gesamten Weg einnahm. Plötzlich erschien die Göttin Athene an

Herkules' Seite: »Hör auf, Herkules!«, rief sie. »Erkennst du es nicht? Der Name dieses Untiers ist Streit. Schlag es, und es wächst. Lass es in Ruhe, und es nimmt wieder seine ursprüngliche Größe an.«

Athene erinnert Herkules daran, wie wichtig es ist, nicht zu überreagieren, sondern auf Kurs zu bleiben. Lassen Sie vom Streit ab. Ob Sie nun angreifen oder nachgeben – in beiden Fällen handelt es sich um eine Reaktion. Sie sind nicht mehr auf Kurs, konzentrieren sich nicht mehr auf Ihr Ziel, nämlich auf den Schutz Ihrer Hauptinteressen und Bedürfnisse. Wer nachgibt, belohnt das Fehlverhalten des anderen. Wer zum Gegenangriff übergeht, verstärkt es. In beiden Fällen unterbrechen Sie einen wichtigen Prozess: die Akzeptanz Ihres Nein durch Ihr Gegenüber.

Sie haben die Wahl. In dem Augenblick, da Sie auf die Reaktion des anderen reagieren, setzen Sie einen Teufelskreis aus Aktion und Reaktion in Gang, der sich endlos fortsetzen kann. Die Alternative besteht darin, nicht zu reagieren, sondern Ihrem eigentlichen Ja *treu zu bleiben*. Konzentrieren Sie sich auf das, was Ihnen am Herzen liegt. Mit anderen Worten: Gehen Sie auf den Balkon.

## GEHEN SIE AUF DEN BALKON

In Kapitel 1 haben wir es bereits beschrieben: Der Balkon ist ein mentaler Ort der richtigen Perspektive, Ruhe und Selbstbeherrschung. Wer auf den Balkon geht, behält sein Ziel im Auge.

### Halten Sie inne, bevor Sie antworten

Bewahren Sie angesichts der Wut und Panik des anderen Ruhe, die für Sie beide ausreicht. Ihre Ruhe kann ebenso ansteckend sein wie der Zorn oder die Furcht Ihres Gegenübers. Denken Sie daran, durchzuatmen – in kritischen Momenten neigen wir dazu, unbewusst den Atem anzuhalten und unserem Gehirn den Sauerstoff vorzuenthalten, den wir benötigen, um klar zu denken. Holen Sie also ein- oder zweimal tief Luft, bis Sie wieder auf dem Boden der Tatsachen stehen. Halten Sie inne, bevor Sie antworten.

Bewusst und tief durchzuatmen, ist eine einfache Technik, die eine physiologische Realität widerspiegelt. Zorn verursacht Herzrasen und einen erhöhten Blutdruck: Das Blut fließt schneller vom Gehirn zu unseren Extremitäten, damit wir flüchten oder kämpfen können. Dies ist nicht der beste Zeitpunkt, um Entscheidungen zu treffen. Indem wir innehalten, und sei es auch nur für wenige Sekunden, und ein paar langsame, tiefe Atemzüge tun, können wir unseren Puls verlangsamen und unsere verspannten Muskeln entspannen. Dann sind wir in der Lage, uns effektiver darauf zu konzentrieren, welche Antwort unseren Interessen am ehesten dient.

Kein Geringerer als Thomas Jefferson gab diesen Ratschlag in jenem mörderisch heißen Sommer des Jahres 1789, als Delegierte der Constitutional Convention – des Verfassungsausschusses – in Philadelphia mit den Grundsätzen und Formulierungen kämpften, die für die junge Nation gelten sollten. In hitzigen Debatten traten die Delegierten für ihre Interessen und Werte ein und sagten immer wieder Nein zu einzelnen Punkten. Inmitten dieser Auseinandersetzungen hatte Thomas Jefferson einen Rat für seine Kollegen parat: »Wenn Sie wütend sind, zählen Sie bis zehn. Wenn Sie sehr wütend sind, zählen Sie bis hundert.«

Im modernen Zeitalter der E-Mails ist der verführerischste Button auf dem Bildschirm die Schaltfläche »Antworten«. Wenn der andere auf unser Nein mit einer wütenden Mail reagiert, fühlen wir uns sogleich versucht, eine scharfe Erwiderung zu verfassen und auf »Antworten« zu klicken. Oder noch schlimmer: Wir wählen »Allen Antworten«, wodurch der Konflikt rasch eskaliert und außer Kontrolle gerät. Bei der Antwort auf die Reaktion unseres Gegenübers ist die beste Schaltfläche auf dem Bildschirm »Speichern«. Formulieren Sie, speichern Sie ab und schauen Sie sich Ihren Text eine Stunde – oder besser einen Tag – später noch einmal ein. Dann fragen Sie sich, welche Antwort Ihren Interessen am ehesten dienlich ist. »Speichern« ist die Balkonschaltfläche.

Ehe ich mich zu einer impulsiven Reaktion hinreißen lasse, erinnere ich mich gern an den Lieblingssatz eines meiner Seminarteilnehmer. Dieser ältere Chirurg hatte es sich zum Prinzip gemacht, seinen Assistenten folgenden Rat zu geben, wenn diese bei einer Operation in Hektik gerieten: »Machen Sie langsam. Wir haben es eilig!« Gerade *weil* man keine Zeit zu verlieren hat, keine Zeit für Fehler hat, muss man langsamer werden. Gerade wenn wir schnell vorankommen wollen, müssen wir langsam gehen.

## NENNEN SIE DAS SPIEL BEIM NAMEN

Während Sie vom Balkon auf das herabblicken, was unter Ihnen auf der Bühne passiert, können Sie die Züge der anderen beobachten und die Klugheit ihrer Tricks bewundern, sie aber gleichzeitig durchschauen und ihre eigentlichen Absichten erkennen. Wenn es Ihnen gelingt, ihre Provokation als Spiel zu betrachten, nehmen Sie sie wahrscheinlich nicht so persönlich. Außerdem fallen Sie auch nicht so leicht auf ihre Tricks herein.

Beobachten Sie, wie der andere versucht, Sie zu manipulieren. Beobachten Sie Ihre eigenen Gefühle und Empfindungen. Unter Druck leiden wir oft unter schwitzenden Händen, einer erhöhten Pulsfrequenz und einem flauen Gefühl in der Magengegend. Registrieren Sie Ihre Reaktionen. Dadurch können Sie sich langfristig selbst kontrollieren und beruhigen. Aus der Balkonperspektive können Sie sich ins Gedächtnis rufen, dass der Angriff nichts Persönliches ist – es geht um den anderen, nicht um Sie.

Auf dem Balkon kann es hilfreich sein, im Stillen das Spiel »beim Namen zu nennen«. Versehen Sie jede der Taktiken, mit denen Sie konfrontiert werden, mit einem entsprechenden Etikett. Stellen Sie sich folgende Situation vor: Sie haben gerade Nein zu einem Kollegen gesagt, der sein Projekt bislang eher lässig gesehen hat, deshalb in die Bredouille gekommen ist und Sie nun um sofortige Hilfe bittet. Sie selbst haben zahlreiche Überstunden hinter sich, um Ihre eigenen Verpflichtungen zu erfüllen, und haben einfach nicht die Zeit, ihn zu unterstützen.

»Komm schon«, sagt George. »Bitte! Du bist doch das Finanzgenie der Firma. Ohne dich habe ich keine Chance. Nur du kannst mir helfen.«
Wie heißt das Spiel? Schmeichelei.
Wenn Sie Ihr Positives Nein wiederholen, beharrt George: »Aber warum denn nicht? So viel Arbeit ist es doch gar nicht. Das schaffst du ganz leicht nebenher.« Wie heißt das Spiel? Verharmlosung. George führt seinen Freund aufs Glatteis.

Trotz Ihres wiederholten Nein werden weitere Taktiken angewandt, die Sie im Stillen jedes Mal wieder beim Namen nennen:

»Ich habe schließlich schon so viel für *dich* getan. Jetzt könntest du wirklich auch mal was für *mich* tun.« Spiel? Schuldzuweisung und emotionale Manipulation.
»Aber du hast doch gesagt, ich könnte dich jederzeit um Hilfe bitten.« Spiel? Falschdarstellung.
»Man kann also auf dein Wort nichts geben!« Spiel? Persönlicher Angriff.
»Was passiert wohl, wenn die anderen herausfinden, dass man deinem Wort nicht trauen kann?« Spiel? Drohung.
»Ich dachte, du bist mein Freund. Wir kennen uns doch schon so lange. Wir spielen zusammen Golf. Unsere Kinder sind miteinander befreundet.« Spiel? Schuldgefühle erzeugen.

»Wenn du das nächste Mal etwas von mir brauchst, werde ich an dein jetziges Verhalten denken!« Spiel? Drohung.

»O. k., ich mache dir folgenden Vorschlag. Fang einfach an, mir zu helfen, und sobald es zu viel wird, kannst du sofort aussteigen.« Spiel? Falsche Versprechungen. George führt seinen Gesprächspartner aufs Glatteis.

»Warte nur, bis der Chef das erfährt.« Spiel? Drohung.

Begegnen Sie dem Widerstand des anderen, indem Sie beharrlich jede Taktik beim Namen nennen, wodurch Sie die Wirkung, die sie sonst auf Sie hätte, neutralisieren. Vielleicht durchschauen Sie nicht *sämtliche* Schachzüge Ihres Opponenten, aber wenn Sie auch nur *ein paar* beim Namen nennen, so ist das bereits eine große Hilfe. Diese äußerst wirkungsvolle Technik erhöht Ihre emotionale Distanz und Selbstbeherrschung und verhindert ein reaktives Ja oder Nein Ihrerseits.

## Kneifen Sie sich in die Handfläche

Von meinem peruanischen Freund Hernán lernte ich einen meiner Lieblingstricks, um auf Kurs zu bleiben, wenn ich provoziert werde. Ich kneife mir einfach in die Handfläche. Dadurch rufe ich mir meine eigentlichen Ziele ins Gedächtnis und kann ruhig bleiben. Ich erinnere mich an ein morgendliches Meeting, das ich mit ein paar wichtigen Medienvertretern in Venezuela hatte, welche das Rückgrat der politischen Opposition zu Präsident Chávez bildeten. Sie waren sehr wütend und erregt über Chávez' Verhalten. Als ich sie darauf hinwies, dass es strategisch günstiger für sie sein könnte, mit dem Präsidenten in Dialog zu treten, wurde ich von allen fünfzehn mit skeptischen, wütenden Fragen bombardiert. Was für ein törichter Vorschlag! »Wie können Sie nur mit einem Kommunisten reden, einem Freund Castros?« Fast drei Stunden lang stand ich unter Beschuss und kniff mir unaufhörlich in die Hand, um ruhig zu bleiben. Das war gar nicht so einfach – bei zahlreichen Gelegenheiten ertappte ich mich dabei, dass ich reagieren wollte. Aber ich widerstand der Versuchung. Ich erkannte ihre Sorgen an und wiederholte meine eigene Sichtweise ruhig und stetig immer wieder. Sehr zu meiner eigenen Überraschung erfolgte irgendwann ein Umdenken: Die Medienvertreter baten mich schließlich sogar um die Vermittlung eines Dialogs mit dem Präsidenten.

Wenn Sie befürchten, der Provokation des anderen langfristig nicht standhalten zu können, sollten Sie einen Freund oder Kollegen hinzuziehen. Ob stillschweigend oder nicht: Ein Verbündeter erinnert Sie an Ihr eigentliches Ziel, an die Belohnung, auf die Sie hinarbeiten. Er kann die Situation eingehend beobachten und vermag Sie zu beruhigen, wenn Sie die Kontrolle verlieren. Mit anderen Worten: Ihr Freund kann Ihnen als Balkon dienen.

### Nutzen Sie die Macht, um nicht zu reagieren

Das bewusste Vermeiden einer Reaktion verleiht Ihnen ungeheure Macht.

In einem spätabendlichen Meeting mit Präsident Chávez und seinem Kabinett wütete dieser gegen seine politische Opposition. Eine geschlagene Stunde lang schleuderte er mir seinen Zorn und seine Frustration ins Gesicht. Er deutete an, dass ich genauso wie andere neutrale Beobachter mit Blindheit geschlagen sei. Natürlich hatte ich sofort das Gefühl, mich und meine Kollegen verteidigen zu müssen, aber ich spürte, dass ihn dies nur noch wütender machen würde. Ich fragte mich zudem, ob er mit seinem Verhalten nur Härte zur Schau stellen wollte, um seine Minister zu beeindrucken. Also holte ich tief Luft, kniff mir in die Handfläche, um mich zu konzentrieren, und wartete, dass er die verschiedenen Stadien von Wut über Trauer bis hin zu Akzeptanz durchlebte. Und tatsächlich: Nach einer Stunde wurde er ruhiger und fragte mich mit leicht gereizter und resignierter Stimme: »Ury, was würden Sie mir raten?«

Auf diese Gelegenheit hatte ich gewartet. Jetzt hatte ich seine ganze Aufmerksamkeit. Nun konnte ich ihm das unterbreiten, was ich ihm von Anfang an hatte vorschlagen wollen, nämlich eine Auszeit über Weihnachten, sodass sämtliche Konfliktparteien etwas Zeit auf dem Balkon verbringen und die Menschen die Ferien genießen konnten. Schon bald danach unterhielt sich der Präsident in liebenswürdigem Ton mit mir. Er lud mich sogar ein, mit ihm durch die Gegend zu reisen. Folgende Lektion lernte ich daraus: Vermeiden Sie es, zu reagieren, schauen Sie sich das Drama genau an, und warten Sie auf Ihre Gelegenheit zum Antworten.

Sobald Sie reagieren, überlassen Sie dem anderen die Kontrolle über die Situation. Wer nicht reagiert, hat mehr Macht und Einfluss. Nichts illustriert dieses Prinzip besser als die Entwicklungen in Südafrika während der politischen Übergangsphase von der Apartheid zur Mehrheitsregierung. Im April 1993 töteten Attentäter Chris Hani, einen äußerst populären und respektierten schwarzen Anführer. Tokyo Sexwale, ein führendes Mitglied des ANC (African National Congress) und enger Freund Hanis, beschreibt die darauffolgenden Geschehnisse: »Der Zwischenfall um Chris Hani hätte fast all unsere Bemühungen zunichtegemacht: unser Streben, unsere Versöhnung, unsere Entschlossenheit, ein vereintes Volk zu sein, und vor allem unsere Vision – von der Einführung der Demokratie, vom Ende des Krieges, vom Schweigen der Waffen und von Kindern, die Rosen in die Gewehrläufe stecken.

Sein Schädel war zerschmettert. Dieser Tag war einer der schlimmsten meines Lebens: An jenem Morgen weckte man mich mit der Nachricht, dass auf Chris geschossen worden sei. Ich rannte gleich hinüber (wir waren direkte Nachbarn) und erwartete, dass man mir sagen würde: ›Wir müssen Chris ins Krankenhaus bringen.‹ Aber als ich ihn sah, war mir sofort klar, dass er tot war. Was sagt man in solch einem Augenblick? Man hat die Wahl. Entweder man steht da und sagt vor den Hunderten von Medienvertretern: ›Auf in den Krieg!‹, womit man das Gefühl der Mehrheit, einer überwältigenden Mehrheit – und insbesondere der schwarzen Südafrikaner – wiedergegeben hätte. Ich meine, Chris zu töten war eine unvorstellbare, wenn nicht gar die schlimmste Provokation, die man sich denken kann …

Wir hätten das Pulverfass täglich in Brand stecken können. Schon nach Nelson Mandelas Rückkehr aus der Transkei hätte Bürgerkrieg geherrscht. Immerhin waren wir zu diesem Zeitpunkt die Oberbefehlshaber unserer Truppen, und die Menschen wären uns gefolgt.«

Aber Sexwale, Mandela und die übrigen Mitglieder des ANC hielten ihre Gefühle unter Kontrolle: Sie richteten den Blick weiterhin auf ihr Ziel und entschieden sich bewusst dafür, nicht zu reagieren. Stattdessen rangen sie der Regierung eine kritische, strategische Konzession ab, wobei sie argumentierten, dass sie die lautstarken Racheforderungen des Volkes ohne ein sichtbares Zeichen des Erfolgs nicht effektiv würden ignorieren können. Um es noch einmal in Sexwales Worten zu sagen:

»Wir nutzten die Gunst der Stunde äußerst geschickt …, um [de Klerk, dem Präsidenten der weißen Minderheitsregierung] zu sagen: Setzen Sie an Chris' Todestag einen Termin für Neuwahlen an … Denn ohne einen Wahltermin hätten wir den Menschen nichts sagen, ihnen keine Hoffnung geben können.«

Gegen die anfänglichen Einwände der Apartheid-Regierung wandte sich Nelson Mandela in einer Fernsehansprache an das gesamte Volk, um dessen Gefühle der Trauer und des Zorns und seinen Rachedurst zu beruhigen. Wie Sexwale es formulierte: »An jenem Abend war es offensichtlich – der Präsident spricht zum Volk. Damit war de Klerks Ende besiegelt. Wir mussten es durch eine Wahl nur noch formell bestätigen lassen.« Diese alles verändernde Wahl fand innerhalb eines Jahres statt.

Eine gewaltsame Reaktion hätte kurzfristig zwar eine Erleichterung bedeutet, langfristig hätten der ANC und das afrikanische

Volk dabei jedoch nur verlieren können. Weil sie eine Reaktion auf diese ernste und tragische Provokation bewusst vermieden, besiegelten Mandela und seine Verbündeten das Ende des Apartheid-Regimes.

Wenn also Ihr Gegenüber heftig auf Ihr Nein reagiert, dann denken Sie daran, wie viel Macht und Einfluss Sie haben, wenn Sie selbst sich zu keinerlei unbedachten Reaktion hinreißen lassen. Manchmal fällt Ihnen die Belohnung in den Schoß, weil Sie etwas *nicht* tun.

## HÖREN SIE RESPEKTVOLL ZU

Die vielleicht einfachste Möglichkeit, wie Sie dem anderen dabei helfen können, vom Widerstand zur Akzeptanz zu gelangen, besteht darin, respektvoll zuzuhören, genau wie Sie es in der Anfangsphase Ihres Nein taten. Verhalten Sie sich respektvoll, auch wenn man Sie provoziert. Denken Sie dabei daran, dass Sie sich nicht um der anderen willen, sondern *um Ihrer selbst* willen so verhalten. Bleiben Sie sich und Ihren Werten treu. *Und* bleiben Sie mit dem anderen in Verbindung.

Achten Sie beim Zuhören auf Ihre Schuldgefühle. Denken Sie daran, dass Sie für die Reaktion des anderen nicht verantwortlich sind. Betrachten Sie seine Reaktion auf Ihr Nein als naturgegeben, und lassen Sie sie zu. Versuchen Sie nicht, ihn vor Gefühlen wie Enttäuschung oder Trauer zu bewahren; sie gehören zum Prozess der Akzeptanz dazu. Mitgefühl ist zwar eine nette Sache, aber es schwächt Sie und kann dazu führen, dass Sie nachgeben. Seien Sie empathisch (also verständnisvoll), ohne zu viel Mitleid und Mitleiden zu entwickeln (also den Schmerz Ihres Gegenübers wirklich nachzuempfinden). Auch Empathie ist eine Form des Respekts.

## Paraphrasieren Sie

Die meisten Konfliktsituationen sind nicht gerade von Verständnis und Respekt geprägt. Wenn Sie beides an den Tag legen, wird Ihr Gegenüber aufrichtig überrascht sein und sich entspannen. Hören Sie dem anderen genau zu, und demonstrieren Sie ihm Ihre volle Aufmerksamkeit. Ein hervorragendes Hilfsmittel hierzu ist die Paraphrase – wiederholen Sie mit Ihren eigenen Worten, wie Sie ihn verstanden haben. Diese nützliche Technik wurde bereits im Mittelalter angewandt. An der Universität von Paris galt bei theologischen Debatten die Regel, das zu wiederholen, was der andere gesagt hatte, bis dieser davon überzeugt war, dass man ihn richtig verstanden hatte. Erst dann konnte man seine eigene Ansicht vortragen. Die Diskussion auf diese Weise zu verlangsamen, kann maßgeblich zu einer Beschleunigung des Verstehens beitragen.

Wenn Sie allerdings auf mechanische oder unaufrichtige Weise paraphrasieren, erzielen Sie das Gegenteil der gewünschten Wirkung und gehen Ihrem Gegenüber auf die Nerven. Aufrichtig ausgeführt, dient diese Technik drei nützlichen Zwecken. Sie zeigen Ihrem Gegenüber, dass Sie ihn verstehen *wollen*, was eine Geste des Respekts ist. Sie sorgt dafür, dass Sie auch *tatsächlich* verstehen, was gesagt wird. Und sie erlaubt es Ihnen, ein paar Sekunden lang auf den Balkon zu treten und nachzudenken, bevor Sie antworten.

Einige gebräuchliche Formulierungen, um den Prozess des Paraphrasierens zu beginnen, lauten:

- »Ich will mich vergewissern, dass ich Sie richtig verstanden habe.«
- »Wenn ich Sie richtig verstanden habe, wollen Sie Folgendes sagen ...«
- »Helfen Sie mir, Sie zu verstehen. Wenn ich Sie nicht missverstanden habe, meinen Sie ...«

### Erkennen Sie den Standpunkt des anderen an – ohne Ihren eigenen aufzugeben

Ein weiterer Schritt, der über das Paraphrasieren hinausgeht, besteht darin, die Gültigkeit des Standpunkts Ihres Gegenübers anzuerkennen, ohne Ihren eigenen aufzugeben.

Diese Art von Anerkennung erlaubt es Ihnen, Ihre eigene Haltung zu unterstreichen und die des anderen trotzdem zu respektieren. »Ich verstehe, was Sie sagen wollen. Ihre Argumente sind nachvollziehbar. Aber ich sehe die Situation trotzdem anders.« Sie erkennen die Sichtweise des anderen an, aber Sie stimmen ihr nicht zu.

Betrachten wir die Unterhaltung zwischen einer Mutter und ihrer kleinen Tochter genauer:

**Tochter:** Ich hätte so gern eine kleine Schwester.

**Mutter:** Ich verstehe, wie sehr du dir ein Schwesterchen wünschst. Und ich wünschte, wir könnten dir diesen Wunsch erfüllen, Schatz, aber das ist unmöglich.

**Tochter:** Och, bitte, Mama. Ich wünsche mir doch sooooooo sehr eine. Bitte!

**Mutter:** Du bist jetzt wirklich enttäuscht, nicht wahr, mein Schatz?

**Tochter:** Uhhuuu! *(Sie fängt an zu weinen.)*

**Mutter:** Es tut mir leid, dass du so traurig bist. Ich wünschte, Papa und ich könnten noch ein Kind bekommen, aber das geht nicht. *(Die Tochter weint weiter.)*

**Mutter:** Das ist sehr schlimm für dich, stimmt's?

**Tochter** *(nickt)***:** Das ist nicht fair. Ich bin die Kleinste in der Familie. Und das will ich nicht sein.

**Mutter:** Du bist nicht gern die Jüngste, nicht wahr?

**Tochter** *(schluchzend)***:** Nein.

Die Mutter versucht nicht, mit ihrer Tochter zu streiten oder ihr einen Rat zu geben. Sie hört nur einfach zu und erkennt ihre Gefühle an. Sie versucht zu spiegeln, was sie hinter ihren Worten heraushört. Sie erlaubt ihrer Tochter, Enttäuschung und Trauer zu empfinden. Sie erkennt die Gefühle ihrer Tochter an, aber sie gibt nicht nach. Das ist Respekt. (Glücklicherweise konnte bei diesen Verhandlungen eine Lösung entwickelt werden. Die Familie schaffte sich einen Welpen an – der viel kleiner war als das Mädchen –, und die Tochter war glücklich.)

### Ersetzen Sie »Aber« durch »Ja ... und«

Die meisten Menschen denken nur in den Kategorien Entweder-oder. *Entweder* man selbst hat recht *oder* der andere. *Entweder* die eigenen Interessen werden befriedigt *oder* die des anderen. *Entweder* bekommt man selbst, was man will, *oder* der andere. Raum ist nur für einen Standpunkt; deshalb muss der andere ausgemerzt werden. Eine solche insgeheim bei vielen Personen existierende Grundannahme schafft unnötig polarisierende Konflikte. Diese wiederum lenken die Aufmerksamkeit von unserem wahren Ziel ab, welches darin besteht, den anderen dazu zu bringen, unsere Bedürfnisse zu respektieren.

Versuchen Sie, Konfliktsituationen eher unter der Prämisse *Sowohl-als-auch* zu betrachten. Der andere hat einen Standpunkt *und Sie* ebenfalls. Das Wesen Ihres Positiven Nein besteht nicht in der Zurückweisung des anderen, sondern in der Bekräftigung Ihrer grundlegenden Bedürfnisse und Werte.

Auf der konkreten Ebene wird diese Veränderung im Denken dadurch markiert, dass Sie das Wort *»aber«* durch die Formulierung *»Ja … und«* ersetzen. Wenn Ihr Kunde einen Preisnachlass fordert und behauptet: »Ihre Preise sind viel zu hoch!«, ist die Versuchung groß, etwas zu erwidern wie: »*Aber* beachten Sie doch unsere hohen Qualitätsstandards, unsere Dienstleistungen, unsere Verlässlichkeit.« *Aber* ist jedoch ein Schlüsselwort, das Widerspruch signalisiert. Die Menschen mögen keinen Widerspruch, deshalb hören sie anschließend gar nicht mehr richtig hin. Wahrscheinlich fallen Ihre Argumente auf erheblich fruchtbareren Boden, wenn Sie zuerst einmal den Standpunkt des anderen anerkennen und dann anfangen, den Ihren darzulegen – nicht als Widerspruch, sondern als zusätzlichen Gedanken. »*Ja*, Sie haben recht, unsere Produkte sind nicht ganz billig. *Und* wenn man die Qualität bedenkt, ebenso wie unseren Service und unsere Verlässlichkeit, werden Sie letztlich sicherlich feststellen, dass das Preis-Leistungs-Verhältnis stimmt.« Dies ist eine einfache, aber wirkungsvolle Veränderung in der Formulierung.

### Sagen Sie: »Oh? Und? Nein.«

Die Anonymen Alkoholiker kennen eine nützliche Technik, um mit der Reaktion der anderen auf ein Nein umzugehen. Was immer der andere sagt, man reagiert zunächst mit einem der drei folgenden Worte:

- **Oh?** Mit anderen Worten: Erkennen Sie den Standpunkt des anderen auf neutrale, nicht reaktive Weise an.
- **Und?** Lassen Sie Ihr Gegenüber sämtliche Taktiken und Tricks herunterspulen, und bleiben Sie völlig unbewegt.
- **Nein.** Wiederholen Sie Ihr Nein.

Stellen Sie sich vor, ein Bekannter hat Sie gebeten, ihm Geld zu leihen, und Sie haben bereits Nein gesagt. Das Gespräch könnte also folgendermaßen verlaufen:

**Bekannter:** Ich habe kein Geld mehr.
**Sie:** Oh?
**Bekannter:** Ich bin völlig pleite.
**Sie:** Oh?
**Bekannter:** Ich brauche das Geld wirklich.
**Sie:** Oh?
**Bekannter:** Du bis doch immer ein guter Freund gewesen.
**Sie:** Und?
**Bekannter:** Kannst du mir nicht etwas leihen?
**Sie:** Nein.

Natürlich muss der Dialog nicht immer so kurz angebunden sein, aber die Praxis ist einfach und leicht zu behalten. Besonders für Menschen, die notorisch zur Anpassung neigen, kann dies eine nützliche Übung sein, um den Standpunkt des anderen anzuerkennen, ohne ihn zu übernehmen.

## SEIEN SIE STANDHAFT WIE EIN BAUM

Genau wie Bäume den Stürmen zu trotzen wissen, indem sie sich dem Wind beugen, ohne zu brechen, müssen wir gleichzeitig fest und flexibel sein, wenn wir jemandem standhalten wollen, der nicht bereit ist, unser Nein zu akzeptieren.

Die größte Herausforderung besteht darin, sich mit der Reaktion des anderen auseinanderzusetzen. Wie leicht ist es doch, nachzugeben oder anzugreifen – also Reaktion mit Gegenreaktion zu vergelten. Aber das ist gar nicht notwendig.

Sogar in der schwierigen Situation, die wir zu Beginn dieses Kapitels schilderten, fand Dick Goodwin, der junge Redenschreiber, der von seinem Amt zurücktreten wollte, einen Weg, seinem Ja treu zu bleiben. Trotz Präsident Johnsons Theatralik und Manipulationen gab Goodwin weder nach, noch setzte er zum Gegenangriff an. Er blieb seiner ursprünglichen Absicht treu, trat zurück und nahm das Stipendium an. Und obwohl LBJ es ihm eine Zeit lang heimzahlte, indem er Goodwin aus seinem Büro verbannte, gab er letztlich nach und akzeptierte das Nein. Seine Antwort auf Goodwins schriftliches Rücktrittsgesuch verdeutlicht, dass sein Zorn sich zunächst in Trauer und schließlich in echte Akzeptanz verwandelte. »Lieber Dick«, schrieb LBJ. »Ich lese [Ihren Brief] mit ebenso tiefen wie gemischten Gefühlen – mit großem Bedauern für Ihre Entscheidung, mit Dankbarkeit für die Zuneigung, die darin zum Ausdruck kommt, und mit neuer Wertschätzung für den Mann, der ihn geschrieben hat.« Anschließend lud er Goodwin wieder ins Weiße Haus ein, damit er seine Rede zur Lage der Nation schrieb.

Wenn Sie die verschiedenen Phasen der Akzeptanz kennen und verstehen, so können Sie den emotionalen Prozess, den Ihr Gegenüber durchmachen wird, vorausahnen und sich das Drama wie ein Theaterzuschauer ansehen. Als unbeteiligter Beobachter geraten Sie nicht so schnell in Versuchung, nachzugeben oder anzugreifen. Diese Position erlaubt es Ihnen, den richtigen Zeitpunkt abzuwarten und dann erst zu handeln. Indem Sie eine Gegenreaktion vermeiden, geben Sie der Angst und dem Zorn des anderen Gelegenheit abzuklingen, was wiederum den Weg ebnet, damit er die Realität Ihres Nein akzeptieren kann. Indem Sie den emotionalen Prozess Ihres Gegenübers respektieren, wie Goodwin es bei LBJ tat, verbessern Sie die Chancen, in Zukunft eine freundschaftliche Beziehung zu dem Betreffenden aufzubauen oder zu erhalten.

Wenn der andere sich jetzt jedoch immer noch weigert, Ihre Haltung zu akzeptieren, müssen Sie Ihr Nein unterstreichen, indem Sie Ihre ganze Macht einsetzen. Und genau mit diesem Thema befasst sich das folgende Kapitel.

# 8 UNTERSTREICHEN SIE IHR NEIN

*Je stärker der Wind, umso stärker die Bäume.*

*Altes englisches Sprichwort*

Es geschah 1930 in Indien. Ein scheinbar gebrechlicher alter Mann ohne gesellschaftliche Position oder konventionelle Macht beschloss, das größte Empire herauszufordern, das die Welt je gekannt hatte. Die Kolonialherrschaft der Briten dauerte nun schon vier Jahrhunderte an; ihr musste ein Ende gesetzt werden. Unzählige Bittschriften, die Nein zur Ungerechtigkeit des Regimes sagten, waren ignoriert worden. Es wurde Zeit, dass er seine persönliche Macht nutzte – ein *BATNA* entwickelte –, aber wie? Der alte Mann grübelte lange Zeit über die richtige Methode nach, und schließlich kam ihm ein Gedanke. Gesichert wurde die britische Oberherrschaft über Indien durch die Salzsteuer, eine Steuer, die sogar die Ärmsten der Armen, die kurz vor dem Verhungern waren, entrichten mussten, wenn sie überleben wollten. Niemand durfte Salz gewinnen, auch nicht für den persönlichen Gebrauch. Der alte Mann beschloss, dieses ungerechte Gesetz zu brechen, indem er ins Meer ging und Salz aus dem Meer holte.

Als der alte Mann seine politischen Verbündeten in seinen Plan einweihte, fragten sich viele, ob er den Verstand verloren habe. Er wollte das Empire herausfordern, indem er eine Handvoll Salz aus dem Meer gewann? Der alte Mann schickte einen Brief an die imperialen Autoritäten, erklärte sein Nein zum Salzgesetz, bat sie, es aufzuheben, und kündigte an, was er unternehmen würde, wenn sie seiner Bitte nicht nachkämen.

Die britischen Regierungsbeamten lachten. Wer würde einer solchen Demonstration schon Aufmerksamkeit schenken? Am besten war es wohl, ihn nicht ins Gefängnis zu stecken, sondern ihn zu ignorieren und ihm keine Hindernisse in den Weg zu stellen. Sollte er sich doch zum Narren machen.

Der alte Mann verließ sein Haus und machte sich mit seinem Wanderstab und achtzig Gefährten auf den Weg zu der zweihundertvierzig Meilen entfernten Küste. Auf seiner Reise schlossen sich ihm Tag für Tag Tausende von Gleichgesinnten an. Als er schließlich am Ziel war und Salz aus dem Meer holte, waren die Augen des gesamten indischen Volkes auf ihn gerichtet – und die Welt sah zu. Die Neuigkeiten verbreiteten sich schnell in Indien, und Hunderte von Menschen begannen, »illegales« Salz zu gewinnen und zu verzehren. Die imperialen Autoritäten kamen schon bald zu dem Schluss, dass ihnen keine Wahl blieb, als den alten Mann doch zu inhaftieren, um der Rebellion Einhalt zu gebieten. Aber es funktionierte nicht. Innerhalb von ein paar Monaten wimmelte es in den Gefängnissen von Protestierenden. Es waren Tausende! Das Land kam buchstäblich zum Stillstand. Den imperialen Machthabern war das Lachen mittlerweile vergangen.

Innerhalb weniger Monate gaben die Behörden nach und ließen den alten Mann wieder frei. Zur allgemeinen Überraschung setzte sich der Vizekönig mit diesem Inder wie mit einem Gleichgestellten zusammen und verhandelte mit ihm über eine Einigung. Sie vereinbarten, dass die Menschen, die in küstennahen Gebieten lebten, ihr eigenes Salz gewinnen durften, ohne dass eine Steuer darauf erhoben wurde. Dies war der Anfang vom Ende der britischen Kolonialherrschaft.

Der alte Mann war natürlich Mahatma Gandhi. Niemand verstand es besser als er, ein Positives Nein zu äußern. Gandhi kannte das paradoxe Geheimnis des effektiven Nein-Sagens: Ein mächtiges Nein stützt sich auf ein tiefes Ja, ein lebensbejahendes Ja. Salz ist eine grundlegende Notwendigkeit, ein Symbol des Lebens selbst. Gandhi bejahte das Leben, indem er Salz aus dem Meerwasser gewann, wie es Menschen seit Jahrtausenden getan hatten.

Dadurch richtete Gandhi die Aufmerksamkeit auf die Unterdrückung, die das indische Volk durch das Empire erdulden musste, sowie auf die Steuergesetzgebung, die die Ärmsten der Armen belastete, um die möglicherweise reichste und extravaganteste Kolonialadministration der Welt zu unterstützen. Seine positive Handlung bestand in einem lauten und klaren Nein, das die Inder ebenso verstanden wie die britischen Kolonialherren.

Jahr um Jahr beharrte Gandhi geduldig und erbarmungslos auf seinem Standpunkt, unterstrich sein Nein mit positiver Macht, bis sich das Empire schließlich zurückzog.

## UNTERSTREICHEN SIE IHR NEIN MIT POSITIVER MACHT

Wenn Ihr Gegenüber sich weigert, Ihr Nein zu akzeptieren, sehen Sie auf den ersten Blick vielleicht nur zwei Alternativen: Unterwerfung oder offene Auseinandersetzung. Aber es gibt eine dritte Möglichkeit, die Gandhi uns vor Augen führt. *Nicht überreagieren, sondern unterstreichen.* Zu unterstreichen bedeutet, geduldig und beharrlich zu betonen, dass Ihr Nein ein Nein bleibt. Es bedeutet, immer wieder für das einzutreten, was Ihnen wichtig ist, ohne die Möglichkeit einer Übereinkunft oder einer gesunden Beziehung zu zerstören. Es bedeutet, positive Macht einzusetzen, die – wie Sie sich vielleicht erinnern – die Macht einer positiven Absicht ist, welche durch ein *BATNA* gestützt wird.

Obwohl es immer gut und nützlich ist, ein *BATNA* in der Hinterhand zu haben und sich darauf zu berufen, bezahlen wir oft einen hohen Preis, wenn wir tatsächlich darauf zurückgreifen, denn meist belastet er unsere Beziehung zu dem anderen. Es empfiehlt sich daher ein schrittweiser Ansatz. »Der beste General ist derjenige, der niemals kämpft«, schrieb der alte chinesische Militärstratege Sun Tsu. Es ist besser, den anderen zur Besinnung zu bringen, als Ihr *BATNA* einzusetzen.

Zunächst einmal sollten Sie Ihr Nein dem anderen gegenüber so oft wie möglich *wiederholen.* Wenn das nicht wirkt, *erziehen* Sie den anderen: Informieren Sie ihn darüber, welche Konsequenzen eintreten werden, falls er Ihr Nein nicht respektiert. Wenn das ebenfalls keine Wirkung zeigt, müssen Sie Ihr *BATNA* in die Tat *umsetzen.*

## WIEDERHOLEN SIE IHR NEIN

Ihr Gegenüber will von Ihrem Nein vielleicht gar nichts wissen. Dann leugnet er es oder ist so schockiert, dass er lieber vorgibt, Sie gar nicht gehört oder vergessen zu haben, was Sie sagten. Unter Umständen ignoriert er Ihr Nein auch einfach. Manchmal sind Sie deshalb gezwungen, Ihr Nein *nicht nur einmal* zu äußern, sondern es *ständig zu wiederholen*, bis der andere Ihre Botschaft verstanden hat.

## Seien Sie konsequent und beharrlich

So sah sich meine alte Freundin Emily Wilson, die viele Jahre als Haushälterin für die Familie des berühmten Volkswirtschaftlers John Kenneth Galbraith arbeitete, mit folgender Herausforderung konfrontiert: Eines Tages rief Präsident Lyndon Johnson an und wollte den Professor sprechen:

»Ist Galbraith da?«

»Er hat sich hingelegt und hat strikte Anweisungen hinterlassen, dass er nicht gestört werden will.«

»Jetzt hören Sie aber auf! Ich bin der Präsident! Wecken Sie ihn sofort!«

»Es tut mir leid, Mr. President. Aber ich arbeite für Mr. Galbraith, nicht für Sie.« Und mit diesen Worten legte sie auf.

Als Galbraith den Präsidenten nach seinem Schläfchen zurückrief, sagte Johnson: »Wer ist diese Frau? Ich will, dass sie für mich arbeitet.«

Emily war zwar klein und zierlich, dennoch konnte sie sich behaupten. Energisch wusste sie ihr Nein zu vertreten und aufrechtzuerhalten. Ihr war klar, wie wichtig dabei ein konsequentes Verhalten ist, insbesondere wenn der Gesprächspartner versucht, einen zum Einlenken und zur Anpassung zu bewegen.

Hier noch ein Beispiel aus dem Berufsleben. Ein Manager wurde von seinem Vorgesetzten unter Druck gesetzt, eine Mitarbeiterin namens Patricia zu entlassen. Nur durch ein wiederholtes Nein vermochte er dies erfolgreich zu verhindern. »Ich war fest davon überzeugt, dass sie für unsere Firma die Richtige war«, erinnert sich Robert. »Sie hatte nur den falschen Arbeitsplatz. Also plante ich, ihr eine andere Position zu verschaffen, wo sie mehr Kundenkontakt hatte. Aber Ron [sein Vorgesetzter] setzte mich weiterhin unter Druck. Er machte ständig spitze Bemerkungen nach dem Motto: *Steter Tropfen höhlt den Stein.*

Im Rahmen unserer jährlichen Budgetverhandlungen ging eine

Gruppe von Mitarbeitern eines Abends gemeinsam ins Restaurant. Ron kam an unseren Tisch und sagte zu mir: ›Ich hoffe, Sie sind darauf vorbereitet, bei Patricia eine harte Entscheidung zu fällen.‹ Ich beschloss, reinen Tisch zu machen. ›Natürlich bin ich zu einer harten Entscheidung bereit. Ich hoffe, *Sie* sind darauf vorbereitet, dass es nicht die Entscheidung ist, die Sie sich wünschen.‹ Für mich bestand die harte Entscheidung darin, mit Patricia an ihrem Erfolg zu arbeiten und sie nicht fallen zu lassen.

Ron gab nicht auf: ›Denken Sie noch einmal darüber nach‹, antwortete er. Ich blieb weiterhin standhaft. ›Ich denke darüber nach, sie woanders einzusetzen.‹ Wieder antwortete er: ›Denken Sie noch einmal darüber nach.‹

Ich ließ mich trotzdem nicht beirren und versetzte Patricia an einen neuen Arbeitsplatz, wo sie mittlerweile ausgesprochen erfolgreich ist. Etwa ein Jahr später kam Ron eines Abends bei einem Bankett auf mich zu und sagte: »Sie hatten mit Patricia ganz recht. Ich bin froh, dass wir sie nicht entlassen haben.«

Beharrlichkeit macht sich bezahlt. Es ist leichter, Ihr Nein aufrecht zu erhalten, wenn Sie sich ins Gedächtnis rufen, dass es ja eigentlich Ihr Ja ist, das Sie damit stützen. Im gerade beschriebenen Fall sagte Robert Ja zu seiner Maxime, seiner Mitarbeiterin eine Chance zu geben und auf diese Weise zum Gesamterfolg des Unternehmens beizutragen. Sich auf Ihr Ja zu besinnen, gibt Ihnen Kraft und stärkt Ihr Durchhaltevermögen.

Noch vor ein paar Jahren wurden Geiselnahmen in den Vereinigten Staaten grundsätzlich gewaltsam gelöst. Die Polizei zückte ihr Megaphon und gab dem Geiselnehmer noch fünf Minuten, um mit erhobenen Händen aus dem Haus zu kommen. Wenn er sich nicht ergab, wurde Tränengas eingesetzt, und die Polizei stürmte das Gebäude mit Waffengewalt. Nur allzu häufig kamen dabei Menschen ums Leben – die Geiseln, die Geiselnehmer und sogar die Polizisten selbst. Denken Sie nur an die Tragödie von Waco in Texas, die sich im Jahre 1993 ereignete und bei der mehr als siebzig Menschen getötet wurden, darunter zwölf Kinder unter fünf Jahren.

Mittlerweile hat die Polizei effektivere Methoden entwickelt, um zu Geiselnehmern Nein zu sagen. Sie haben einen Plan B in der Hinterhand, meist ein Sondereinsatzkommando, das in der Nähe Stellung bezieht, falls die Situation doch mit Waffengewalt gelöst werden muss. Aber die Methode, die in der Mehrheit der Fälle greift, ist ruhiges, geduldiges, beharrliches Verhandeln. Dabei ist es besonders wichtig, fest und respektvoll Nein zu sagen – und das immer und immer wieder.

Im Folgenden finden Sie einen kleinen Dialogausschnitt aus Verhandlungen mit einem Geiselnehmer in New York City. Der Fernsehmoderator beschreibt die Situation folgendermaßen: »Nach Darstellung der Polizei hat sich ein mit einem Gewehr bewaffneter Mann in einem Haus verbarrikadiert, wo er einen zehnjährigen Jungen, möglicherweise seinen Neffen, gefangen hält.« George, der Geiselnehmer, verlangte ein Gespräch mit seiner von ihm getrennt lebenden Frau Annabelle, aber diese war »verrückt vor Angst«, und die Polizei lehnte seine Forderung ab:

**George:** Ich kann nämlich damit nicht mehr leben, wissen Sie, ohne mit Annabelle zu reden.
**Detective:** Sie werden nicht mit Annabelle reden.
**George:** Dann werden wir hier noch sehr, sehr lange sitzen.
**Detective:** Ja, ewig, wenn es sein muss.
**George:** Ich gehe nicht ins Gefängnis.
**Detective:** In Brooklyn geht niemand wegen Waffenbesitzes ins Gefängnis. Das wissen Sie genauso gut wie ich. Über Gefängnis will ich mit Ihnen auch gar nicht reden. Ich habe Ihnen schon tausendmal gesagt, dass das wahrscheinlich gar nicht in Frage kommt. Selbst wenn Sie angeklagt werden, bekommen Sie eine Freiheitsstrafe auf Bewährung. Und ich

will auch nicht mehr über Annabelle reden, denn auch da kennen Sie meine Antwort. Ich will nur eines: dass es Ihnen gut geht. Dass es José [der kleinen Geisel] gut geht. Ich will, dass hier niemand verletzt wird.«

**George:** O. k.

Achten Sie auf das beharrlich wiederholte, feste Nein des Detective, während er gleichzeitig auf seinem Ja zur Sicherheit der Geisel, des Geiselnehmers und aller anderen Beteiligten besteht. Die Verhandlungen dauerten elf Stunden, in denen der Geiselnehmer sämtliche klassischen Stadien durchlief: Leugnung, Angst (vor einer Inhaftierung), Zorn (und wiederholte Drohungen, sich selbst und den Jungen zu töten), Verhandeln und Trauer. Dank des beharrlichen und respektvollen Nein seitens des Detective und seiner Kollegen konnte George die Ablehnung seiner Forderung schließlich akzeptieren. Er ging auf den positiven Vorschlag, der ihm unterbreitet wurde, ein und ließ den Jungen frei. Er ließ die Waffe fallen und ergab sich friedlich. Für die New Yorker Spezialisten war dies eine weitere Geiselnahme, die sie durch das Ausüben positiver Macht erfolgreich beenden konnten.

## Formulieren Sie einen Ankerspruch

Manchmal ist einem unbehaglich zumute, wenn man das eigene Nein ständig wiederholen soll. Und oft reagiert das Gegenüber empfindlich. Immerhin gibt es ein ungeschriebenes Gesetz, das ständige Wiederholungen im Gespräch verbietet. »Das hast du doch schon mehrfach gesagt!«, ruft der andere erbittert aus. Denken Sie in einem solchen Fall daran, dass Sie hier keine normale Unterhaltung führen, in der das Ziel darin besteht, dem anderen neue Informationen zu vermitteln. Stattdessen wollen Sie ihn an eine bleibende Wahrheit erinnern – an Ihre Interessen und Werte, die er respektieren soll.

Der Zweck der Übung besteht darin, Ihrem Gesprächspartner

beizubringen, dass Ihr Nein unabänderlich ist und bleibt. Auch beim Erlernen anderer Fertigkeiten, sei es Lesen oder Tennis, müssen wir ständig wiederholen. Wer lernt, ein Nein zu respektieren, bei dem verhält es sich nicht anders, besonders da der Lernende in diesem Fall nicht allzu motiviert ist.

Manchmal reicht es aus, unser Nein nur ein einziges Mal zu wiederholen, damit unser Gegenüber unsere Bedürfnisse respektiert: »Es tut mir leid, wenn ich Sie noch einmal belästigen muss, aber Rauchen ist in diesem Restaurant nicht gestattet« – und der andere fügt sich. Manchmal aber gibt Ihr Gegenüber nicht so leicht nach. Denken Sie an Handelsvertreter, die vor Ihrer Haustür stehen, oder an Telefonverkäufer. Sie spielen ein Spiel mit Ihnen, lassen sich nicht abwenden und ziehen alle manipulativen Register, damit Sie Ihr Nein aufgeben.

Ein Schlüssel, um Ihr Nein zu stützen, ist die Formulierung eines einzigen einfachen Satzes, eines markanten Spruchs, der Ihnen gute Dienste leistet und den Sie ständig wiederholen können, wenn der andere Sie erbarmungslos unter Druck setzt und Sie keinen klaren Gedanken mehr fassen können. Betrachten Sie ihn als Ankerspruch, also als Möglichkeit, Ihr Nein zu verankern (und damit Ihr zugrunde liegendes Ja), auch wenn um Sie herum der Sturm tobt. Derlei Ankersprüche können folgendermaßen aussehen:

- »Das funktioniert bei mir nicht.«
- »Nein, danke.«
- »Ich fühle mich nicht wohl dabei.«
- »Tut mir leid, aber ich bin nicht interessiert.«
- »Wir spenden bereits für bestimmte gemeinnützige Zwecke und wollen es dabei bewenden lassen.«

Versuchen Sie, den fraglichen Satz auf das Wesentliche zu reduzieren. Lassen Sie alles Unwichtige weg – mit anderen Worten alles, worauf Ihr Gegenüber sich stürzen könnte, um die Lektion, dass ein Nein ein Nein bleibt, nicht lernen zu müssen. Ein Ankerspruch ist einfach nur eine simple Möglichkeit für Sie, auf Kurs zu bleiben und zu vermeiden, dass Sie von Ihrem Nein abgelenkt werden.

Einmal half ich einem Freund, der lernen musste, sich vor den intimen Fragen seiner Verwandten und Freunde über seinen Gesundheitszustand zu schützen. Wir wählten einen Ankerspruch, der gut passte: »Es tut mir leid, aber im Augenblick rede ich nicht gern darüber.« Im Rahmen von Rollenspielen, in denen ich ihn mit lästigen Fragen plagte, übte er diesen Satz immer und immer wieder. Der Ankerspruch wurde ihm zur zweiten Natur, wurde Teil seines instinktiven Vokabulars. Er half ihm, in einer heiklen Phase seines Lebens seine Privatsphäre zu wahren. Ein einfacher Satz kann Ihnen die Standhaftigkeit verleihen, die notwendig ist, um dem Druck eines gleich starken Gesprächspartners standzuhalten.

### Absichtsvolle Wiederholung

Zu Anfang kommt es Ihnen vielleicht etwas künstlich vor, sich ständig zu wiederholen – teilweise deshalb, weil wir dazu erzogen wurden, Wiederholungen zu vermeiden. Achten Sie zunächst darauf, dass die Wiederholungen nicht mechanisch erfolgen wie bei einem Roboter oder einer Schallplatte mit Sprung; das führt oft nur zu unnötiger Verärgerung. Stattdessen sollte Ihre Wiederholung *absichtsvoll* sein. Sie können Ihren Ankerspruch immer wieder einsetzen, erneuert wird er durch Ihre Konzentration auf Ihre zugrunde liegende Absicht – auf das tiefere Ja in Ihrem Inneren. Außerdem können Sie die Wiederholung mit einem Lächeln oder einer anerkennenden Bemerkung freundlicher gestalten.

Egal, welche Taktik Ihr Gegenüber bei Ihnen anwendet, Ihre Antwort bleibt dieselbe. Mit ruhiger, sachlicher Stimme wiederholen Sie geduldig immer wieder, wo Sie Ihre persönliche Grenze ziehen.

Ein klassisches Beispiel für eine absichtsvolle Wiederholung findet sich in einem Roman aus dem 19. Jahrhundert, nämlich in Herman

Melvilles *Bartleby, der Schreiber*. Melville entwirft hier ein Szenario in Manhattan, in dem ein Notar, ein Mann von Rang und Einfluss, sein Verhältnis zu seinem neuen Mitarbeiter Bartleby beschreibt, welcher bei ihm als Schreiber arbeitet. Der Notar ist gleichzeitig der Ich-Erzähler und vermittelt uns einen hervorragenden Einblick in die Gedanken eines Menschen, der mit einem Nein konfrontiert wird.

> »Ich glaube, es war an seinem dritten Arbeitstag bei mir … Ich wollte eine kleine Sache, an der ich gerade arbeitete, möglichst schnell beenden und rief Bartleby unvermittelt zu mir. In meiner Eile und der natürlichen Erwartung sofortiger Willfährigkeit saß ich da, beugte den Kopf über das auf meinem Schreibtisch liegende Original und streckte nur etwas nervös die rechte Hand mit der Kopie aus, damit Bartleby, sobald er aus seinem kleinen Büro hervorgekommen war, sich das Papier sogleich schnappen und wieder unverzüglich an die Arbeit machen konnte.«

> »In genau dieser Haltung saß ich da, als ich ihn zu mir rief und schnell zusammenfasste, was ich von ihm verlangte – nämlich, ein kurzes Dokument mit mir durchzusehen.«

Die ganze Szene lebt von dem Mangel an Respekt, den der Notar seinem Mitarbeiter entgegenbringt: Der Erzähler ruft Bartleby unvermittelt zu sich, erwartet sofortige Kooperation und schaut nicht einmal eine Sekunde lang auf, um mit ihm zu sprechen. Im Folgenden schildert der Erzähler das Nein des Schreibers und seine eigene Reaktion:

> »Stellen Sie sich meine Überraschung, nein, meine Verblüffung vor, als Bartleby – ohne sich aus seinem Refugium zu erheben, mit eigentümlich sanfter, fester Stimme antwortete: ›Ich möchte lieber nicht.‹«

Beachten Sie die »sanfte, feste Stimme« – den neutralen, sachlichen Ton. Es ist ein respektvolles Nein – er sagt nicht »Mach ich nicht«, sondern »Ich *möchte lieber* nicht.« Hinter diesem Nein steht ein klares Ja, eine Verpflichtung seiner eigenen menschlichen Würde gegenüber. Der Notar ist natürlich überrumpelt. Er fährt fort:

> »Eine Zeitlang saß ich schweigend da, um meiner Verblüffung Herr zu werden. Zuerst glaubte ich, mich verhört zu haben, oder dass Bartleby mich vollkommen missverstanden hatte. Ich wiederholte meine Bitte also mit der klarsten Stimme, die ich ermöglichen konnte. Aber in genau dem gleichen klaren Ton erhielt ich die gleiche Antwort wie zuvor: ›Ich möchte lieber nicht.‹«

Das erste Stadium der Reaktion ist Leugnung. Der Vorgesetzte kann einfach nicht glauben, dass sein Angestellter die Verwegenheit besitzt, Nein zu sagen. Also wiederholt er seine Forderung und erwartet sofortigen Gehorsam. Aber Bartleby bleibt sich selbst treu und bekräftigt sein Nein. Dies führt bei seinem Chef zum nächsten Reaktionsstadium – Angst und Zorn.

> »›Lieber nicht!‹«, wiederholte ich, erhob mich erregt und schritt energisch zu ihm hinüber. ›Was meinen Sie damit? Sind Sie mondsüchtig? Ich möchte, dass Sie mit mir diese Papiere abgleichen – nehmen Sie sie!‹ Und ich warf sie ihm entgegen.«

Aber Bartleby reagiert nicht. Er bleibt standhaft und wiederholt sein Nein erneut.

> »›Ich möchte lieber nicht‹, sagte er.«

Der Notar ist vollkommen entgeistert. Er hat jetzt zwei Möglichkeiten: Er kann sich weiter in seine Wut hineinsteigern und Bartleby auf der Stelle entlassen, oder er kann das Nein akzeptieren und die Vereinbarung gegenseitigen Respekts, die Bartleby durch sein Verhalten implizit vorschlägt, überdenken.

> »Ich sah ihm direkt ins Gesicht. Sein Antlitz war mager, seine grauen Augen blickten ruhig und verschleiert drein. Nicht das kleinste Anzeichen von Erregung war darin zu erkennen. Wenn ich auch nur im Mindesten Unbehagen, Zorn, Ungeduld oder Unverschämtheit in seiner Art hätte entdecken können – mit anderen Worten, hätte er sich auch nur im Geringsten menschlich verhalten, so hätte ich ihn zweifellos mit Schimpf und Schande hinausgeworfen. Aber so wie die Dinge lagen, hätte ich genauso gut meine bleiche Cicero-Gipsbüste hinauswerfen können. Ich stand eine Weile da und beobachtete, wie er ruhig weiterschrieb. Dann setzte ich mich wieder an den Schreibtisch. Wie seltsam, dachte ich. Wie verhielt man sich in einer solchen Situation am besten? Aber meine Geschäfte duldeten keinen Aufschub. Ich beschloss, die Sache erst einmal ruhen zu lassen und mich später damit zu beschäftigen, wenn ich Zeit hatte. Also rief ich Nippers aus dem anderen Büro zu mir, und das Dokument wurde schnellstens gegengelesen.«

Wenn Bartleby reagiert hätte, so wäre er auf der Stelle gefeuert worden. Aber Bartleby ist auf dem Balkon, ruhig und ohne Reaktionen zu zeigen, der absolute Herr seiner Gefühle, entschlossen, sein Positives Nein aufrechtzuerhalten. Sogar der Vergleich mit der Büste Ciceros zeigt, dass sein Nein sachlich ist, eine objektive Realität. Angesichts seiner geduldigen, absichtsvollen Wiederholung muss der arrogante Chef, den diese Reaktion nicht nur verwirrt, sondern sogar etwas mit Ehrfurcht erfüllt, das Nein letztendlich akzeptieren.

Die Geschichte betont die Macht, die uns verliehen wird, wenn wir einem tieferen Ja gegenüber treu bleiben – in diesem Fall einem Ja zur Menschenwürde.

Im Verlauf des Romans entpuppt sich Bartlebys Charakter als komplex und leidgeprüft, aber seine Methode, Nein zu sagen, ist einfach und bewundernswert. Die Technik absichtsvoller Wiederholung könnte auch Bartleby-Technik heißen. »Ich möchte lieber nicht« ist ein Ankerspruch, der uns im Gedächtnis bleiben sollte.

## Erziehung – die Wirklichkeit als Lehrmeister

Wenn Ihre geduldige Wiederholung des Nein nicht die gewünschte Wirkung hat, sollten Sie den nächsten Schritt in Angriff nehmen und die anderen über die Konsequenzen informieren, die eintreten, falls diese Ihr Nein nicht respektieren. Mit dem Begriff Erziehung meine ich in diesem Zusammenhang nicht, dass Sie selbst in die Rolle des Lehrers schlüpfen sollen. Der wahre Lehrmeister ist die Situation selbst. Dadurch dass der andere sich weigert, Sie und Ihre Bedürfnisse zu respektieren, ergeben sich für ihn ein paar Konsequenzen, aus denen er eine Lehre ziehen kann. Ihre Aufgabe besteht deshalb darin, ihm den Lernprozess zu erleichtern, zunächst einmal, indem Sie die richtigen Fragen stellen, mit denen Sie die Realität prüfen, und weiter, indem Sie konkrete Warnungen aussprechen.

## Stellen Sie realitätsprüfende Fragen

Fragen sind häufig viel besser als Anweisungen. Die meisten Menschen haben bessere Lernerfolge und leisten weniger Widerstand, wenn sie etwas selbst herausfinden können. Statt dem anderen also die unerwünschten Konsequenzen zu schildern, falls er Ihre Bedürfnisse nicht respektiert, ist es effektiver, ihm ein paar »realitätsprüfende Fragen« zu stellen.

Diese Fragen sollen den anderen zum Nachdenken anregen über die eigentliche Realität einer bestimmten Situation sowie über die natürlichen Konsequenzen, die sich aus der Weigerung, Ihr Nein zu respektieren, ergeben. Hier ein paar Beispiele:

- »Was passiert, wenn wir keine Einigung erzielen? Welche Konsequenzen hat es für uns beide, wenn wir uns in dieser Angelegenheit an den nächsthöheren Vorgesetzten wenden? Welche Kosten verursachen wir, wenn wir damit vor Gericht gehen (einen Streik anzetteln etc.)?«
- »Haben Sie jemals darüber nachgedacht, wie es sich auf unsere Familien (unsere Beziehung, unsere Partnerschaft etc. ...) auswirkt, wenn wir uns in dieser spezifischen Situation nicht darauf einigen können, unsere Bedürfnisse gegenseitig zu respektieren?«

Betrachten wir noch einmal die tragische Geschichte des Space Shuttle *Challenger* und das Gespräch, in dessen Verlauf die Ingenieure auf die Frage, ob die Operation am nächsten Morgen wie geplant durchgeführt werden sollte, mit Nein antworteten. Als die NASA-Repräsentanten mit Überraschung und Unmut darauf reagierten, berief der Vorgesetzte der Ingenieure eine Ausschusssitzung ein und verkündete seinem Team: »Wir müssen eine Managemententscheidung treffen.« Die Senior Manager ignorierten den Ratschlag der Ingenieure, beschlossen, aus dem Nein ein Ja zu machen und den Start der *Challenger* zu befürworten. Was hätten die Ingenieure in diesem Augenblick unternehmen können?

Rückblickend hätte eine Möglichkeit darin bestanden, ihren Vorgesetzten eine pointierte, realitätsprüfende Frage zu stellen, die etwa folgendermaßen hätte lauten können: »Verstehen wir Sie richtig, dass Sie bereit sind, die persönliche Verantwortung für die Startempfehlung zu übernehmen, dass Sie sich damit bewusst über das Expertenurteil Ihrer Ingenieure hinwegsetzen, obwohl unserer Ansicht nach eine hohe Wahrscheinlichkeit besteht, dass die O-Ringe porös werden, was wiederum nicht nur die Mission selbst zum Scheitern, sondern auch sieben Astronauten zum Tode verurteilt?« Eine solche Frage hätte dazu führen können, dass man die »Managemententscheidung« in einem anderen Licht betrachtet hätte.

Realitätsprüfende Fragen können also ein mächtiges Werkzeug sein.

## Warnen Sie, aber drohen Sie nicht

Wenn realitätsprüfende Fragen den anderen nicht überzeugen können, sollten Sie eine offene Warnung aussprechen. Vielleicht müssen Sie Ihrem Gegenüber Ihren Plan B schildern und auf die Konsequenzen hinweisen, die entstehen, wenn der andere Ihre Bedürfnisse nicht respektiert.

Einst wurde ich Zeuge, wie eine Tante ihre sechsjährige Nichte vor den Folgen ihres Verhaltens warnte. Das kleine Mädchen hüpfte auf dem Bett herum. Ihre Tante sagte mit ruhiger Stimme: »Tanja, bitte hör mit dem Herumgehüpfe auf dem Bett auf.« Aber Tanja machte weiter und kümmerte sich gar nicht um die Bitte. Daraufhin wiederholte ihre Tante ihre Worte, diesmal ein wenig betonter, sehr bewusst und ruhig: »Tanja, ich bitte dich, nicht mehr auf dem Bett herumzuhüpfen.« Als das kleine Mädchen immer noch nicht reagierte, packte die Tante sie sanft am Arm, um ihre Aufmerksamkeit auf sich zu lenken, sah ihr geradewegs in die Augen und hob warnend den Finger. Tanja verstand und hörte sofort auf. Ohne zu schreien oder auch nur die Stimme zu erheben, hatte die Tante Erfolg. Sie blieb ruhig, fest, respektvoll – und effektiv.

Am Anfang ignoriert der andere Ihr Nein vielleicht, er hört gar nicht richtig hin. Vielleicht hört er es auch, kann es aber nicht glauben. Oder er glaubt es, nimmt es aber nicht ernst. Wenn Sie jetzt eine Warnung aussprechen, geben Sie ihm die Chance, die Stadien der Vermeidung und Verleugnung hinter sich zu bringen und Ihr Nein anschließend zu akzeptieren, ohne dass einer von Ihnen beiden einen allzu hohen Preis zahlt.

Durch eine Warnung artikulieren Sie sich klar und deutlich. Bei sexueller Belästigung am Arbeitsplatz sagt das Opfer ruhig zum Täter: »Ich habe Ihnen schon einmal gesagt, dass ich diese Bemerkungen beleidigend und unangebracht finde. Und ich werde mich offiziell bei der Personalabteilung über Sie beschweren.«

Eine Warnung ist nicht das Gleiche wie eine Drohung. Auf den ersten Blick gibt es viele Ähnlichkeiten – beide schildern unerwünschte Konsequenzen für den Gegenpart –, aber es existiert auch ein wichtiger Unterschied:

Eine Drohung *diktiert* dem anderen: »Wenn du nicht tust, was ich will, sorge ich dafür, dass du dafür bezahlst.« Bei einer Drohung verhängt man ein Urteil mit Konsequenzen. Der Fokus liegt auf Macht und Strafe. Deshalb führt eine Drohung auch häufig zum Rückschlag. Man fordert die Macht, Autorität und Autonomie des anderen heraus, sodass er im Gegenzug selbstverständlich sämtliche Register und Waffen zieht, die er in seinem Arsenal hat.

Eine Warnung diktiert nicht, sondern *erzieht*. Es handelt sich um eine objektive Voraussage von Konsequenzen, die aus dem jeweiligen Verhalten entstehen. »Wenn Sie meine legitimen Interessen nicht respektieren wollen, habe ich keine Wahl, als auf andere Weise dafür zu sorgen, dass sie erfüllt werden, aber das ist vielleicht nicht das, was Sie wirklich wollen.« Hierbei konzentriert man sich nicht darauf, den anderen zu bestrafen, sondern darauf, sich selbst und die eigenen Interessen zu schützen. Der Ton ist respektvoll, wodurch ein Rückschlag umso unwahrscheinlicher wird.

Das mag die Geschichte eines leitenden Angestellten illustrieren: Er warnte einen altgedienten Werksleiter, als dieser heftig gegen äußerst notwendige Veränderungen der Organisationsstruktur protestierte. »Am Mittwoch bat ich ihn in mein Büro und sagte: ›Ich weiß, dass das schwer für Sie ist und dass Sie mit verschiedenen Veränderungen hier nicht einverstanden sind. Aber ich möchte, dass Sie einmal genau nachdenken und sich ganz bewusst die Frage stellen, ob die neue Organisation nicht doch ihre Vorzüge hat. Antworten

Sie mir nicht sofort, sondern gehen Sie für den Rest der Woche angeln und setzen Sie sich mit der Frage auseinander. Wenn Sie sich zu einer zustimmenden Haltung durchringen, dann möchte ich wissen, wie Sie die neuen Strukturen umsetzen wollen. Falls nicht, dann rate ich Ihnen, Ihren Lebenslauf auf Vordermann zu bringen. Dafür müssen Sie sich nicht schämen, und ich werde Sie auf jeden Fall tatkräftig unterstützen. Fragen Sie sich aber auch kritisch, welche beruflichen Aussichten Sie hätten, wo doch heutzutage jede Fabrik bestrebt ist, lange Arbeitsprozesse und große Lagerbestände abzubauen. Aber am ersten Tag sollten Sie nicht nachdenken, sondern einfach nur angeln gehen.‹ Als er wiederkam, hatte der Werksleiter beschlossen, dem flexiblen Arbeitsansatz eine Chance zu geben.«

## Schildern Sie logische Konsequenzen

Menschen lernen am besten, wenn die Konsequenzen direkt und logisch mit ihren Handlungen verbunden sind. Deshalb ist es klug, Konsequenzen für den anderen zu schaffen – und zu formulieren –, die sich wie selbstverständlich aus der jeweiligen Situation ergeben.

Eine mir bekannte amerikanische Ärztegruppe musste sich mit einer Managed Care Company auseinandersetzen, in der sich 20 Prozent ihrer Patienten befanden und die sich weigerte, ihre Rechnung zu bezahlen. (Zur Erläuterung: Managed Care ist hierzulande wenig bekannt, da in Deutschland ein nach dem Sozialprinzip geformtes Gesundheitswesen herrscht. In den USA sind Managed-Care-Konzepte an der Tagesordnung. Sie versuchen, das medizinische Angebot mit der Nachfrage und der Finanzierung sozialverträglich zu verknüpfen, die Wirtschaftlichkeit aber nicht außer Acht zu lassen. Die Patienten schließen sich in einem Managed Care System zusammen, mit denen auch Ärzte einen Kooperationsvertrag geschlossen haben. Die Mediziner erhalten einen Fixlohn oder ein festes Budget und werden mit einem Anteil am Gewinn aus dem Gesamtsystem Versicherer / Ärzte / Versicherte prämiert, sind aber auch an den Kosten beteiligt. Auch die Patienten erhalten Prämien wie Leistungsanreize etc. In den USA beteiligen sich häufig auch größere Arbeitgeber an den Gesamtleistungen. [Anm. d. Übers.]) Angesichts eines beträchtlichen Machtgefälles wäre es nur natürlich gewesen, wenn die Ärztegruppe mit Anpassung reagiert hätte und sich – wenn auch zögerlich – mit deutlich weniger Geld zufriedengegeben hätte. Diese Ärztegruppe jedoch hatte die Nase voll und unternahm den mutigen Schritt, Nein zu einem großen Kunden zu sagen. Sie konfrontierten die Managed Care Company mit detaillierten Daten, durch die sie ihre Rechnung belegten. Es folgte der entscheidende Hinweis, dass die Ärztegruppe keine Wahl hatte und den Vertrag kündigen würde, falls die Rechnung nicht bezahlt würde.

Die Konsequenz ist die logische Fortführung der Situation. In einer Geschäftsbeziehung ist es folgerichtig, dass keine Dienstleistung mehr erfolgen kann, wenn ein Kunde nicht zahlt. Die Ärzte wollten nicht bestrafen, sondern lediglich ihre legitimen Interessen durchsetzen. Wenn sie tatsächlich auf ihren Plan B zurückgegriffen hätten, so hätte dies einen beträchtlichen wirtschaftlichen Verlust für die Mediziner bedeutet, da ein hoher Anteil ihrer Patienten in der fraglichen Managed Care Company organisiert waren. Aber die Ärzte wollten die Firma – ebenso wie die Patienten, die sich ihr angeschlossen hatten – dazu »erziehen«, ihre vertraglichen Verpflichtungen zu erfüllen. Das kalkulierte Risiko hatte Erfolg. Angesichts der legitimen finanziellen Forderungen und der ernsten Warnung vor drohenden Konsequenzen erklärte sich die Managed Care Company bereit, die Rechnung zu begleichen.

Dabei ist es von höchster Bedeutung, eine logische Konsequenz für bestimmte Handlungsweisen zu finden. Die Konsequenz muss einen Bezug zum vorliegenden Problem haben, sodass der andere die Verbindung ohne Weiteres erkennt.

Versetzen Sie sich einmal in die Lage des Produzenten Dick Wolf, als die beiden Hauptdarsteller seiner Fernsehserie eines Tages ihre

Arbeit niederlegten und bessere Verpflegung sowie einen Fitnesstrainer verlangten. Welche logische Konsequenz konnte aus diesem Verhalten erwachsen? Wolf musste die Serie weiterdrehen, war aber empört darüber, dass die Schauspieler wortbrüchig geworden waren. Also stand die Antwort fest: »Wir erklärten ihnen, dass wir ihre Rollen neu besetzen würden, falls sie am darauffolgenden Tag nicht erschienen.« Die logische Konsequenz für Vertragsbruch und Arbeitsverweigerung besteht darin, dass der Produzent sich jemand anderen für den Job sucht. Nachdem eine der New Yorker Zeitungen das Gerücht abdruckte, dass zwei Figuren aus der Fernsehserie plötzlich auf tragische Weise in einem Feuer umkommen sollten, nahmen die beiden Hauptdarsteller ihre Arbeit wieder auf.

Stellen Sie sich vor, Sie wären Mutter oder Vater eines aufmüpfigen Teenagers, der seine Hausaufgaben vernachlässigt und stattdessen endlose mit seinen Freunden telefoniert. Was ist die logische Konsequenz? Sie könnten Ihrem Kind das Taschengeld streichen, aber noch logischer wäre es, ihm das Handy wegzunehmen – so lange, bis die Hausaufgaben einer ganzen Woche erledigt sind. Der Zweck der von Ihnen gewählten Konsequenz besteht nicht darin, Ihr Kind für sein Fehlverhalten zu bestrafen, sondern ihm dabei zu helfen, in Zukunft vernünftiger zu handeln.

Möglicherweise haben Sie das Gefühl, dass die Konsequenzen, die Sie aufzeigen, nicht logisch, sondern von Ihnen erzwungen sind, da Sie schließlich dafür verantwortlich sind. Dann sollten Sie sich vor Augen führen, dass Ihr *BATNA* nichts anderes ist als die beste Alternative, falls der andere sich weigert, Ihre Interessen zu respektieren. Er ist keine Bestrafung für den anderen, sondern einfach nur der logische Pfad, dem Sie folgen sollten, um Ihre legitimen Bedürfnisse befriedigen zu können. Er ist ein alternativer Weg zum Erfolg.

Ihr *BATNA* sollte sozusagen für sich selbst sprechen. Durch Ihre ruhige Stimme und Ihr Selbstvertrauen sollten Sie dem anderen deutlich machen, dass es Ihnen mit der Ausführung Ihres Planes B und der damit verbundenen logischen Konsequenzen ernst ist.

## SETZEN SIE IHREN PLAN B IN DIE TAT UM

Wenn der andere Ihre Bedürfnisse trotz Ihrer Warnungen nicht respektiert, wird es Zeit für die Umsetzung Ihres Planes B. Geraten Sie jetzt nicht ins Schwanken. Schließlich haben Sie die Angelegenheit genau durchdacht. Ihre Warnung war kein Bluff. Wenn Sie jetzt nicht konsequent bleiben, so schaden Sie Ihrer Glaubwürdigkeit, und zwar nicht nur jetzt, sondern auch in Zukunft. Führen Sie Ihren Plan B aus – zügig, ohne zu zögern. »Nein«, sagen Sie zu Ihrem Kind, das mit einem Freund draußen spielen möchte. »Du darfst jetzt nicht mit Arthur spielen, egal, wie oft du fragst. Du hast deine Entscheidung getroffen, als ihr beide gestern Sally drangsaliert habt. Dein Verhalten hat eine Konsequenz, an der sich nichts ändern wird.«

### Verweigern Sie Ihre Mitarbeit

Wie Gandhi erkannte und demonstrierte, besteht die vielleicht wichtigste positive Macht, die wir im Beziehungsgeflecht der Welt haben, in der Fähigkeit, dem anderen unsere Kooperation zu versagen, wenn dieser sich weigert, unsere legitimen Interessen zu respektieren.

Eine berühmte griechische Sage, die als Komödie von Aristophanes auf die Bühne gebracht wurde, ist die Geschichte von Lysistrate. Die Frauen von Athen und Sparta, die des beständigen Krieges und des daraus resultierenden Tods und Leids müde geworden sind, beschließen, nicht mehr mit ihren Männern zu schlafen, bis diese aufhören zu kämpfen. Egal, wie sehr die Männer bitten und betteln, die Frauen gehen nicht mehr mit ihnen ins Bett. Angesichts dieser beharrlichen Weigerung geben die Männer dem weiblichen Eintreten für den Frieden schließlich nach und beenden ihre

Machtkämpfe und ihre Gewalt. Die Frauen sagen also erfolgreich Nein zum Sex, um Ja zum Frieden sagen zu kennen. Letztlich sind dadurch alle besser dran.

Im Folgenden schildern wir die Geschichte einer Angestellten, die von ihrem Vorgesetzten, einem Universitätsprofessor, drangsaliert wurde. Der Professor beschreibt ihre Reaktion und die Wirkung, die sie auf ihn hatte.

»Ich muss zugeben, dass ich durch den Druck und das öffentliche Interesse, das mit der fachlichen Anerkennung einherging, zur Plage für meine Mitarbeiter geworden war. Immerhin leistete ich wertvolle Arbeit! Eines Tages sagte meine Chefassistentin zu mir: ›Die Arbeit hier macht keinen Spaß mehr. Ich möchte etwas anderes tun!‹, und sie kündigte. Zuerst konnte ich nicht glauben, dass sie mich trotz unserer Deadlines verlassen wollte. Aber sie blieb standhaft: Sie wusste, dass wir wichtige Termine hatten, aber unter meiner Leitung wollte sie diesem Team nicht mehr angehören. Bei einem Mittagessen hoffte ich, sie zu Rückkehr überreden zu können. Tatsächlich versprach sie, über meine Bitte nachzudenken, betonte aber, dass sie unter den momentan herrschenden Bedingungen nicht wieder mit mir zusammenarbeiten wollte, obwohl sie an unser Projekt glaubte. Jetzt war ich gezwungen, mich mit mir selbst und meinem Verhalten auseinanderzusetzen. Ich überdachte Schritt für Schritt meine Perspektive und stellte mich darauf ein, das Projekt ohne ihre Hilfe bewältigen zu müssen. Einen Monat später ließ sie sich dann doch wieder einstellen. Sie wollte weiterhin an unserer Arbeit teilhaben, ich durfte ihr nur nie wieder das Leben schwer machen. Durch ihr Verhalten hatte sie mir eine wichtige Lektion erteilt!«

Der Professor durchlief sämtliche emotionale Stadien: Vermeidung, Leugnung (»Zuerst konnte ich nicht glauben, dass sie mich trotz unserer Deadlines verlassen wollte.«), Angst, Wut, Verhandeln (»Bei einem Mittagessen hoffte ich, sie zu Rückkehr überreden zu können.«) und Trauer, bis er schließlich ein Stadium der Akzeptanz erreichte. Die Assistentin blieb ihrem Job fern – sie versagte ihrem Vorgesetzten die Mitarbeit –, bis er zur Besinnung gekommen war und ihr Nein zu seinem Fehlverhalten akzeptierte (wobei es sich in Wirklichkeit um ein Ja zum gegenseitigen Respekt handelte).

Die Verweigerung Ihrer Mitarbeit kann ein mächtiges Instrument sein, um den anderen zu erziehen und eine gesündere Beziehung zwischen allen Beteiligten aufzubauen. Beim Hinausgehen sollten Sie allerdings immer daran denken, die Tür nicht hinter sich zuzuschlagen. Tun Sie es der oben beschriebenen Assistentin gleich: Bleiben Sie für eine Einigung offen, falls der andere seine Ansicht oder sein Verhalten ändert.

### Je mehr Macht, umso mehr Respekt

Auch wenn Sie auf Ihren Plan B zurückgreifen, sollten Sie das mit Augenmaß tun. Macht führt leicht zu Missbrauch. Die Ausübung von Macht wird häufig von einem gewissen Rachebedürfnis begleitet, einer Unempfindlichkeit den Leiden anderer gegenüber und einem tiefgreifenden Mangel an Respekt. Wenn Sie mit dem anderen letztlich zu einem Ja gelangen wollen, müssen Sie den Einsatz von Macht durch Respekt mäßigen. Je mehr Macht Sie ausüben, umso mehr Respekt müssen Sie zeigen.

Realisieren Sie Ihren Plan B respektvoll und vielleicht sogar mit Bedauern. Statt Ihr Kind wütend zu bestrafen, ist es klüger, die Konsequenzen mit traurigem Unterton zu verkünden: »Es tut mir wirklich leid, dass du in dieser Woche dein Handy nicht haben darfst. Wenn du deine Hausaufgaben ab sofort bis zum Abend gewissenhaft erledigst, kannst du es am Ende der Woche wiederbekommen.«

Verwechseln Sie Respekt nicht mit Schwäche. Wenn Sie eine Konsequenz durchsetzen müssen, zum Beispiel Ihrem Kind gegenüber, fühlen Sie sich nach einer Weile möglicherweise zum vorzeitigen Einlenken versucht. Damit riskieren Sie jedoch den Verlust Ihrer Glaubwürdigkeit. Standhaftigkeit ist deshalb umso wichtiger.

Die Ausübung von Macht kann Ihre persönlichen Beziehungen ziemlich belasten, deshalb gehen Sie sparsam damit um. Und sorgen Sie stets für eine positive Note.

So sahen sich die ärmeren Stadtteile der Stadt San Antonio im Jahre 1974 mit folgendem Problem konfrontiert: Ihre Straßen und Abwassersysteme waren in einem fürchterlichen Zustand. Bund und Land hatten Gelder zur Sanierung zur Verfügung gestellt. Der Stadtrat aber, dessen Vertreter vornehmlich wirtschaftliche Interessen verfolgten, weigerte sich, die notwendigen Reparaturen zu bewilligen, da man die Gelder an anderer Stelle einsetzen wollte. Angesichts der dramatischen Situation hätten die Anwohner der betroffenen Stadtteile nun gut und gern auf ihre negative Macht zurückgreifen und einen Aufstand anzetteln können, wie es häufig geschieht, wenn die Frustration der Menschen das Fass zum Überlaufen bringt. Der Preis dafür wäre hoch gewesen: Leid und Zerstörung hätten die Ärmsten am stärksten getroffen.

Stattdessen reagierten die Betroffenen mit dem Einsatz positiver Macht. Sie bildeten eine Koalition, die sich COPS nannte (Communities Organized for Public Service). Als der Stadtrat ihre wiederholten Anfragen weiterhin ignorierte, griff COPS auf Plan B zurück. Hunderte von COPS-Aktivisten stellten sich an den Schaltern einer großen Bank im Hauptgeschäftsviertel an. Jeder ließ Hunderte von Dollars in Pennies wechseln. Anschließend stellten sie sich erneut an und tauschten die Pennies wieder gegen Dollarnoten ein. Unterdessen gingen zahlreiche weitere Aktivisten in das städtische Kaufhaus, probierten Kleider an, kauften aber nichts. Diese kreativen, völlig gewaltfreien Aktionen brachten einen Großteil der geschäftlichen Aktivitäten der Stadt zum Erliegen. Die Geschäftsleute sahen ihre finanziellen Interessen gefährdet und propagierten beim Stadtrat die Notwendigkeit sofortiger Maßnahmen. Sie sorgten dafür, dass das Problem in Zukunft weder gemieden noch geleugnet wurde.

Der Stadtrat und die Geschäftsleute lernten, dass sie sich nicht ausschließlich auf die Bedürfnisse der wohlhabenden Innenstadt konzentrieren und dabei die ärmeren Gegenden völlig außer Acht lassen konnten. Sie trafen sich mit den Anführern der COPS und stellten finanzielle Mittel zur Verfügung, um die Infrastruktur der ärmeren Gegenden zu verbessern. Durch den starken und respektvollen Einsatz positiver Macht hatte COPS ihre Ziele erreicht und die andere Seite zur Besinnung gebracht.

### Begegnen Sie Widerstand mit Beharrlichkeit

Halten wir abschließend fest, dass Ihr Positives Nein eine neue Grenze zieht, eine neue Realität schafft, die der andere respektieren sollte. Am Anfang mag es Ihrem Gegenüber schwerfallen, diese neue Wirklichkeit zu akzeptieren. Man ignoriert Ihr Nein oder setzt Sie unter Druck, damit Sie nachgeben. Sie fühlen sich vielleicht versucht, tatsächlich einzulenken oder zum Gegenangriff überzugehen, doch derlei reaktive Verhaltensweisen würden die Aufmerksamkeit des anderen nur von der neuen Realität ablenken.

Die Alternative besteht darin, dem Widerstand Ihres Gegenübers mit Beharrlichkeit zu begegnen. Unterstreichen Sie Ihr Nein mit positiver Macht. Betrachten Sie es als Ihre Aufgabe, dem anderen durch den Einsatz Ihrer Macht dabei zu helfen, die neue Realität zu verstehen und zu akzeptieren. Sorgen Sie dafür, dass nicht Sie der Lehrer sind, sondern die Situation und die daraus erwachsenden Konsequenzen. Warten Sie ab, bis der andere den natürlichen Zyklus der Akzeptanz durchlaufen hat. Greifen Sie nur ein, wenn es notwendig ist und um die neue Realität wieder ins Zentrum des Erkenntnisinteresses zu rücken.

Wenn Ihr Gegenüber Ihr Nein dann einmal akzeptiert hat, ist die Zeit gekommen, eine Vereinbarung auszuhandeln und eine gesunde Beziehung zu ihm aufzubauen. Wie Sie das bewerkstelligen können, schildern wir im nächsten und letzten Schritt der Methode des Positiven Nein.

# 9 HANDELN SIE EIN JA AUS

*Einen Baum erkennt man an seinen Früchten.*

*Altes Sprichwort*

Nun kommen wir zum letzten Schritt des Positiven Nein. Es wird Zeit, die Früchte unserer Arbeit zu ernten. Denn das Ziel besteht nicht einfach nur darin, Nein zu sagen, sondern vielmehr auch darin, *trotzdem* zum Ja zu gelangen. Ein Ja auszuhandeln, ist die letzte Herausforderung, mit der Sie bei Ihrem Nein konfrontiert werden.

Eine der ältesten Schilderungen von wirklich kühnen Verhandlungen findet man im Buch Genesis. Als Gott dem Propheten Abraham seinen Plan anvertraut, die Städte Sodom und Gomorrha zu zerstören, um die Einwohner für ihre Sünden zu bestrafen, wagt Abraham es, Nein zu Gottes Plan zu sagen – und zwar auf positive Weise. »Willst du wirklich den Gerechten mit dem Frevler verderben?« (Gen 18,23), fragt er. Hinter seinem Nein sagt Abraham in Wirklichkeit *Ja!* zum Wert des menschlichen Lebens. Abraham lässt seinem Nein einen Vorschlag folgen – ein *Ja?*. »Vielleicht gibt es fünfzig Gerechte in der Stadt. Willst du sie wirklich verderben und nicht lieber dem Ort um der fünfzig Gerechten willen, die dort wohnen, vergeben?«, fragt er. Gott stimmt Abrahams Vorschlag zu. Und Abraham bleibt beharrlich: »Vielleicht fehlen an den fünfzig Gerechten noch fünf. Wirst du wegen der fünf die ganze Stadt verderben?« Gott lässt sich erneut darauf ein. Abraham kann die Zahl zunächst auf vierzig, dann auf dreißig, zwanzig und schließlich auf zehn reduzieren. Bedauerlicherweise ist er zwar trotzdem nicht in der Lage, die Städte zu retten, aber die Lektion bleibt die gleiche. Mit einem Positiven Nein ist es möglich, für das einzutreten, was man für richtig hält, ohne eine überaus wichtige Beziehung zu gefährden. Es ist möglich, selbst zu dem mächtigsten Wesen überhaupt Nein zu sagen und *trotzdem* zum Ja zu gelangen.

## DAS ZIEL: EIN POSITIVES ERGEBNIS

Das Ziel ist ein positives Ergebnis, das unsere Hauptinteressen schützt. Dieses positive Ergebnis kann in verschiedenen Varianten daherkommen. Zum einen kann es sich um eine Vereinbarung handeln, die die Interessen beider Seiten berücksichtigt. Dabei ist es unwichtig, ob Sie diese Vereinbarung explizit getroffen haben oder nicht; letztlich zählt nur, dass der andere Ihr Nein aufrichtig akzeptiert. Das Ergebnis kann auch eine positive Beziehung sein – eine gesunde, authentische Beziehung, in der beide Beteiligte sich selbst treu bleiben können. Und manchmal kann eine Einigung auch die Form einer freundschaftlichen Trennung haben.

Diese wichtige Lektion lernte ich, als meine erste Frau und ich beschlossen, uns zu trennen. Wir hatten zwar noch keine Kinder, aber trotzdem war das Nein zu unserer Ehe ein sehr schmerzhafter Prozess. Im Laufe der Zeit wurde uns beiden jedoch klar, dass unsere Trennung ein positives Ergebnis war. Heute, viele Jahre später, sind wir beide glücklich mit anderen Partnern verheiratet und haben beide Kinder. Die Grundlage unserer ursprünglichen Verbindung – eine tiefe Freundschaft – haben wir uns erhalten, und mittlerweile sind auch unsere Sprösslinge gute Freunde geworden. Dank einer generellen großzügigen Gesinnung aller Beteiligten und sorgfältiger Beziehungsarbeit mit allen vier Partnern, den alten und den neuen, stehen sich unsere Familien sehr nah, und wir fahren sogar manchmal zusammen in die Ferien, was für uns alle ein Quell der Freude ist. Keine der heiklen Verhandlungen, in die ich im Laufe der Jahre involviert war, ging befriedigender für mich aus als diese. Sie illustriert, wie man Nein sagen und dennoch beim Ja ankommen kann. Ein Nein vermag Sie dem anderen sogar noch näher zu bringen und führt ganz bestimmt zu einer authentischeren Beziehung.

Ähnliche Prozesse habe ich auch schon bei geschäftlichen Verhandlungen erlebt. Ich erinnere mich an eine Teilnehmerin an einem meiner Verhandlungsseminare in Harvard. Nennen wir sie Katherine Taylor. Sie arbeitete als Chefsyndikus für ein großes Technologieunternehmen, das einen großen Kunden und namhaften Computerhersteller wegen des Verstoßes gegen das Patentrecht verklagte. Im Laufe ihrer bisherigen Karriere war Taylor als Staatsanwältin tätig gewesen. Sie glaubte eher an den Erfolg ihres Planes B – den Gang vor den Richter – als an Verhandlungen. Aber wie sie mir später berichtete, hatte sie die Unterscheidung zwischen Positionen und Interessen, die wir in unserem Verhandlungsseminar vorgestellt hatten, besonders beeindruckt. Also beschloss sie, doch noch einmal das Gespräch mit dem Gegner zu suchen. Zwei Stunden vor Prozessbeginn rief sie also den Chefsyndikus des Kunden an. Es war eine Frau, die ich hier Barbara Smith nenne. Taylor schlug vor, den Gerichtstermin um eine Woche zu verschieben und stattdessen zu verhandeln.

Am darauffolgenden Tag führten die beiden Anwältinnen ein langes Telefonat. Taylor sagte zu Smith: »Ich durchblicke zwar Ihre rechtliche Position, aber ich bin nicht sicher, ob ich richtig verstanden habe, welche Interessen Sie verfolgen.« Dann erklärte Smith ihr, dass ihr Geschäftsführer nicht nur wegen der Höhe der vorgeschlagenen Abfindungssumme besorgt sei, sondern vor allem auch wegen der Auswirkungen, die ein Prozess auf den Aktienkurs haben konnte. Wie sollte der Geschäftsführer dies den Aktionären erklären? Taylor hörte nur zu und machte sich Notizen. Dann sagte sie: »Danke, ich verstehe Ihre Bedenken nun besser. Darf ich Sie morgen zurückrufen und Ihnen dann unsere Interessen darlegen?« Smith stimmte zu.

Am nächsten Tag schilderte Taylor die Interessen ihrer Firma, und Smith hörte zu. Als Lieferant wünschte sich ihr Unternehmen nicht nur einen fairen finanziellen Ausgleich, sondern auch die Erhaltung einer gewinnbringenden Beziehung zum Kunden. Während der nächsten beiden Tage telefonierten die beiden Anwältinnen immer wieder, und am Ende der Woche hatten sie – sehr zur Überraschung sämtlicher Beteiligter – eine Einigung erzielt. Vereinbart wurde eine Abfindungssumme, deren Höhe für Patentstreitigkeiten dieser Art einmalig war: Sie bewegte sich in einem geschätzten Rahmen von 400 Millionen Dollar. Eines der Schlüsselelemente war eine sorgfältig formulierte gemeinsame Erklärung beider Unternehmen, die der Geschäftsführer des Kunden verlesen konnte, um den Aktionären die hohe Abfindungssumme zu erklären. Auf diese Weise wurden die Auswirkungen auf den Aktienkurs gemildert. Außerdem wurde der Rahmenvertrag zwischen beiden Unternehmen von drei auf zehn Jahre erweitert. Die Beziehung blieb also erhalten. Statt den kostspieligen Plan B eines Prozesses mit ungewissem Ausgang auf sich zu nehmen, konnte Taylor durch Verhandlungen zu einer Lösung gelangen, die nicht nur die grundlegenden Interessen ihrer eigenen Firma, sondern auch die ihres Kunden bediente. Auf diese Weise sagte sie Nein zum Diebstahl geistigen Eigentums und erreichte *trotzdem* ein äußerst wichtiges Ja.

Meiner Erfahrung nach sind derlei positive Ergebnisse sogar

in Situationen möglich, in denen es zu Gewalt und Blutvergießen kommt. Betrachten wir zum Beispiel die Geiselnahme in New York City, die wir im vorigen Kapitel beschrieben haben. Sie endete mit der Freilassung der Geisel und der friedlichen Kapitulation des Geiselnehmers. Die Verhandlungsführer sagten beharrlich Nein zu seinen Forderungen und zu der Drohung, die Geisel zu töten. *Trotzdem* gelangten sie zu einem Ja. Bei Geiselnahmen, mit denen wir es heutzutage immer häufiger zu tun haben, ist ein solches Ergebnis gar nicht so selten – tatsächlich gehört es sogar zur Norm. Aber auch in größeren – und damit auch erheblich gewaltsameren – Zusammenhängen funktioniert diese Technik. Denken Sie an das vom Bürgerkrieg zerrissene Südafrika, wo Nelson Mandela und seine Verbündeten vom ANC erfolgreich Nein zum grausamen System der Apartheid sagten, gleichzeitig aber durch beharrliche Verhandlungen mit der weißen, nationalistischen Opposition zum Ja gelangten.

In all diesen Fällen konnte man letztlich nicht nur eine Übereinkunft treffen, sondern sorgte auch für eine gesündere, authentischere Beziehung. Wie man ein solches positives Ergebnis erzielt, werden wir im Verlauf dieses Kapitels genauer untersuchen.

## BAUEN SIE EINE GOLDENE BRÜCKE

Vor zweitausendfünfhundert Jahren riet der chinesische Heerführer Sun Tsu seinen Generälen, »dem Gegner eine goldene Brücke zu bauen, über die er sich zurückziehen kann«. Obwohl sein Rat immer noch Gültigkeit hat, würde ich ihn lieber etwas positiver formulieren: Bauen Sie eine goldene Brücke für den anderen, über die er voranschreiten kann – auf eine positive Lösung zu.

Wenn Sie sich einen Augenblick lang in die Lage des anderen versetzen, werden Sie sehen, wie schwer es für ihn ist, Ja zu Ihrem Vorschlag zu sagen. Vielleicht klafft zwischen Ihren und seinen

Wünschen eine riesige Lücke. Diese Kluft ist oft angefüllt mit der Befürchtung, dass die eigenen Interessen nicht erfüllt werden, oder mit der Sorge, das Gesicht zu verlieren. Wenn Sie wollen, dass der andere Ja sagt, so besteht Ihre Aufgabe darin, ihm eine goldene Brücke zu bauen, die diese Kluft überwindet.

Einem Ja zu Ihrem Vorschlag stehen drei prinzipielle Hindernisse im Weg: An erster Stelle stehen hier die unerfüllten Bedürfnisse oder Bedenken Ihres Gegenübers. Falls der andere Ihnen auf persönlicher Ebene zustimmt, fragt er sich vielleicht besorgt – und dies ist das zweite Hindernis –, wie wichtige Auftraggeber oder Interessenvertreter, deren Zustimmung er benötigt oder haben will, wohl reagieren werden. Zum Dritten soll nicht unerwähnt bleiben, dass ein Ja Ihres Gegenübers nicht von Dauer sein muss, zumal nicht, wenn der Prozess des Nein-Sagens Ihre Beziehung so sehr belastet hat, dass Sie den Schaden auch auf lange Sicht nicht werden reparieren können.

Stellen Sie sich diese letzte Phase des Ja wie eine Reise vor. Auf Ihrem Weg gibt es drei Ja, die Sie vom anderen benötigen – ein Ja zu einer klugen Übereinkunft, ein Ja zur persönlichen Anerkennung und ein Ja zu einer gesunden Beziehung:

Übereinkunft → Anerkennung → Beziehung

Im Folgenden wollen wir herausfinden, wie wir zu jedem einzelnen dieser Ja gelangen können.

### Ermöglichen Sie eine kluge Übereinkunft

Ihre erste Herausforderung besteht darin, eine Übereinkunft zu erzielen, die nicht nur Ihre eigenen Interessen befriedigt, sondern auch die Ihres Gegenübers.

### Machen Sie keine Kompromisse beim Wesentlichen

Bei Verhandlungen geht es nicht einfach darum, *irgendein* Ja zu erzielen, sondern das *richtige* Ja. Eine befriedigende Übereinkunft ist nur dann möglich, wenn Sie andere Vereinbarungen, die nicht Ihren Interessen dienen, ausschließen. Oft ist die Versuchung groß, langfristige Prioritäten zugunsten eines kurzfristigen Gewinns aufzugeben. Effektive Verhandlungen erfordern also eine ständige Konzentration auf das Wesentliche. Es besteht durchaus die Gefahr, dass Sie irgendwann auf Biegen und Brechen eine Einigung mit dem Gegenüber erzielen wollen, auch wenn das für Sie selbst gar nicht so sinnvoll ist. Die Beziehung zu dem anderen, ob es nun Ihr Ehepartner oder Ihr Boss ist, scheint plötzlich eine ungeheure Bedeutung zu haben. Treten Sie deshalb einen Schritt zurück, und gehen Sie auf den Balkon. Konzentrieren Sie sich auf Ihr zugrunde liegendes Ja – auf Ihre Interessen, Bedürfnisse und Werte, die überhaupt erst zu Ihrem Nein geführt haben. Rufen Sie sich Ihr *BATNA* ins Gedächtnis. Verkaufen Sie sich nicht unter Wert, und lassen Sie sich nicht auf eine Übereinkunft ein, die Ihre Bedürfnisse weniger gut erfüllt, als Ihr *BATNA* es könnte.

Kurz: Behalten Sie stets Ihr Ziel im Auge – eine Lösung, die Ihre grundlegenden Interessen befriedigt. Sie sollten den anderen zwar respektieren, aber retten müssen Sie ihn nicht.

## Kümmern Sie sich um die Interessen des anderen

Finden Sie heraus, warum Ihr Gegenüber Ihren Vorschlag zurückweist. Inwiefern entspricht er nicht seinen Interessen? Formulieren Sie Ihre Frage etwa folgendermaßen: »Ich möchte Ihre Bedenken besser nachvollziehen können. An welcher Stelle kommt mein Vorschlag Ihren Bedürfnissen nicht entgegen?«

An dieser Stelle möchte ich Ihnen exemplarisch die Verkaufsverhandlungen für ein großes Unternehmen schildern. Der potentielle Käufer war ein global und international agierender Konsumartikelhersteller. Der Verkäufer – nennen wir ihn Tom – war der Hauptaktionär eines erfolgreichen Nahrungsmittelherstellers, dessen Hauptanliegen eine umweltfreundliche Unternehmenspolitik war. Nach langen Verhandlungen waren beide Parteien in eine Sackgasse geraten. Das Hauptproblem war der Preis. Tom verlangte ganze 10 Prozent mehr, als der Käufer zahlen wollte, und er war zu keinerlei Kompromissen bereit. Mit anderen Worten: Beide Seiten sagten zum Vorschlag des jeweilig anderen Nein.

Das Geschäft stand kurz vor dem Scheitern. Dann nahm der Vizepräsident des Konsumartikelherstellers, den ich hier Jack nenne, einen von Toms Bevollmächtigten beiseite und sagte: »Ich verstehe das nicht. Wir haben sämtliche Unterlagen und Gutachten sorgfältig geprüft, und der Marktwert der Firma steht eindeutig fest. Wir sind bereit, einen Spitzenpreis zu zahlen, aber Toms Forderungen lassen sich auch durch die guten Umsatzzahlen nicht legitimieren. Habe ich etwas übersehen, oder gibt es noch ein anderes Hindernis? Was braucht Tom?« Der Bevollmächtigte zögerte, doch dann erklärte er, dass Tom sich augenblicklich intensiv mit der Frage auseinandersetzte, was er nach der Veräußerung der Firma mit seinem Leben anfangen sollte, die er immerhin mit aufgebaut hatte. Er wollte sich weiterhin für den Umweltschutz einsetzen und erwog die Gründung einer Stiftung. Das zusätzliche Geld, jenen Aufschlag in Höhe von 10 Prozent, benötigte er, um diese Stiftung aus der Taufe zu heben.

Jack, unser Vizepräsident, dachte lange über das Problem nach. Sein Unternehmen, das Farmen und Plantagen in der ganzen Welt unterhielt, befand sich mitten in der Planungsphase zur Gründung eines globalen Umweltrates, dessen Hauptaufgabe darin bestehen sollte, Produkte umweltfreundlicher zu gestalten und Spenden an Umweltprojekte in der ganzen Welt zu vergeben. Der Rat würde auf viel höhere finanzielle Ressourcen zurückgreifen können als Toms Stiftung. Also suchte Jack Tom auf und bat ihn, als Präsident für diesen Umweltrat zu arbeiten. Der Verkaufsvertrag wurde noch am gleichen Abend unterzeichnet und die Firma zum Marktwert verkauft.

Jack hatte Toms Hauptinteressen entdeckt und festgestellt, dass sie nicht berücksichtigt wurden. Dann hatte er einen Weg gefunden,

Tom zufriedenzustellen, ohne die Hauptinteressen seiner eigenen Firma zu verraten. Jack hatte Tom eine goldene Brücke gebaut und ihm geholfen, Ja zu sagen.

Eine kluge Übereinkunft richtet sich zum einen nach *Ihren eigenen* grundlegenden Bedürfnissen, berücksichtigt aber genauso die Ihres *Gegenübers.* Sie verwandeln eine anfängliche Entweder-oder-Situation (entweder Sie selbst gewinnen oder der andere) in eine Sowohl-als-auch-Lösung (von der letztlich beide Seiten profitieren).

Natürlich wäre es gut, wenn das Ergebnis allen Seiten Gewinn brächte (Win-win), aber das ist nicht immer möglich. Angesichts Ihrer Forderungen fällt es dem anderen vielleicht schwer, die endgültige Vereinbarung wirklich als Gewinn für sich selbst zu verbuchen. Als Verlustgeschäft sollte er sie aber auch nicht betrachten, sondern vielmehr als Übereinkunft, mit der er auch langfristig leben kann. Es muss sich um ein Ergebnis handeln, dass seine grundlegendsten Bedürfnisse berücksichtigt und mit seinen Interessen stärker in Einklang steht als sein eigenes *BATNA.*

»Ich war schon immer der Ansicht, dass ein Deal nur dann gut ist, wenn beide Seiten davon profitieren«, sagt der Milliardär Sumner Redstone, der CEO des Medienriesen Viacom. »Wer den anderen als Verlierer dastehen lässt, der vergisst, dass es auch ein Leben nach dem Geschäft gibt. Immerhin könnte es sein, dass man noch einmal zusammenarbeiten muss.«

## VERHELFEN SIE DEM ANDEREN ZU ANERKENNUNG

Eine Übereinkunft ist gut, aber der Verhandlungsprozess ist damit immer noch nicht zu Ende. Ihr Gegenüber sollte auch – formelle oder informelle – Anerkennung bekommen, und zwar durch seine direkten Vorgesetzten oder die Menschen, die ihm am Herzen liegen.

Das können der Chef, die Kollegen, der Vorstand, die Familienmitglieder oder das eigene Spiegelbild sein. Die Welt strotzt nur so vor Vereinbarungen, die von wichtigen Personen aus dem Umfeld des Verhandlungspartners nicht akzeptiert und deshalb auch nie in die Praxis umgesetzt wurden. Wenn wir unserem Gegenüber zum Ja verhelfen, dürfen wir niemals vergessen, wer außer ihm ebenfalls noch Ja sagen muss, damit unsere Übereinkunft verbindlich bleibt.

Diese Lektion habe ich auf die harte Tour im Rahmen meiner beruflichen Tätigkeit gelernt. Mein Kollege Steve Goldberg und ich wurden gebeten, bei einem erbitterten Konflikt in einer Mine in Kentucky zu vermitteln. Die Situation war sehr angespannt. Die Bergleute hatten gegen die Bestimmungen des Gewerkschaftsvertrages verstoßen und einen wilden Streik ausgerufen. Das Management reagierte, indem es ein Drittel der Belegschaft entließ. Die Bergmänner streikten weiter. Ein ortsansässiger Richter sperrte sie eine Nacht lang ins Gefängnis. Daraufhin kamen die Männer am nächsten Tag bewaffnet zur Arbeit, und es gab sogar Bombendrohungen.

Zu Beginn konnten Steve und ich die Gewerkschaftsführer und das Management noch nicht einmal dazu überreden, sich zusammenzusetzen und miteinander zu sprechen. Also pendelten wir sechs Wochen lang zwischen beiden Seiten hin und her, hörten zu und übermittelten dem jeweilig anderen die Vorschläge der Gegenseite. Schließlich beschlossen die Parteien, sich doch noch an einen Tisch zu setzen, und es gelang ihnen sogar, eine gemeinsame Vereinbarung auszuarbeiten. Beide Seiten waren ebenso überrascht wie erfreut, als ob sie einen Friedensvertrag unterzeichnet hätten.

Es gab nur noch eine winzige Kleinigkeit: Die Vereinbarung musste von den Bergleuten ratifiziert werden. Die Abstimmung darüber fand eine Woche später statt und endete mit beinahe einstimmigem Ergebnis – *gegen* die Vereinbarung. Obwohl das Dokument eine entscheidende Verbesserung der Arbeitsbedingungen festgelegt hätte, wiesen die Arbeiter es zurück, weil sie den Absichten des Managements misstrauten. Wenn die Führungsebene sich auf einen solchen Vertrag eingelassen hatte, musste es einen Haken an der Sache geben. Vermutlich verbarg sich in irgendeiner Formulierung eine Fußangel. Aufgrund dieser Annahme schien es sicherer und befriedigender, mit Nein zu stimmen.

Steve und ich mussten von vorn anfangen. Diesmal konzentrierten wir uns darauf, das Vertrauen der Bergleute zu gewinnen, sodass sie die Vereinbarung unterstützten. Die darauffolgenden Monate verbrachte ich in der Mine – einen Großteil der Zeit unter der Erde – und lernte die meisten Bergarbeiter persönlich kennen. Ich hörte viel zu, vermittelte ein wenig und versuchte, beiden Seiten dabei zu helfen, die Bedingungen des Vertrages informell schon einmal zu verwirklichen, ohne dass ein entsprechendes Dokument ratifiziert worden war. Die Beziehung wurde langsam besser, und in den darauffolgenden zwölf Monaten gab es nicht einen einzigen wilden Streik.

Für mich war das eine gute Lektion. Das Vertrauen derer zu gewinnen, die auf der anderen Seite stehen und die der Vereinbarung letztlich ebenfalls zustimmen müssen, ist keine Nebensächlichkeit, sondern ein zentraler Bestandteil des Gesamtprozesses und genauso viel Aufmerksamkeit wert wie die Einigung selbst.

## MACHEN SIE DEN »AKZEPTANZREDE-TEST«

Die ursprüngliche Vereinbarung zwischen Gewerkschaft und Management, bei deren Ausarbeitung Steve und ich halfen, wäre an einem wichtigen Test gescheitert: dem »Akzeptanzrede-Test«.

Diesen Test können Sie machen, wenn Sie den anderen nur schwer überreden können, Ihren Vorschlag anzunehmen. Tun Sie einen Augenblick lang so, als ob der gegnerische Verhandlungsführer Ja gesagt hätte und die voraussichtliche Vereinbarung nun den anderen Mitgliedern seiner Interessengemeinschaft präsentieren müsste. Stellen Sie sich vor, der andere hielte dazu eine kleine Rede, in der er den Menschen, die er vertritt, darlegt, warum diese Vereinbarung gut ist und warum sie sie unterstützen sollten. Machen Sie einen Entwurf für diese Rede. Wie lautet das entscheidende Argument, das er vorbringen könnte, damit auch die übrigen Mitglieder seiner Gruppe die Übereinkunft akzeptieren? Notieren Sie die wichtigsten Diskussionspunkte.

Jetzt stellen Sie sich vor, wie der andere die von Ihnen verfasste Rede vorträgt, und denken Sie über die harten Fragen nach, mit denen er sich möglicherweise konfrontiert sieht:

»Warum hast du aufgegeben?«

»Was hast du aufgegeben?«

»*Musstest* du dieses Zugeständnis machen?«

»Was ist mit unseren Bedürfnissen – hast du uns vergessen?«

»Warum sind wir nicht gefragt worden?«

Und so weiter.

Stellen Sie sich vor, wie schwierig eine solche Rede angesichts des Chores kritischer Fragen wäre. Niemand hört gern, dass er aufgegeben oder jemanden verraten hat, besonders nicht von Menschen, auf deren gute Meinung man Wert legt.

Dies ist der Akzeptanzrede-Test. Wenn Sie sich nicht vorstellen können, dass der andere mit seiner Rede seine Gleichgesinnten überzeugt, dann wissen Sie, dass Sie noch daran arbeiten müssen. Wenn der andere sich nicht vorstellen kann, sich möglicher Kritik zu stellen, wird er Ihrem Vorschlag wahrscheinlich nicht zustimmen. Und selbst wenn er es tut, kann er die gemeinsame Vereinbarung angesichts des Widerstandes aus den eigenen Reihen wohl kaum realisieren. In einem solchen Fall müssen Sie Ihren Vorschlag verändern, damit er überzeugender wird – natürlich ohne Ihre grundlegenden Bedürfnisse zu verraten. Stellen Sie sich vor, mit welchen

Kritikpunkten der andere möglicherweise konfrontiert wird, und überlegen Sie sich, welches die besten Antworten wären. Betrachten Sie es als Ihre Aufgabe, den anderen auf die Akzeptanzrede vorzubereiten, die er Ihrer Auffassung nach halten sollte.

Bei der Durchführung dieses Tests kann Ihnen die unten stehende Tabelle dienlich sein. Identifizieren Sie die Interessengemeinschaft der Gegenseite. Notieren Sie die Hauptdiskussionspunkte, und zeigen Sie auf, in welcher Weise Ihr Vorschlag die wichtigsten Anliegen der gegnerischen Partei berücksichtigt. Listen Sie die Hauptkritikpunkte auf, die sie vorbringen, und die besten Antworten, die man darauf geben könnte.

**Die Interessengemeinschaft der Gegenseite** (d. h. der Chef, die Familie, die Gewerkschaftsmitglieder, die Wähler, etc.)

**Schlüsselthemen der Akzeptanzrede**

1.

2.

3.

4.

| **Wahrscheinlichste Kritikpunkte an der Rede** | **Beste Antworten auf die Kritik** |
|---|---|
| 1. | 1. |
| 2. | 2. |
| 3. | 3. |

Sie müssen dem anderen dabei helfen, diese Akzeptanzrede zu halten. Ohne ihn auszutricksen oder sich ihm gegenüber herablassend zu verhalten, sollten Sie ihn mit den besten Argumenten ausstatten, mit denen er seine Interessengemeinschaft überzeugen kann. Es ist ein Fehler anzunehmen, dass dies ausschließlich die Aufgabe Ihres Verhandlungspartners ist: Wenn Sie eine Übereinkunft anstreben, die tatsächlich zum Tragen kommen soll, dann müssen Sie selbst sich ebenfalls darum bemühen.

Wie bereits beschrieben, hatte ich es im Rahmen meiner Vermittlungstätigkeit eines Tages mit den militärischen Oberbefehlshabern einer Guerillabewegung zu tun, die mit Gewalt die Unabhängigkeit ihrer Region vom Mutterland durchzusetzen versuchte. Ich bat die Männer, ihre Unabhängigkeitsforderung dem Akzeptanzrede-Test zu unterziehen.

»Stellten Sie sich vor, der Präsident lässt sich auf Ihre Forderungen ein und hält morgen eine Fernsehansprache, in der er der ganzen Nation verkündet, dass er Ihrer Region die politische Unabhängigkeit gewährt. Wie würden seine Wähler reagieren?«

»Er hätte ein Riesenproblem, aber das ist seine Sache«, antwortete der Oberbefehlshaber.

»Wenn Sie aber wollen, dass er diese Rede hält, dann ist es auch *Ihr* Problem. Wie können Sie ihm seine Rede erleichtern?«, fragte ich.

Die Guerillaführer überdachten die politischen Einschränkungen, denen der Präsident unterlegen war, und stimmten ihre unmittelbaren Forderungen darauf ab: Sie erbaten zunächst also lediglich einen vorübergehenden Waffenstillstand, was die Regierung tatsächlich akzeptierte.

## Helfen Sie dem anderen, das Gesicht zu wahren

Wer ein Nein akzeptiert, läuft Gefahr, bei den ihm wichtigen Menschen das Gesicht zu verlieren. Dies schadet nicht nur dem Ego, sondern bedeutet noch viel mehr: Er verliert seine persönliche

Ehre, seine Würde und Selbstachtung. Wie oft schon habe ich Verhandlungen scheitern sehen, weil der andere sein Gesicht nicht wahren konnte. Betrachten Sie es deshalb als Ihre Aufgabe – so seltsam dies auch klingen mag –, dem anderen dabei zu helfen, bei seiner Interessengemeinschaft gut dazustehen, damit er Ihren Vorschlag akzeptieren kann.

Lassen Sie mich im Folgenden einen Rat des Experten für Geiselnahmen, Dominick Misino, zitieren, den wir schon in einem früheren Kapitel erwähnt haben: »Es gehört zu unseren wichtigsten Grundsätzen als Verhandlungsführer, dass man dem Typen am anderen Ende dabei helfen muss, das Gesicht zu wahren, wenn man gewinnen will.… Das habe ich sehr zu Anfang meiner Karriere gelernt, als ich bei einer Geiselnahme in Spanish Harlem vermitteln sollte. Es war in einer heißen Sommernacht um etwa drei Uhr morgens. In den Straßen rund um das Gebäude waren bestimmt 300 bis 400 Menschen. Ein junger Mann mit einem geladenen Gewehr hatte sich in einem überfüllten Mietshaus verbarrikadiert. Er signalisierte zwar seine Bereitschaft aufzugeben, tat es aber nicht, um nicht hinterher als Schwächling dazustehen. Der Kerl hatte zwar gegen seine Bewährungsauflagen verstoßen, aber er war kein Mörder, also machte ich ihm folgenden Vorschlag: Wenn er sich beruhigte und sich von mir Handschellen anlegen ließ, würde ich dafür sorgen, dass es so aussah, als hätte er bei seiner Festnahme heftige Gegenwehr geleistet. Er legte sein Gewehr nieder und benahm sich wie ein perfekter Gentleman, bis wir auf die Straße hinauskamen, wo er wie verrückt herumschrie und Krach schlug, genau wie wir vorher vereinbart hatten. Währenddessen feuerte die Menge ihn mit wilden ›José! José!‹-Rufen an. Wir warfen ihn auf den Rücksitz des Autos, drückten das Gaspedal durch und rasten davon. Zwei Straßen weiter setzte José sich auf, grinste breit und sagte zu mir: ›Hey danke, Mann. Das war wirklich nett von Ihnen.‹ Er hatte erkannt, dass ich ihm einen Ausweg aus seiner Situation gezeigt hatte, sodass er weder andere getötet hatte noch selbst ums Leben gekommen war. Das habe ich niemals vergessen.«

## PFLEGEN SIE EINE GESUNDE BEZIEHUNG

Die meisten Menschen entfernen sich nach einem Nein voneinander, wo doch eigentlich das Gegenteil viel besser wäre. Ein Positives Nein ermöglicht es Ihnen, eine *engere* und authentischere Beziehung mit dem anderen aufzubauen – zumindest, wenn Sie wollen.

Ihre Beziehung – zum Partner oder Expartner, zu Ihrem Kind oder Ihren alten Eltern, zu Ihrem Chef oder Ihrem Kunden – ist vielleicht wichtig für Sie. Wenn Ihr Gegenüber Ihrer Bitte zwar nachkommt, Ihre Beziehung danach aber dauerhaft Schaden nimmt, so haben Sie zwar kurzfristig einen Sieg errungen, müssen jedoch einen langfristigen Verlust beklagen. Idealerweise sollte eine Beziehung aus dem Konflikt jedoch gestärkt hervorgehen und nicht noch zusätzlich belastet werden.

Denken Sie immer daran, dass Sie mit Ihrem Gegenüber auch in Zukunft zu tun haben könnten, auch wenn Sie keine Lust dazu haben. Ihr jetziges Nein ist vielleicht nur eine Episode in einer langen Folge von Nein. Ihre große Aufgabe besteht darin, der Beziehung eine herzliche Basis zu geben, auch wenn Sie weiterhin Ihre Differenzen haben werden.

Auch wenn Sie kein inniges Verhältnis zu dem anderen anstreben, sollten Sie daran denken, dass die Beziehung zumindest eine Zeit lang funktionieren muss. Andernfalls dürfte es schwerfallen, die Übereinkunft, die Sie erreicht haben, auch wirklich zu realisieren. Wie können Sie dafür sorgen, dass Ihr Gegenüber Ihre Bedürfnisse nicht nur jetzt, sondern auch *weiterhin* respektiert? Wie werden

Sie mit den Differenzen umgehen, die sich während der Realisierungsphase Ihrer Vereinbarung ergeben können? Eine funktionierende Beziehung ist der Schlüssel zu einer erfolgreichen Umsetzung.

## Reichen Sie dem anderen die Hand

Genau wie der spanische Bankier, den wir bereits in einem früheren Kapitel kennengelernt haben, seinen Kunden zu einem besonderen Abendessen auf seine Hacienda einlud, um ihm mitzuteilen, dass seine Bank ihm in diesem speziellen Fall die Unterstützung versagen würde, müssen Sie der Beziehung zum anderen beim Nein-Sagen *mehr* Aufmerksamkeit widmen, nicht weniger. Sie müssen dem anderen die Hand reichen.

Auf persönlicher Ebene habe ich das am Ende meiner ersten Ehe gelernt. Als meine Frau und ich zu unserer Ehe Nein sagten, achteten wir sorgfältig darauf, Ja zu unserer zukünftigen Freundschaft zu sagen. Bevor wir anfingen, uns mit dem heiklen Thema zu befassen, wie wir unseren Privatbesitz aufteilen würden, einigten wir uns auf ein paar Grundprinzipien, durch die wir unser gemeinsames Engagement für eine starke und dauerhafte Freundschaft betonten. Diese Prinzipien halfen uns, unsere Differenzen zu überwinden und eine für uns beide befriedigende Lösung zu finden. Die ganze Zeit über blieben wir einander aufs Engste verbunden und hielten nach praktischen Möglichkeiten Ausschau, uns gegenseitig in dieser persönlichen Übergangsphase zu helfen, ob es nun darum ging, eine neue Wohnung zu finden oder den Verlust eines Elternteils zu betrauern. Es war zwar nicht immer leicht, aber das Endergebnis war die Sorgfalt und Mühe unbedingt wert, die jeder von uns in die Pflege der Beziehung investierte.

Es ist zwar nicht immer einfach, dem anderen im Eifer des Gefechts die Hand zu reichen, aber oft ist es von großem Nutzen. In seinen Memoiren erinnert sich Nelson Mandela an seine erste

Fernsehdiskussion mit Präsident de Klerk, die den ersten demokratischen Wahlen in Südafrika unmittelbar vorausging: »Doch als sich die Diskussion ihrem Ende näherte, hatte ich das Gefühl, zu grob mit dem Mann umgesprungen zu sein, der in einer Regierung der nationalen Einheit mein Partner sein würde.« Dieses Resümee brachte ihn dazu, seinem Gegner auf metaphorischer Ebene die Hand zu reichen und folgende Worte direkt in die Kamera zu sagen: »Der Wortwechsel zwischen Mr. de Klerk und mir sollte eine bedeutsame Tatsache nicht verdunkeln. Ich denke, wir sind für die ganze Welt ein leuchtendes Beispiel von Menschen aus verschiedenen rassischen Gruppen, die eine gemeinsame Loyalität, eine Liebe für ihr gemeinsames Land teilen ... Trotz der Kritik an Mr. de Klerk ...«, sagte Mandela und blickte jetzt seinem Gesprächspartner direkt in die Augen, »Sir, Sie sind einer von denen, auf die ich baue. Wir wollen das Problem dieses Landes gemeinsam angehen.« Dann streckte er de Klerk die Hand entgegen und sagte: »Ich bin stolz, Ihre Hand zu halten, damit wir voranschreiten können.«

Mandela schreckte nicht davor zurück, de Klerk in eine hitzige Debatte zu verwickeln. Trotzdem behielt er den größeren Zusammenhang im Auge: Auch in Zukunft würde er eine persönliche Beziehung zu de Klerk haben, ebenso wie sämtliche schwarzen Südafrikaner sich weiterhin mit weißen Südafrikanern arrangieren mussten. Mandelas Verhalten war keineswegs nur eine leere Geste. Für seine Millionen von Anhänger war sein Verhalten beispielhaft: Er streckte die Hand aus, um die Kluft zwischen ihm selbst und seinem größten politischen Gegner zu überbrücken, um »voranzuschreiten«. Trotz ihres schwierigen persönlichen Verhältnisses bat Mandela de Klerk, als zweiter Vizepräsident der Interimsregierung zu fungieren, und de Klerk akzeptierte, um in einer Zeit enormen politischen und sozialen Umbruches den Frieden zu sichern. Beide erwiesen sich durch ihr Verhalten als äußerst mutige Staatsmänner und trugen maßgeblich dazu bei, dass die heikle Verschiebung der Machtverhältnisse erfolgreich vonstattenging.

### Stellen Sie das Vertrauen wieder her

Wenn Ihre Beziehung durch Ihr Nein sehr angeschlagen ist, sollten Sie sich Gedanken darüber machen, was Sie unternehmen können, um sie zu kitten. Der Heilungsprozess kann ihr wieder zur Ganzheit verhelfen. Man sagt, dass ein Knochen an der Bruchstelle umso stärker wieder zusammenwächst. Auf diese Möglichkeit sollten Sie hinarbeiten.

Ein paar aufrichtige Worte der Anerkennung, eine Entschuldigung oder der Ausdruck des Bedauerns können Wunder wirken. Im Folgenden schildere ich Ihnen das Beispiel meines Kollegen Josh Weiss: »Ein Unternehmen, für das ich tätig war, hatte aufgrund vergangener Geschäfte eine problematische Beziehung zu einem Stamm von *Native Americans*. Trotzdem lag eine Zusammenarbeit in beider Interesse. Die Firma machte einen, wie man glaubte, sehr großzügigen Vorschlag. Doch der Stamm wies ihn ohne jede Erklärung prompt zurück. Man braucht wohl kaum zu betonen, wie verwirrt die Firmenvertreter waren. Im Verlauf unseres Trainings analysierten wir die Situation genauer, und ich fragte nach der bisherigen Beziehung zwischen beiden Verhandlungspartnern. Ein Unternehmensvertreter erklärte uns, dass sich der Stamm schlecht behandelt fühlte. Ich fragte, ob Firmenvertreter jemals sprachlich zum Ausdruck gebracht hatten, dass sie die Schwierigkeiten der Vergangenheit bedauerten. Sie verneinten, waren aber bereit, das nachzuholen und sich vom Ergebnis überraschen zu lassen. Einen Monat später erfolgte die Einigung in der bewussten Angelegenheit, was eindeutig auf die neue Wortwahl der Firmenvertreter zurückzuführen war. Bemerkenswert hierbei ist, dass sich die Firma noch nicht einmal entschuldigt hatte, sondern einfach nur ihr Bedauern über die vergangenen Probleme zum Ausdruck gebracht hatte.«

## Füllen Sie das Konto Ihres Wohlwollens wieder auf

Wenn Ihr Nein die Ersparnisse an Wohlwollen, die Sie auf der Bank des anderen haben, aufgebraucht hat, ist nun der Zeitpunkt gekommen, Ihr Konto bei ihm wieder aufzufüllen.

In unserer hektischen Welt ist es nur allzu üblich, Beziehungen für selbstverständlich zu halten und sie als reine Hilfsmittel zu betrachten, um unsere Bedürfnisse zu befriedigen. Unser problematischer Kunde oder Kollege hört nur dann von uns, wenn wir ein Problem haben, bei dessen Lösung er uns helfen soll. Wir sind nur dann nett zu anderen Menschen, wenn wir etwas von ihnen brauchen. Probleme sind dadurch vorprogrammiert.

In der Phase nach Ihrem Nein sollten Sie sofort nach Gelegenheiten zur Beziehungspflege Ausschau halten. Wenn Sie Ihrem halbwüchsigen Sohn verboten haben, am Wochenende auszugehen, damit er überfällige Hausaufgaben nachholt, sollten Sie vielleicht nach erfolgreich erledigter Arbeit mit ihm und der Familie ein Eis essen gehen, um ein bisschen zu feiern. Scheuen Sie keine Mühen, um ihn in die Familie einzubeziehen, und erinnern Sie ihn, dass die Strafe keine persönliche Zurückweisung war. Wenn Sie eine problematische Beziehung zu einer Kundin oder Kollegin haben, laden Sie sie zum Mittagessen ein oder zu einer Veranstaltung, für die sie sich interessiert. Sprechen Sie dabei nicht ein einziges Mal übers Geschäft. Überraschen Sie sie auf positive Weise, und das nicht nur einmal! Achten Sie auf regelmäßige Kommunikation: in Meetings, beim Mittagessen, bei Zusammenkünften.

Wenn Sie die Hilfegesuche eines Kollegen mehrfach mit Nein beantworten mussten, versuchen Sie, ihm zu helfen, ohne dass er Sie darum fragt.

Oder folgen Sie dem Rat Benjamin Franklins: Wenn er jemanden für sich gewinnen wollte, bat er ihn zunächst um einen Gefallen. Auf diese Weise stand er in seiner Schuld. Anschließend suchte Franklin nach Möglichkeiten, sich erkenntlich zu zeigen. Bekam er beispielsweise mit, dass jemand ein seltenes Buch besaß, fragt er ihn, ob er bereit wäre, es ihm für vierzehn Tage zu leihen.

### Schließen Sie mit einem positiven Akzent

Wie bereits erwähnt, sollte man zu Beginn einen positiven Akzent setzen, weil der erste Eindruck zählt. Genauso wichtig aber ist die positive Bemerkung am Ende, denn der letzte Eindruck ist ebenfalls von großer Bedeutung. Hierbei kann es sich beispielsweise einfach nur um die Bestätigung Ihrer Beziehung handeln: »Martha, ich weiß, dass es nicht einfach für uns beide war, uns mit diesem Thema zu befassen. Danke, dass du dich so sehr bemüht hast, meine Bedürfnisse in dieser Situation zu respektieren. Ich freue mich darauf, mit dir an dieser Sache und bei anderen Gelegenheiten auch weiterhin zusammenzuarbeiten.«

Mit anderen Worten: Bestätigen Sie, dass Sie Schwierigkeiten hatten, danken Sie Ihrem Gegenüber für die Kooperation und konzentrieren Sie sich auf eine positive Zukunft. Dabei besteht kein Anlass zum Süßholz-Raspeln – eine sachliche Anerkennung und ein einfaches Danke sind genug. Wenn der andere ein gutes Gefühl bei der ganzen Sache hat, wird er sich viel eher auf eine Übereinkunft einlassen und sie umzusetzen versuchen.

Eine positive Bemerkung zum Abschluss kostet Sie nur wenig und kann große Vorteile bringen. Um es mit den Worten Shakespeares zu formulieren: »Tu, was Gegner vor Gericht tun: Kämpfe hart, aber iss und trink mit ihnen wie mit Freunden.«

Als Geste des Respekts nach einem langen politischen Kampf um die Bürgerrechte schickte Mahatma Gandhi seinem unbezähmbaren Gegner, dem südafrikanischen Premierminister Jan Smuts ein Paar Sandalen, die er im Gefängnis angefertigt hatte, in das Smuts ihn hatte bringen lassen. Smuts trug sie jeden Sommer – voller Stolz. Zu Gandhis siebzigstem Geburtstag schickte Smuts die Sandalen an Gandhi mit folgenden Worten zurück: »Ich habe das Gefühl, dass ich es nicht wert bin, in den Schuhen eines so großen Mannes zu gehen.« Durch sein Nein war Gandhi nicht nur zu einem Ja mit einem harten politischen Gegner gelangt; er hatte den Feind auch in einen Freund und Bewunderer verwandelt.

## SAGEN SIE NEIN ... UND KOMMEN SIE *TROTZDEM* BEIM JA AN

Dieser letzte Schritt des Gesamtprozesses – das Aushandeln des Ja – lässt Sie letztlich beim Ja ankommen. Sie begannen Ihre Reise, indem Sie Ja zu Ihren eigentlichen Interessen sagten, und nun beenden Sie sie, indem Sie dem anderen dabei helfen, Ja zu einem Ergebnis zu sagen, das diese Interessen befriedigt. Der Schlüssel liegt in der goldenen Brücke, durch die Sie es dem anderen erleichtert haben, Ja zu einer Einigung und zu einer gesünderen Beziehung zu sagen.

# FAZIT
## Ja und Nein vereinen

*Rat eines Baumes*
*Steh aufrecht und stolz*
*lass die Wurzeln tief in die Erde sinken*
*spiegele das Licht einer größeren Macht*
*Denke langfristig*
*Streck die Arme aus*
*Sei flexibel*
*Erinnere dich an deine Wurzeln*
*Genieße die Aussicht!*

ILAN SHAMIR

Den Prozess des Positiven Nein haben wir nun abgeschlossen. Wir haben Schritt für Schritt geschildert, wie uns darauf vorbereiten, unser Nein übermitteln und es manifestieren, indem wir *Ja! Nein. Ja?* sagen. Zusammenfassend schildere ich Ihnen eine besonders schwierige Situation, an der wir die einzelnen Schritte und ihr Zusammenwirken im Hinblick auf ein mächtiges und produktives Positives Nein noch einmal nachvollziehen können.

Eines Tages sah sich die Firma Citrix Systems, ein kleines, in Florida ansässiges Unternehmen, das auf dem Gebiet der Netzwerk-Software Pionierarbeit leistete, mit der unangenehmen Aufgabe konfrontiert, einem äußerst einflussreichen Partner Nein sagen zu müssen. Hierbei handelte es sich nicht um irgendwen, sondern um das mächtigste Software-Unternehmen der Welt. Microsoft war zu diesem Zeitpunkt mit einem Eigneranteil von 6 Prozent an der Firma Citrix beteiligt. Im Februar 1997 verkündete Microsoft plötzlich seine Absicht, in direkten Wettbewerb mit Citrix zu treten und eine eigene Networking-Software auf den Markt zu bringen. Als diese Neuigkeiten öffentlich bekannt wurden, fiel der Aktienkurs der Firma Citrix an einem einzigen Tag um 62 Prozent, wodurch das Überleben des Unternehmens gefährdet wurde. Konnte eine so kleine Firma überhaupt ein ernsthafter Konkurrent für Microsoft sein? Die Angestellten gerieten in Panik und fürchteten um ihre Jobs und ihre Belegschaftsaktien. Die Kunden fragten sich besorgt, wer ihre Softwaresysteme in Zukunft warten würde. Investoren verkauften ihre Anteile.

Aber statt ebenfalls in Panik zu geraten, traten der Aufsichtsratsvorsitzende und der Geschäftsführer der Firma Citrix auf den Balkon und bereiteten ihre Gegenmaßnahmen vor. Sie begannen mit der *Offenlegung ihres Ja* – sie wollten weiterhin im Geschäft bleiben und Networking-Software entwickeln, die ihre Spezialität und ihre Leidenschaft war. Und eigentlich hatten sie großes Interesse daran, die partnerschaftliche Zusammenarbeit mit Microsoft aufrechtzuerhalten. Also beschlossen sie, Microsoft zu einer Abkehr von seiner Entscheidung zu bewegen – mit anderen Worten: Sie sagten Nein.

Der zweite Schritt der Firma Citrix bestand darin, *ihr Nein zu ermächtigen*. Da man Microsoft wohl kaum zu einer anderen Entscheidung würde überreden können, dachten sie ihren Plan B durch – die Konfrontation mit Microsoft. Um diesen Plan B und damit ihre eigene Macht zu stärken, beschlossen sie, dazu die Unternehmensreserven in Höhe von 175 Millionen Dollar einzusetzen. Der CEO reiste durchs Land und traf sich mit den wichtigsten Kunden, um ihnen zu versichern, dass die Firma ihre Softwaresysteme auch weiterhin warten würde und dass sie sich auf den bewährten Servicestandard verlassen konnten. Keiner dieser Kunden kehrte Citrix jemals den Rücken.

Unterdessen suchte der Aufsichtsratsvorsitzende das direkte Gespräch mit Microsoft. Wie konnte er *seinen Weg der Achtung für das Ja bereiten*? Er wusste, dass Microsoft technisches Know-how besonders schätzte, und so versammelte er ein Team aus den besten Technikern der Firma um sich und flog gemeinsam mit ihnen ins Microsoft-Hauptquartier. Dort mietete er vier Apartments für ein Jahr an und verkündete Microsoft, dass sie so lang wie nötig bleiben würden, um einen Weg zu finden, die Bedenken aus dem Weg zu schaffen, die den Softwareriesen bewogen hatten, die Partnerschaft aufzukündigen. Dies war ein starkes Zeichen des Respekts.

Citrix hatte sich gründlich vorbereitet und war nun in der Lage, ein Positives Nein zu äußern. Die Elemente dieses Positiven Nein waren offensichtlich. Zunächst *artikulierten sie ihr Ja* zu einer weiteren Geschäftsverbindung mit Microsoft, sie *bekräftigten ihr Nein* zu Microsofts Entscheidung, die Partnerschaft mit Citrix aufzugeben, und *schlugen ihr Ja vor* zu einer für beide Seiten befriedigenden Einigung, die es Citrix und Microsoft erlauben würde, weiterhin gemeinsam an der besten Networking-Software zusammenzuarbeiten, die der Markt zu bieten hatte.

Nachdem Citrix sein Positives Nein übermittelt hatte, musste es sein Nein manifestieren. »Ich glaube, die Gegenseite wusste nicht so recht, was sie von uns halten sollte«, erklärte einer der Citrix-Unterhändler. »Wir gaben nicht auf, und dachten nicht im Traum daran, uns zurückzuziehen.« Sie *blieben ihrem Ja treu* und hörten ihrem Partner sehr aufmerksam zu. Dann begannen sie, *ihr Nein zu unterstreichen*, indem sie Microsoft eine realitätsprüfende Frage stellten: Hatten die Entscheidungsträger schon einmal darüber nachgedacht, wie lange es dauern würde, eine konkurrenzfähige Software zu entwickeln? – Es konnte sich um Monate oder vielleicht sogar Jahre handeln.

Ansonsten versuchte Citrix nun, *ein Ja auszuhandeln*. Microsofts Hauptinteresse war, die Entwicklung einer neuen und wichtigen Art von Software zu kontrollieren. Die Herausforderung bestand also darin, dem Konzern diese Kontrolle zu gewähren, gleichzeitig aber ein unabhängiges Unternehmen zu bleiben. Das Citrix-Team hörte aufmerksam zu, um herauszufinden, welche Bedürfnisse der Firma Microsoft nicht erfüllt worden waren. Außerdem arbeitete man an einer für beide Seiten attraktiven und gewinnbringenden Lösung. Dabei versuchte man, es Microsoft leicht zu machen, seine Entscheidung gesichtswahrend zu revidieren. Indem der Softwareriese den neuen Vorschlägen zustimmte, konnte er letztlich sogar sein Image als vertrauenswürdiger Geschäftspartner verbessern.

Schließlich hatte Citrix entgegen aller Wahrscheinlichkeit Erfolg. Nach zehnwöchigen, intensiven Verhandlungen beschloss Microsoft, kein Konkurrenzprodukt zu entwickeln, sondern weiterhin mit Citrix zusammenzuarbeiten. Bei einer gemeinsamen Pressekonferenz verkündeten beide Firmen, dass die Vereinbarung zum beidseitigen Nutzen getroffen worden sei. Eine bessere Akzeptanzrede kann man sich gar nicht wünschen: eine Erklärung des anderen, warum er den Vorschlag der Gegenseite akzeptierte.

Citrix und Microsoft arbeiteten während der nächsten zehn Jahre und darüber hinaus als enge Partner zusammen. Dieses Beispiel verdeutlicht: Selbst wenn der andere deutlich mächtiger ist als Sie selbst, ist es möglich, Nein zu sagen und *trotzdem* beim Ja anzukommen. Das Geheimnis liegt im Positiven Nein.

## JA UND NEIN MITEINANDER VEREINEN

Das Positive Nein steht für die Vereinigung der beiden grundlegendsten Bestandteile der Sprache: *Ja* und *Nein*.

Es gehört zu den grundlegenden Problemen der Moderne, dass wir unsere Ja von unseren Nein geschieden haben. *Ja ohne Nein ist Beschwichtigungspolitik, während Nein ohne Ja Krieg bedeutet.* Ja ohne Nein zerstört die eigene Zufriedenheit, während Nein ohne Ja unsere Beziehung zu anderen zerstört. Wir brauchen sowohl das Ja als auch das Nein. Ja ist das Schlüsselwort der Gemeinschaft, Nein das Schlüsselwort der Individualität. Ja ist das Schlüsselwort der Verbindung, Nein ist das Schlüsselwort des Schutzes. Ja ist das Schlüsselwort des Friedens, Nein ist das Schlüsselwort der Gerechtigkeit.

Die große Kunst besteht darin, zu lernen, beide zu integrieren – das Ja mit dem Nein zu vermählen. Dies ist das Geheimnis, wenn man für sich selbst und seine Bedürfnisse eintritt, ohne wertvolle Vereinbarungen und kostbare Beziehungen zu zerstören.

Genau das versucht das Positive Nein zu erreichen.

## DAS POSITIVE NEIN PRAKTIZIEREN

Während ich in einem Berggasthof saß und an diesem Buch schrieb, fiel mir ein Schild mit folgender Aufschrift ins Auge:

WEIL WIR ALL UNSEREN GÄSTEN EINEN BEHAGLICHEN AUFENTHALT ERMÖGLICHEN WOLLEN, IST DIES EIN NICHTRAUCHERRAUM.

WIR BITTEN SIE, IN UNSEREM RAUCHERZIMMER ZU RAUCHEN, NÄMLICH IN DER FREIEN NATUR! DANKE!

Dieses Nein beinhaltet alle drei grundlegenden Bestandteile des Positiven Nein. Es bekräftigt das zugrunde liegende *Ja!* des Wirts (»Weil wir all unseren Gästen einen behaglichen Aufenthalt ermöglichen wollen«). Es erklärt das *Nein* in einem sachlichen, realitätsbezogenen Satz (»ist dies ein Nichtraucherraum«). Und es führt sofort zu einem konkreten und konstruktiven *Ja?* (Wir bitten Sie, in unserem Raucherzimmer zu rauchen, nämlich in der freien Natur!«). Beendet wird die Gesamtäußerung durch eine einfache Geste des Respekts (»Danke!«).

Der Gastwirt war mit den Grundlagen des Positiven Nein instinktiv vertraut, und auch wir kennen die wichtigsten Elemente. Dabei können wir unserem üblichen Maß an gesundem Menschenverstand folgen – oder vielleicht einem *un*üblichen Maß, denn viele unserer Nein folgen diesem simplen Muster eben *nicht.* Ich hoffe aufrichtig, dass der einfache Bezugsrahmen aus *Ja! Nein. Ja?*, der in diesem Buch geschildert wurde, es Ihnen erleichtert, auf positive und effektive Weise Nein zu sagen.

Wie bei den meisten Aufgaben tragen gute Vorbereitung und Übung zu einer Verbesserung der persönlichen Fähigkeiten bei. Wer die Methode eingeübt hat, braucht immer weniger Zeit zur Vorbereitung, manchmal sogar nur noch wenige Sekunden. Im Allgemeinen jedoch gilt: je mehr Vorbereitung, umso besser.

Zu Beginn sollten Sie der Frage, wie Sie normalerweise Nein sagen, besondere Aufmerksamkeit schenken. Passen Sie sich häufig an, oder neigen Sie eher zu Angriff oder Ausweichen – oder zu einer Kombination aus diesen drei Elementen? Achten Sie darauf, wann Ihr Nein gelungen ist und wann nicht. Mit wem haben Sie die größten Schwierigkeiten – mit Ihrem Vorgesetzten, Ihren Kindern, Ihren alten Eltern? Beobachten Sie Ihre ungesunden Ja und Ihre ungesunden Nein. Denken Sie darüber nach, was funktioniert und was nicht. Und dann versuchen Sie es wieder.

Hören Sie nicht auf zu üben! Sie sollten mindestens einmal am Tag in einer kritischen Situation Nein sagen. Wenn Sie normalerweise eher zur Anpassung neigen, ist es wichtig, dass Sie das Risiko eingehen, auch mal als nicht liebenswürdig dazustehen oder sogar jemanden zu verärgern. Denken Sie daran, dass Sie das Recht haben, Nein zu sagen – dass Sie sich selbst gegenüber sogar die Pflicht haben –, wenn es wirklich darauf ankommt.

Wenn Sie dabei auf Schwierigkeiten stoßen, suchen Sie sich einen Coach, und üben Sie mit dieser Person regelmäßig. Eine wichtige Rede oder Präsentation würden Sie doch auch üben! Ihr Nein zu

Ihrem Vorgesetzen, einem Hauptkunden, Ihrem Partner oder Kind könnte zu den wichtigsten Reden gehören, die Sie jemals gehalten haben. Probieren Sie Ihr Nein an einem Freund oder Kollegen aus, hören Sie auf dessen Feedback, verbessern Sie Ihr Nein, und probieren Sie es noch einmal. Überlegen Sie sich im Voraus, welche verschiedenen Möglichkeiten Ihr Gegenüber hat, auf Ihr Nein zu reagieren, und planen Sie im Vorfeld, wie Sie auf jede einzelne eingehen. Ihr Coach kann in die Rolle des anderen schlüpfen. Mit ihm können Sie üben, nicht auf Provokation und Druck zu reagieren. Wenn Sie die riesige Bandbreite menschlicher Manipulation schon einmal erlebt haben, ist es leichter, ihr im richtigen Leben zu widerstehen.

Lassen Sie sich von Ihren Freunden bei diesem Lernprozess unterstützen. Erzählen Sie ihnen, dass Sie ein wichtiges Nein sagen wollen und dabei bleiben wollen. Verpflichten Sie sich. Ihre Freunde können Ihnen dabei helfen, Ihre emotionalen Widerstände zum Nein-Sagen zu überwinden, und können Sie unterstützen, wenn Ihr Gegenüber Sie dazu bewegen will, klein beizugeben.

Alte Verhaltensmuster zu verändern erfordert Übung. Glücklicherweise bieten sich jedem von uns täglich viele Gelegenheiten zum Nein-Sagen. Betrachten Sie sie als Sport. Sie trainieren Ihren Positiven Nein-Muskel. Durch tägliche Betätigung wird dieser Muskel immer stärker. Durch Praxis und Reflektion kann jeder in der Kunst des Nein-Sagens große Verbesserungen erzielen.

## DAS NEIN ALS GESCHENK

*Wie* wir Nein sagen, halten wir oft für nebensächlich. Aber langfristig gesehen macht die Art und Weise unseres Nein einen entscheidenden Unterschied, und zwar nicht nur für uns selbst, sondern auch für den anderen und für die Welt im Allgemeinen.

Wenn wir auf positive Weise Nein sagen, machen wir uns selbst ein Geschenk. Wir schaffen Zeit und Raum für das, was wir wollen. Wir schützen, was wir schätzen. Wir verändern die Situation zum Besseren – und behalten trotzdem unsere Freunde, Kollegen und Kunden. Kurz gesagt, wir bleiben uns selbst treu. Durch die einfache tägliche Praxis des Positiven Nein leisten wir einen wertvollen Beitrag zur Steigerung unserer Lebensqualität, unseres Erfolges am Arbeitsplatz und der Zufriedenheit mit unserem Privatleben. Dieses Nein ist ein Geschenk, das wir uns selbst schuldig sind.

Aber Ihr Nein kann auch ein Geschenk an andere sein. »Sag Ja oder Nein, aber *sag* es.« Wie oft habe ich diese oder ähnliche Worte schon gehört! Meist zieht Ihr Gegenüber eine klare Antwort beständiger Unentschlossenheit und leerem Gerede vor, auch wenn sie Nein lautet. Ein Nein erlaubt es dem Betreffenden, weiter voranzuschreiten und seinerseits eine Entscheidung zu treffen.

Ein Positives Nein kann zu größerer Nähe und einer authentischeren Beziehung beitragen. Wenn wir nicht sagen, was wir meinen – nämlich Nein –, distanzieren wir uns innerlich von dem anderen, denn es gibt immer etwas Wichtiges, das unausgesprochen zwischen uns liegt. Einer meiner Freunde, der sich zu einer Trennung auf Zeit von seiner Frau entschlossen hatte, formulierte es folgendermaßen: »Wir mussten unsere Beziehung erst einmal entflechten, um wieder Kontakt zueinander aufnehmen zu können.« Tatsächlich gelang es den beiden, ihre Verbundenheit wiederzubeleben, allerdings im Rahmen einer erheblich gesünderen Beziehung. Ein ehrliches und respektvolles Nein kann für beide Parteien von Vorteil sein.

Nein zu sagen, ist nicht nur ein Geschenk an uns selbst und an den anderen, sondern auch an die Gesellschaft im Allgemeinen. Stellen Sie sich einen Augenblick lang eine Welt vor, in der das Positive Nein die Norm ist und nicht die Ausnahme.

Zu Hause sähen sich Eltern, die wüssten, wie sie ihren Kindern ein respektvolles Nein entgegenbringen, mit erheblich weniger destruktiven Streitereien konfrontiert. Die Kinder würden sich nicht nur besser benehmen, sondern wären auch erheblich glücklicher, weil sie mit festen, respektvollen Grenzen aufwachsen. Menschen mit problematischen Beziehungen würden plötzlich feststellen, dass ihre Ehe oder ihre Freundschaft viel größere Chancen hätten zu gelingen.

Am Arbeitsplatz hätten Manager und Führungskräfte, die wüssten, wie man Nein sagt, deutlich weniger Schwierigkeiten damit, ihre Firmenstrategie auf das Wesentliche auszurichten. Mitarbeiter der Finanz- oder der Personalabteilung, deren Aufgabe nun einmal darin besteht, regelmäßig auf betriebsinterner Ebene Nein zu sagen, könnten viel effektiver zum Erfolg des Unternehmens beitragen. Angehörige der Verkaufsabteilung würden wissen, wann und wie sie Nein zu ihren Kunden sagen müssten – und wären sich dabei der Unterstützung ihrer Umwelt sicher. Jeder könnte ein gesünderes Gleichgewicht zwischen Familie und Beruf herstellen.

Auch die Welt als solche würde profitieren, wenn die Menschen wüssten, wie man positiv Nein sagt: Sie würden auf produktive Weise für das eintreten, was richtig ist, und konstruktive Lösungen finden. Am Anfang gäbe es dadurch sicher mehr Auseinandersetzungen, gleichzeitig aber auch weniger Krieg und letztlich mehr Gerechtigkeit.

Am meisten aber würde unsere Erde davon profitieren, wenn ihre Kinder lernten, Nein zu jenen unkontrollierten Exzessen zu sagen, die die Natur und die Umwelt schädigen, von denen wir und alle zukünftigen Generationen abhängig sind.

Kurz: Das Leben wäre erheblich glücklicher, gesünder und ausgewogener.

Zweifellos erfordert ein Positives Nein Mut, eine Vision, Empathie, Tapferkeit, Geduld und Beharrlichkeit. Aber wir alle können es jederzeit anwenden. Und wenn wir es schaffen, werden wir vielleicht reich belohnt.

Indem wir das Nein rehabilitieren und es mit dem Ja vermählen, können wir unser Leben für uns selbst und für unsere Mitmenschen enorm verbessern. So ganz nebenbei schaffen wir dadurch eine bessere Welt für unsere Kinder und Enkel, eine Welt, deren Fundament Integrität, Würde und gegenseitiger Respekt ist.

Sie müssen sich nicht zwischen Ja und Nein entscheiden. Sie können beides haben. Sie können Nein sagen und *trotzdem* beim Ja ankommen.

Sie können Nein sagen … auf positive Weise!

Und so wünsche ich Ihnen zum Abschluss Erfolg, jenen Erfolg, den nur derjenige haben kann, der sich selbst treu bleibt und andere respektvoll behandelt.

# ANMERKUNGEN

## EINLEITUNG

Seite 28: »Alle drei Ansätze trugen zu der Unternehmenskrise von Royal Dutch Shell bei ...« Siehe hierzu: Stephen Labaton und Heather Timmons, »Shell's Report on Its Troubles Cites Discord at Top«, in: *The New York Times*, 20. April 2004.

Seite 30: »Genau das tat ein Mann, den ich John nenne.« Siehe hierzu: David Schnarch, *Die Psychologie sexueller Leidenschaft* (Stuttgart, 2007, 4. Auflage). Das ursprüngliche Pseudonym, das Schnarch benutzt, ist Bill.

Seite 33: »Die Hindus glauben, dass im Universum drei fundamentale Prinzipien zusammenwirken ...« Dieser Abschnitt bezieht sich auf die hinduistischen Gottheiten Brahma, den Schöpfer der Welt, Vishnu, der das Prinzip der Erhaltung verkörpert, und Shiva, der für Zerstörung steht.

Seite 35: »Ein gutes Beispiel hierfür ist das einer Gruppe von Müttern, die ...« Siehe hierzu: Ken Butigan, »Walking on the Water«, ein Artikel des Pace e Bene Nonviolence Service, nachzulesen im Internet unter http://paceebene.org/pace/nvns/essays-on-nonviolence/walking-on-the-water.

## KAPITEL 1

Seite 41: »Im Schöpfungsprozess ist der Anfang das Schwierigste ...« Siehe hierzu: James Russell Lowell, »A Fable for Critics«, in: *Selections from American Poetry: With Special Reference to Poe, Longfellow, Lowell und Whittier.* (New York, 1917).

Seite 42: »Eine alte japanische Geschichte von einem Samurai und einem Fischer vermag dies besonders anschaulich zu demonstrieren.« Diese Geschichte wird manchmal auf die Legende des Hakugin-Schreins in der japanischen Stadt Itoman zurückgeführt. Man findet sie auf der offiziellen Website der Stadt Itoman unter folgender Adresse: http://www.city.itoman.okinawa.jp/tourist_info/HTML/itoman08_e.html.

Seite 56: »Ein gutes Beispiel ist die Geschichte von Sherron Watkins ...« Siehe hierzu: Jennifer Frey, »The Woman Who Saw Red; Enron Whistle-Blower

Sherron Watkins Warned of the Trouble to Come«, in: *The Washington Post*, 25. Januar 2002.

Seite 58: »Diese Übung ist nicht nur für Einzelpersonen von Nutzen …« Eine detailliertere Version der Geschichte von James Burke finden Sie in einem Artikel von N. R. Kleinfield mit dem Titel »Tylenol's Rapid Comeback«, in: *The New York Times*, 17. September 1983. Wenn Sie mehr über die Tylenol-Philosophie erfahren wollen, lesen Sie den Artikel von Steven Prokesch, »Tylenol: Despite Sharp Disputes, Managers Coped«, in: *The New York Times*, 23. Februar 1986.

Seite 60: »… den ›besseren Engeln unserer Natur‹ folgen.« Aus Abraham Lincolns erster Antrittsrede am 4. März 1861.

Seite 60: »Wahre Stärke liegt nicht in körperlicher Fähigkeit.« Aus einem Essay von Mahatma Gandhi mit dem Titel »The Doctrine of the Sword«. Der Essay wurde am 11. August 1920 in der Zeitung *Young India* abgedruckt.

Seite 64: »Niemand verstand und demonstrierte diesen Prozess der Transformation besser …«, in: Richard Attenborough, *The Words of Gandhi* (New York, 2001).

Seite 65: »Als ich zwölf Jahre alt war, lehrte mich Gandhi …« Eine Mitschrift dieses Interviews kann man auf der Website von PRX Radio nachlesen. »Regarding Gandhi (Peace Talks Radio Series)«. Die Adresse lautet: http://www.prx.org/pieces/10606.

## KAPITEL 2

Seite 69: »Bereit zu sein …« aus: Miguel de Cervantes Saavedra, *Don Quijote*.

Seite 70: »Ich war nicht ganz vorn im Bus …«: Rosa Parks antwortet auf Fragen von Grundschülern, nachzulesen in *Scholastic.com*, Januar und Februar 1997. Eine Mitschrift des Interviews finden Sie auf der Website: http://content.scholastic.com/browse/article.jsp?id=5223.

Seite 72: »Eine Freundin beschrieb Parks einst als Frau, die …« Aus einer Biografie von Rosa Parks. Siehe hierzu den kompletten Artikel der Toonari Corporation bei Africanaonline. Diesen Artikel finden Sie unter http://www.africanaonline.com/rosa_parks.htm.

Seite 73: »Stellen Sie sich zum Beispiel folgende eheliche Auseinandersetzung vor.« Siehe *The Passionate Marriage*.

Seite 77: »Die Geschichte ›des Mannes, der Nein zu Wal-Mart sagte‹ …« Siehe hierzu: Charles Fishman, »The Man Who Said No to Wal-Mart«, in: *Fast Company*, Januar 2006.

Seite 86: »Der amerikanische Bürgerrechtler Saul Alinsky betont…« Siehe hierzu: Saul Alinsky, *Anleitung zum Mächtigsein. Ausgewählte Schriften* (Göttingen, 2. Auflage, Oktober 1999).

Seite 87: »Ein hervorragendes Beispiel für eine Koalition…« Diese Geschichte wird in einem Artikel mit dem Titel »Pilot's Advice: Fight Back«, in: *Associated Press*, 21. September 2001, nacherzählt.

Seite 89: »Der US-Regierung war damals nämlich nicht bekannt gewesen…« Siehe hierzu: Martin Tolchin, »U. S. Underestimated Soviet Force in Cuba During '62 Missile Crisis«, in: *The New York Times*, 15. Januar 1992.

## KAPITEL 3

Seite 96: »Die Macht des Respekts und der Achtung lässt sich in einer Geschichte aus dem richtigen Leben zusammenfassen…« Diese Geschichte geht auf ein Buch von Ram Dass und Paul Gorman zurück, das den Titel *Wie kann ich helfen?* trägt.

Seite 102: »Im Zweiten Weltkrieg beispielsweise unterzeichnete…« Siehe hierzu: Winston Churchill, *Der Zweite Weltkrieg. Mit einem Epilog über die Nachkriegsjahre*. Frankfurt a. M., 4. Auflage, 2007.

Seite 104: »Wenn ich es mit einem bewaffneten Kriminellen zu tun habe…« Siehe hierzu: Diane L. Coutu, »Negotiating without a Net: A Conversation with the NYPD's Dominick J. Misino«, in: *The Harvard Business Journal*, Oktober 2002, R0210C.

Seite 105: »Bei meinen Schülern verfolge ich einen strengen Grundsatz…« Siehe hierzu: Anni Layne, »Conflict Resolution: Stop, Look & Listen«, in: *Fast Company*, August 1999.

Seite 106: »Sie hören uns nur deshalb zu, weil…« Siehe hierzu: Katrin Bennhold, »In Paris Suburbs, Anger Won't Cool«, in: *International Herald Tribune*, 4. November 2005.

Seite 107: »Respekt ist das preiswerteste Zugeständnis…« Mehr Informationen über Toyotas Unternehmenskultur finden Sie auf der Website unter http://www.toyota.co.jp/en/vision/philosophy/.

Seite 109: »Unsere wahre Philosophie lautet: ›Rede mit mir‹…« Aus der Dokumentation: »Talk to Me: The Hostage Negotiators of the NYPD« (Investigative Reports).

Seite 110: »Während seiner Inhaftierung lernte Nelson Mandela…« Siehe hierzu: Nelson Mandela, *Der lange Weg zur Freiheit* (Frankfurt a. M., 10. Auflage, 2006).

Seite 112: »Anerkennung bedeutet, den anderen nicht als Niemand … zu behandeln …« Eine eloquente Abhandlung über die Bedeutung der Würde in sämtlichen Lebensbereichen siehe Robert Fuller, *All Rise: Somebodies, Nobodies, and the Politics of Dignity* (Oakland, 2006).

Seite 112: »Rufen wir uns das Vorgehen von Bob Iger ins Gedächtnis …« Die vollständige Geschichte stammt aus zwei Artikeln. Siehe hierzu: »Restoring Disney's Magic: Michael Eisner's successor, Bob Iger, is off to a good start«, in: *The Economist*, 14. Juli 2005. Die jüngsten Entwicklungen schildert der Artikel von Brent Schlender, »Pixar's Magic Man«, in: *Fortune*, 17. Mai 2006.

Seite 114: »Wenn Sie sich in die Lage des anderen hineinversetzen …« Diese Geschichte habe ich Betty Peck zu verdanken. Besuchen Sie ihre Website unter www.kindergarten-forum.com.

Seite 115: »Den Wert des anderen zu bestätigen …« Aus einer Radiosendung mit dem Titel »The Paper Principle: Doing Well by Doing Good«, aus: »World of Possibilities Program«, das zu *The Mainstream Media Project* gehört.

Seite 116: »Dies illustriert die Geschichte von Troy Chapman …« Siehe hierzu: Troy Chapman, »Through My Enemy's Eyes«, in: *Yes!*, Winter 2002.

Seite 117: »Eine der dramatischsten und überraschendsten Akte der Anerkennung …« Siehe hierzu: »Anwar Sadat: Architect of a New Mideast«, in: *Time Magazine*, 2. Januar 1978.

## KAPITEL 4

Seite 123: »Bei der Verfolgung deiner Ziele sei wie ein Baum …« Siehe die Gedenkseite für Richard St. Barbe Baker unter http://www.manofthetrees.org/HTMLS/contactinfo.html.

Seite 126: »Nachdem Nelson Mandela verhaftet…« Siehe hierzu: Nelson Mandela, *Der lange Weg zur Freiheit*.

Seite 135: »Der Dichter William Blake …« William Blake, *Songs of Innocence and Experience* (New Jersey, 1991).

Seite 136: »Psychologen haben herausgefunden …« Siehe hierzu: Carol Tavris, *Wut. Das missverstandene Gefühl* (München, 1995).

Seite 136: »Ein besonders mächtiges Nein …« Aus einem Interview mit Trainern von Impact Bay Area, durchgeführt von Candace Carpenter im Jahre 2004.

Seite 138: »Sie schilderte ihm die Fakten, beschrieb ihre Erfahrungen und verkündete ihm schließlich …« Siehe hierzu: Frances Moore Lappe, *You Have the Power: Choosing Courage in a Culture of Fear* (Penguin, 2005).

Seite 141: »Dies illustriert ein Beispiel aus der Geschäftswelt …« Siehe hierzu: Jim Collins, *Der Weg zu den Besten. Die 7 Management-Prinzipien für dauerhaften Unternehmenserfolg* (München, 2003).

Seite 144: »Die Artikulation Ihres Ja kann …« Aus persönlichen Gesprächen des Autors mit Bob Woolf sowie mit Zitaten aus Bob Woolf, *Friendly Persuasion* (New York, 1990).

## KAPITEL 5

Seite 157: »Es gibt einfach immer wieder Augenblicke im Leben, in denen man Nein sagen muss …« Dieses Interview stammt aus einem Artikel im *Jornal da Tarde*, veröffentlicht in São Paulo, Brasilien, am 20. Juni 2003.

Seite 158: »Direktheit ist wichtig …« Siehe hierzu das Wochenschau-Filmmaterial der *British Pathe Gazette*, 14. September 1931 – »Gandhi is Here!« Der Timecode für die Filmsequenz lautet 1:01:55:00–1:05:25:00. Film ID: 867.03, Filmdose (Canister) ID: 31/74. Erhältlich bei www.britishpathe.com.

Seite 165: »Mit dem Wörtchen *Nein* können wir …« Mehr Informationen zu Impact Bay Area erhalten Sie auf http://www.impactbayarea.org/.

Seite 167: »Celia Cerrillo, die Lehrerin, deren Schule in einem sozialen Brennpunkt liegt …« Siehe hierzu den bereits zitierten Artikel »Conflict Resolution: Stop, Look & Listen.«

## KAPITEL 6

Seite 173: »In der Bürgerrechtsbewegung gab es seinerzeit einen wichtigen Wendepunkt …« Die Geschichte von Diane Nash ist nachzulesen in Peter Ackerman und Jack Duvall, *A Force More Powerful* (New York, 2000).

Seite 185: »Eine realistische Bitte übt …« Siehe hierzu: Nelson Mandela, *Der lange Weg zur Freiheit.*

Seite 189: »Im Zuge seines Nein zur Kolonialherrschaft liebte Gandhi es …« Eines meiner Lieblingsbücher zum Thema Gandhi ist das von William Shirer mit dem Titel *Gandhi. A Memoir* (New York, 1979).

## KAPITEL 7

Seite 199: »In den Siebzigerjahren veröffentlichte die Schweizer Psychiaterin …« Siehe hierzu: Elisabeth Kübler-Ross, *The Economist*, 2. September 2004.

Seite 203: »Eines der tragischsten Beispiele dieser Art von Anpassung …« Siehe hierzu: Philip Bofey, »Shuttle officials deny pressuring rocket engineers«, in: *The New York Times*, 27. Februar 1986.

Seite 210: »Sobald Sie reagieren, überlassen Sie dem anderen die Kontrolle über die Situation.« Siehe hierzu: John Carlin, »Interview: Tokyo Sexwale, The Long Walk of Nelson Mandela«, in: *PBS*, Mai 1999.

## KAPITEL 8

Seite 219: »Es geschah 1930 in Indien.« Siehe hierzu den bereits zitierten Titel *Gandhi. A Memoir.*

Seite 224: »Noch vor ein paar Jahren wurden Geiselnahmen …« Siehe hierzu: Jim Lehrer, »Revisiting Waco«, in: *PBS*, 26. August 1999.

Seite 229: »Melville entwirft hier ein Szenario in Manhattan …« Zur intensiveren Lektüre: Herman Melville, *Bartleby der Schreiber. Eine Geschichte aus der Wall Street* (Frankfurt a. M., 3. Auflage, 2004).

Seite 237: »Versetzen Sie sich einmal in die Lage …« Siehe hierzu: March Gunther, »Crime Pays«, in: *Fortune*, 21. März 2005.

Seite 239: »Eine berühmte griechische Sage …« Siehe hierzu: Aristophanes, *Lysistrate* (Ditzingen, 1986).

Seite 242: »So sahen sich die ärmeren Stadtteile der Stadt San Antonio …« Siehe hierzu: Cheryl Dahle, »Social Justice – Ernesto Cortes Jr.«, in: *Fast Company*. November 1999.

## KAPITEL 9

Seite 252: »Ich war schon immer der Ansicht …« Aus einem Interview von Scott S. Smith, »Let Him Entertain You«, in: *American Way*, 15. März 2005.

Seite 258: »Lassen Sie mich im Folgenden einen Rat des Experten …« Siehe hierzu den bereits zitierten Artikel »Negotiating without a Net.«

Seite 260: »Es ist zwar nicht immer einfach …« Siehe hierzu den bereits mehrfach zitierten Titel *Der Lange Weg zur Freiheit.*

Seite 263: »Oder folgen Sie dem Rat Benjamin Franklins …« Nachzulesen in: Benjamin Franklin, *Autobiographie* (München, 2003).

Seite 264: »Eine positive Bemerkung zum Abschluss …« Siehe hierzu: William Shakespeare, *Der Widerspenstigen Zähmung* (Ditzingen, 1986).

## FAZIT

Seite 266: »Rat eines Baumes …« Siehe hierzu: Ilan Shamir, »Advice from a Tree«. © 1993-2004 YTN. Abdruck mit freundlicher Genehmigung. Kontakt über www.YourTrueNature.com.

Seite 266: »Eines Tages sah sich die Firma Citrix Systems, ein kleines, in Florida ansässiges Unternehmen …« Siehe hierzu: Kevin Maney, »Tiny Tech Firm Does the Unthinkable«, in: *USA Today*, 11. Juni 1997.

# DANK

»Du hast *fünf* Jahre für dieses Buch gebraucht?«, fragte mich meine achtjährige Tochter Gabriela vor Kurzem ungläubig.

»Ja«, antwortete ich.

»Mehr als die *Hälfte* meines Lebens?«, fragte sie weiter.

»Ja.«

»Aber so viel gibt es doch darüber gar nicht zu erzählen, oder? Man sagt einfach nur Nein, und schon ist die Sache erledigt«, meinte sie. »Und so einen richtig tollen Aufmacher hast du auch nicht«, fügte sie hinzu.

»Was meinst du mit einem tollen Aufmacher?«

»Den ersten Satz. Er soll die Aufmerksamkeit des Lesers erregen. Das tut deiner nicht«, erwiderte sie.

»Oh.« Ganz schön ernüchternd.

Am meisten lernen wir von wohlwollenden Kritikern, die uns auf unsere Schwächen hinweisen – wie Gabriela bei mir. Für die zahlreichen Hilfestellungen, die bei der Arbeit an diesem Buch von unschätzbarem Wert waren, bin ich unendlich dankbar, und ich danke auch den vielen anderen wohlmeinenden Lehrern in meinem Leben.

An erster Stelle seien meine Kollegen genannt, die mit mir an der Harvard Law School am *Harvard Negotiation Project* zusammenarbeiteten. Dieses Forschungsprojekt, dessen Ziel es ist, Theorie und Praxis von Verhandlungen zu verbessern, war in den vergangenen fünfundzwanzig Jahren meine intellektuelle Heimat. Ich habe das große Glück, dass ich auf den Rat meiner Mentoren Roger Fisher, Frank Sander und Howard Raiffa sowie meiner langjährigen Kollegen und Freunde David Lax, Jim Sebenius und Bruce Patton zurückgreifen konnte. Mein Dank gilt zudem unserem Vorsitzenden Robert Mnookin sowie der Geschäftsführerin Susan Hackley, die das »Program on Negotiation«, ein Programm zum Thema sachbezogenes Verhandeln, unterstützt und ausgebaut haben. Ganz besonders fühle ich mich meinen Kollegen Doug Stone, Daniel Shapiro und Melissa Manwaring verpflichtet, deren treffende Kommentare zu meinem Manuskript von unschätzbarem Wert waren.

Niemand hat härter mit mir an diesem Buch gearbeitet als Joshua Weiss, der seit mehr als zehn Jahren mein Kollege in Harvard ist. Von der Anfangsidee an half er mir durch detaillierte Recherche und später – als das Buch Form angenommen hatte – durch wiederholte, geduldige Lektüre und nützliches Feedback bei mindestens sieben weiteren Entwürfen. Josh ist ein hervorragender Dozent und stand mir auch bei der Konzeption des dazugehörigen Seminars in Harvard, das wir parallel zum Buch anboten, mit Rat und Tat zur Seite. Es ist eine Freude, mit Josh zusammenzuarbeiten, und ich stehe tief in seiner Schuld.

Außerdem danke ich Donna Zerner, die von Beginn an nicht nur eine engagierte Gesprächspartnerin, sondern auch eine begnadete Lektorin war und mich als Autor stets aufs Neue ermutigte. In einem späteren Stadium des Projekts standen mir Louise Temple und Rosemary Carstens mit ihren hilfreichen Kommentaren bei der Redaktion des Manuskripts zur Seite.

Oft kann man Sachverhalte anhand persönlicher Erlebnisberichte viel plastischer darstellen. Hier danke ich Elizabeth Doty, die eine Meisterin darin ist, Menschen ihre Geschichte zu entlocken. In Interviews und Erfahrungsberichten stellte sie mir zahlreiche Beispiele zur Verfügung, wie man Nein sagt. Ebenso wertvoll waren ihre praktischen Kommentare. Außerdem danke ich Candace Carpenter, Alexandra Moller und Cate Malek für ihre sorgfältige Recherche sowie Katia Borg für ihre fachmännische Hilfe bei den Grafiken.

Meine ersten Leser trugen maßgeblich dazu bei, dass dieses Buch für zukünftige Leser leichter verdaulich wurde. Mark Walton bestand sanft, aber beharrlich auf Einfachheit, wobei er wiederholt die magische Zahl Drei hervorhob. Meine Schwester Elizabeth Ury brachte mich mit ihrem feinen Gespür und Blick fürs Wesentliche dazu, die ursprüngliche Leitmetapher des Baumes wiederaufzunehmen. Außerdem erhielt ich viel hilfreiches Feedback von meinen Freunden John Steiner, Joe Haubenhofer, José Salibi Neto, Ira Alterman, Mark Sommer und Patrick Finerty. Natürlich profitierte dieses Buch auch von den anregenden Bergwanderungen mit meinen Freunden Mark Gerzon, David Friedman, Robert Gass, Tom Daly, Mitch Saunders, Bernie Mayer und Marshall Rosenberg und – nicht zu vergessen – von den Expeditionen durch den brasilianischen Regenwald mit meinem Schwager Ronald Mueller.

Seit zwei Jahren arbeitet Essrea Cherin als meine Assistentin. Mit großer Effizienz, immerwährender guter Laune und Feuereifer hält sie in meinen kreativen Stunden als Autor jede Störung von mir fern. Besonders dankbar bin ich auch Kathleen McCarthy und Christine Quistgard, die mir in den Jahren zuvor als Assistentinnen zur Seite standen. Außerdem danke ich den freundlichen Menschen in Aspen Winds dafür, dass sie mir – bei Schnee und bei Sonnenschein – ein Refugium zum Schreiben boten.

Ohne einen guten Lektor kann ein Buch keinen Erfolg haben. Ich hatte das große Glück, mit Beth Rashbaum zusammenzuarbeiten, die nicht nur durch ihre feinfühlige Arbeit am Text sehr zur Verbesserung dieses Werks beigetragen hat, sondern auch weil sie mich behutsam dazu brachte, dass ich meine persönlichen Erfahrungen stärker in den Text einfließen lasse. Auch Barb Burg bin ich sehr zu Dank verpflichtet: Ihre ansteckende Begeisterung und ihr gutes Gespür für die richtige Formulierung haben mir sehr weitergeholfen. Das Gleiche gilt für Irwyn Applebaum und Nita Taublib, weil sie an das Potential glaubten, das in diesem Buch steckt.

Besonders profitierte ich von meinem gewitzten und jederzeit ansprechbaren Agenten, Rafe Sagalyn, der sich mit seinen Kollegen Eben Gilfenbaum und Bridget Wagner ebenso gewissenhaft wie geschickt für die optimale Unterbringung dieses Buches in den Verlagslandschaften in den USA und auf der ganzen Welt einsetzte. Ich bin ihnen allen sehr dankbar.

Auf persönlicher Ebene möchte ich meinem vor ein paar Wochen verstorbenen langjährigen Mentor und Familienfreund John Kenneth Galbraith meinen Dank aussprechen. Er war ein großzügiger Mensch und ein leuchtendes Vorbild als Autor und Lehrer. Auch mein Freund und Lehrer Prem Baba darf nicht vergessen werden. Seine Weisheit – sowohl auf geistiger als auch auf emotionaler Ebene – bescherte mir viele kostbare Stunden der Inspiration und Einsicht, für die ich über die Maßen dankbar bin.

Enden will ich, wie ich begonnen habe: mit meiner Familie. Ich bin glücklich, Vater von Christian, Thomas und Gabriela zu sein, die zusammen mit ihren beiden Hunden Flecky und Miki mit diesem Buch groß geworden sind und deren Erlebnisse und Erfahrungen es geprägt haben. Bei ihrer Erziehung gelang es meiner Frau Lizanne, das Ja (Liebe) geschickt mit dem Nein (Konsequenz) zu kombinieren. Von ihr lernte ich, dass wahre Konsequenz (Nein) nicht das Gegenteil von Liebe (Ja) ist, sondern vielmehr der Liebe entspringt und ihr entgegenstrebt. In der hohen Kunst des Nein-Sagens war sie meine beste Lehrerin. Ihrer Liebe und Hingabe schulde ich unaussprechlich viel, und ich widme ihr dieses Buch von ganzem Herzen.

Ganz zum Schluss danke ich meinen Eltern, Janice und Melvin, die mir das Leben und ihre Liebe schenkten, und meinen Schwiegereltern Anneliese (Oma) und Curt (Opa), die mich mit offenen Armen in ihrer Familie aufnahmen, sowie meiner geliebten Großtante Goldyne, die mit ihren fast 102 Lebensjahren schon lange das Geheimnis kennt, wie man Nein sagt – und zwar auf positive Weise!